高等院校“十三五”系列规划教材

Creo Parametric 3.0
三维设计上机实训教程

SANWEI SHEJI SHANGJI SHIXUN JIAC

王全先　主编

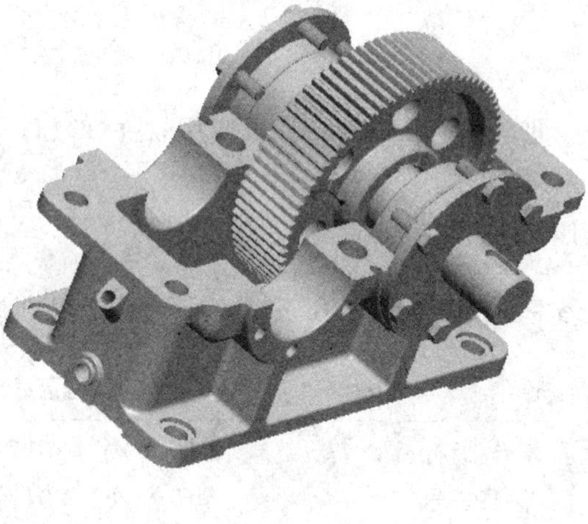

合肥工业大学出版社

内 容 简 介

本书是三维机械构形设计、产品工程三维设计、Creo 计算机三维设计或 Creo 机械零件三维造型等课程的配套教材。本书既有基本特征创建练习，又有足够的典型曲面、典型机械零件（轴类、盘类、箱体类）的造型训练，并对容易出错的地方及重要的知识点加以提示。在每章的后面还安排了思考题，以突出重点并便于复习。通过上机实训，读者可以掌握草图绘制、基础特征创建、实体造型、曲面造型、零件装配及工程图制作等设计工作。

本书可作为高等院校机械类专业、工业设计专业、产品设计专业及相关专业的 CAD/CAM 课程的教材，同时也适用于对 Creo 软件感兴趣的读者。

图书在版编目(CIP)数据

Creo Parametric 3.0 三维设计上机实训教程/王全先主编．—合肥：合肥工业大学出版社，2017.4

ISBN978-7-5650-3327-8

Ⅰ.C… Ⅱ.王… Ⅲ.计算机辅助设计—应用软件—教材 Ⅳ.①TP391.72

中国版本图书馆 CIP 数据核字(2017)第 074056 号

Creo Parametric 3.0 三维设计上机实训教程

主编 王全先　　　　责任编辑 汤礼广

出 版	合肥工业大学出版社	版 次	2017 年 4 月第 1 版
地 址	合肥市屯溪路 193 号	印 次	2017 年 5 月第 1 次印刷
邮 编	230009	开 本	787 毫米×960 毫米 1/16
电 话	理工编辑部：0551-62903087	印 张	14
	市场营销部：0551-62903198	字 数	328 千字
网 址	www.hfutpress.com.cn	印 刷	合肥现代印务有限公司
E-mail	hfutpress@163.com	发 行	全国新华书店

ISBN 978-7-5650-3327-8　　　　定价：33.00 元

如果有影响阅读的印装质量问题，请与出版社市场营销部联系调换。

前言

Creo是由美国PTC推出的集CAD/CAM/CAE于一体的3D产品开发软件，它在世界CAD/CAM领域处于领先地位，是目前世界上最为流行的三维CAD/CAM软件之一，是工程技术人员和工科学生掌握计算机三维辅助设计方法的重要软件。

本书为高等院校三维机械构形设计、产品工程三维设计、Creo计算机三维设计或Creo机械零件三维造型等课程的配套教材，本书既可用于课程教学也可用于上机实训。

为了避免以往普通训练教程中知识点与实例相脱离的现象，本书按上机实训的方式注重将重要的知识点融入具体实例中。本书主要内容包括以下几个方面：(1)Creo Parametric 3.0中文版使用基础；(2)草绘器使用技术；(3)3D基础特征创建；(4)3D典型实体造型、三维装配实例；(5)工程图制作。

为了兼顾零起点读者和有一定基础的读者，并使他们均达到较高的设计水平，书中安排了较多的实训，既有基本特征创建练习，又有足够的典型曲面、典型机械零件(轴类、盘类、箱体类)的造型训练，知识点较全面。读者可以根据自身不同的基础情况加以选择。本书对容易出错的地方及比较重要的知识点还分别加以提示；在每章的最后安排了思考题，目的是突出重点和方便复习。**在学习过程中，若需要与本书相关的文件资料，可从合肥工业大学出版社网站(www. hfutpress. com. cn)中搜索本书，然后在本书界面的“配套资源下载”里下载。**

本书可作为高等院校以及职业技术院校的机械类专业、工业设计专业、产品设计专业及相关专业的CAD/CAM课程的教材，同时也适用于对此软件感兴趣的读者。

本书由安徽工业大学王全先教授担任主编，参与编写的有安徽工业大学王乐琼、吴浩、陈龙，合肥工业大学阮五洲，安徽科技学院乔印虎，滁州职业技术学院廖玉松，铜陵职业技术学院南昀，安徽电子信息职业技术学院刘媛。书中若存在不足之处，敬请读者批评指正。

编　者

目录

第 1 章 Creo Parametric 3.0 概述

■ Creo Parametric 3.0 主要特点

■ Creo Parametric 3.0 中文版使用基础

◇ 界面介绍

◇ 图形文件的基本操作

◇ 控制模型的显示

◇ 鼠标的使用

1.1 Creo Parametric 3.0 主要特点

1. Creo Parametric 3.0 简介

Creo 是美国 PTC 开发的 CAD/CAE/CAM 三维建模软件，支持并行设计，可扩展、可互操作。它能帮助团队在下游流程使用 2D CAD、3D CAD、参数化以及直接建模、分析、查看和利用产品设计方案。Creo Parametric 是 Creo 产品设计软件中的一部分，主要用于 CAID、CAM。

Creo Parametric 3.0 与以往版本相比，具有以下优点：更高效灵活的 3D 详细设计功能提高了工作效率；快速轻松地创建任何零件或装配的 3D 模型；用于处理大型装配的专业工具集；自动创建当前所设计的制造绘图；使用全面的曲面设计功能提高了设计美感；轻松改变来自客户和供应商的中性和非 PTC CAD 数据的用途，以避免转换文件或从头重新创建 3D 模型，支持 Web 服务；即时访问零件库，包括螺钉、螺栓、螺母和垫片等；即时访问产品中的学习材料和教程以提高工作效率，有进一步操作的提示，实现操作界面智能化；等等。

三维 CAD/CAM 软件有 UG、Catia、Solidwork、Ideas 等，但 Creo Parametric 3.0 以强大的参数化特征造型功能而著称，广泛用于零件（特别是模具）的造型、装配、仿真等。

2. 基于特征的三维建模方式

与 AutoCAD 不同，Creo 进行零件设计是一个基于特征的造型过程，也就是通过各种特征来制造零件。

特征指一个零件的有形部分，是指某个特性，它是构成零件的基本元素。特征分为实体特征、曲面特征、辅助特征、自定义特征等。

实体特征有基础特征（拉伸、旋转、扫描、混合等）和附加特征（孔、筋、倒角、倒圆角、抽壳、拔模、唇、管道等）。曲面特征不是实体特征，但可以利用它来生成实体特征；辅助特征就是常说的基准。

如图 1-1-1 所示，零件模型就是由拉伸（或旋转）、孔、复制、阵列等特征构建的。每一个特征在模型树中均有记载，可方便地对特征进行隐藏、修改或删除，模型的修改非常容易。

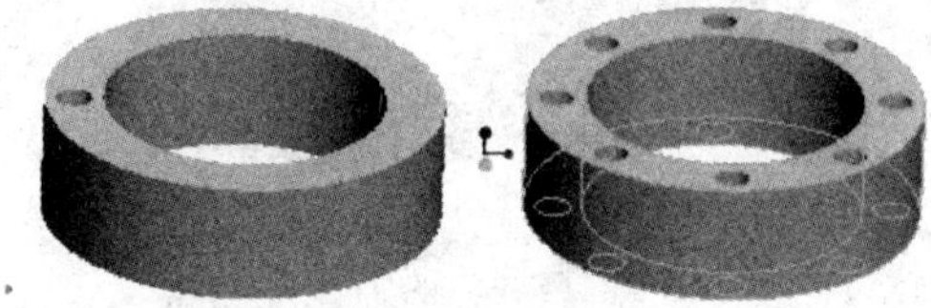

图 1-1-1　基于特征的模型

3. 尺寸驱动

零件和装配件的物理形状由特征属性值来驱动，用户可随时修改特征尺寸或其他属性。即在设计时首先考虑的是零件的形状，而不管具体的尺寸数值。形状确定好后，可以通过修改各个几何元素的相关尺寸的数值来重新生成目标图形。尺寸修改了，模型区中的相应特征立刻发生改变，因此很直观，如将图 1-1-2 所示圆柱体的长度改长，则图形区中的圆柱体马上就变长了。每一个尺寸均是一个可变的参数，为修改提供了很大的方便。

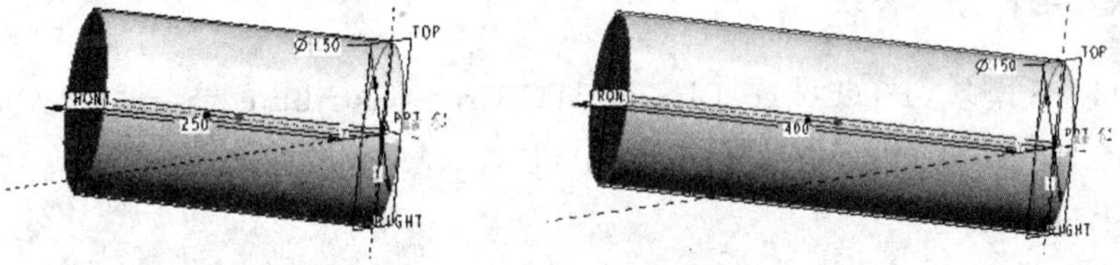

图 1-1-2　尺寸驱动示例

4. 参数化设计

Creo 是采用参数化设计的、基于特征的实体模型化系统，工程设计人员采用具有智能特性的基于特征的功能去生成模型，如腔、壳、倒角及圆角，可以随意勾画草图，轻易改变模型。这一功能特性给工程设计者提供了在设计上从未有过的简易和灵活。

5. 父子关系

两个特征：实体拉伸——父，倒角——子，修改或删除父特征将会相应修改或删除子特征，如图 1-1-3 所示。

图 1-1-3 父子关系

6. 单一数据库

Creo 建立在统一基层的数据库上。所谓的单一数据库，就是工程中的资料全部来自一个库，使得每一个独立用户同时为一件产品造型而工作。在整个设计过程中任何一处发生改动，将反映在整个设计过程的相关环节上。例如，一旦工程详图有改变，NC(数控)工具路径也会自动更新；装配工程图如有任何变动，也完全同样反映在整个三维模型上。这种独特的数据结构与工程设计的完整结合使得一件产品的完整设计过程关联成一个整体。这一优点，使得设计更优化、成品质量更高、成品能更好地推向市场，价格也更便宜。

7. 模块化与设计的关联

Creo 有以下模块：PTC Creo Direct、PTC Creo Distributed Services Manager、PTC Creo Layout、PTC Creo Options Modeler、PTC Creo Simulate 等，所有模块都建立在一个统一的数据库上。

设计的关联主要表现在全相关和参数关系式的应用上，即在某阶段所做修改对其他阶段均有效，并可以利用相互关系式来限定相关尺寸的改变，从而保证尺寸之间的正确关系。

1.2 Creo Parametric 3.0 中文版使用基础

1. 界面介绍

双击桌面上的 Creo Parametric 3.0 图标，启动 Creo Parametric 3.0 进入主工作界面，各功能区的划分如图 1-2-1 所示。

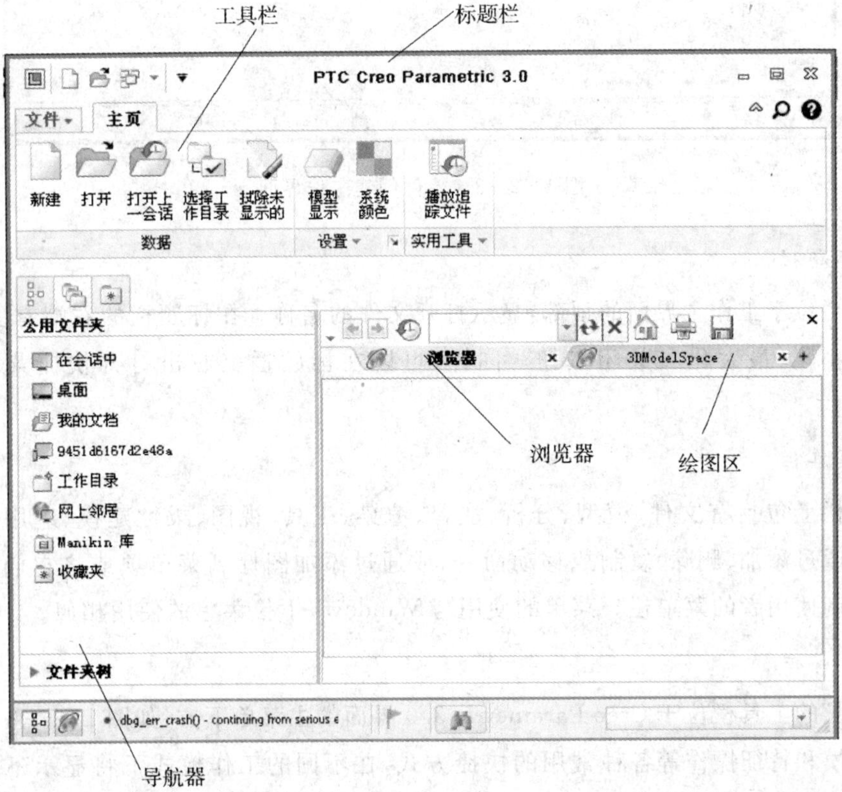

图 1-2-1　主工作界面

在主界面上的菜单栏中选择“文件”→“打开”命令，或单击工具栏中的图标，打开一个文件，先初步了解零件模型下的主界面，如图 1-2-2 所示。

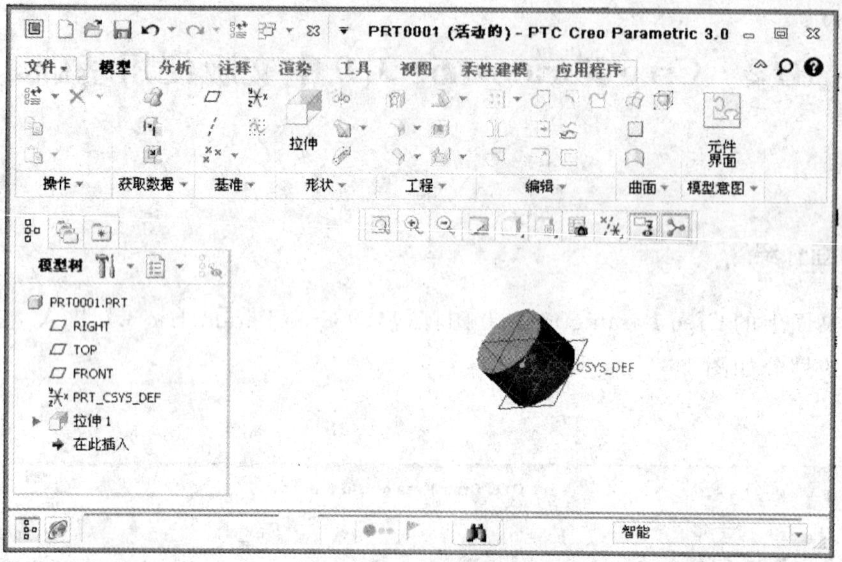

图 1-2-2　零件创建工作界面

(1)标题栏

标题栏位于工作主界面的顶部，显示打开文件的名称。在标题栏的右端有三个按钮，分别为最小化、最大化和关闭按钮。同样，可以在标题栏上右击打开快捷菜单来选择操作。

(2)菜单栏

菜单栏上包括有文件、模型、分析、注释、渲染、工具、视图、柔性建模、应用程序等命令。可以通过添加、删除、复制或移动命令，或通过添加图标到菜单项或将它们从菜单中除去来定制使用者的菜单栏。菜单的使用与 Windows 下拉菜单的使用相似。

(3)工具栏

“模型”的工具栏位于 Creo Parametric 3.0 界面的主菜单下方(如图 1-2-3 所示)，包含用于建模和特征操作等各种常用的快捷方式，在不同的工作模式下将显示不同的工具栏，这是由于 Creo 具有过滤作用，这样可以方便使用者使用。

(4)信息区

信息栏用于显示重要的提示，包括当前操作的状态信息、警告信息、要求输入参数信

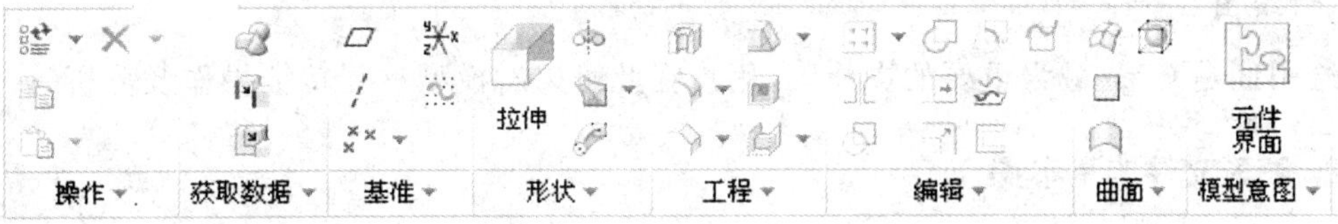

图 1-2-3　特征工具栏

息和错误信息等。

(5)浏览器

Creo 浏览器提供对内部和外部网站的访问功能。在进行设计时，如设计者有需要，随时打开浏览器查找资料，可以单击主界面左下角浏览器图标向右展开；如要关闭浏览器，可以再次单击左下角浏览器图标，如图 1-2-4 所示。

(6)导航器

导航器包括模型树、文件夹浏览器、收藏夹等选项卡，它们之间的切换只需要单击导航栏上方相应的选项标签即可，如图 1-2-4 所示。

(7)选择过滤器

选择过滤器可以为用户提供对选择所需对象进行过滤的功能，其主要作用是帮助用户选择特征、曲面和基准等。面对较为复杂的模型，选择过滤器可以大大降低选择出错率并能够提高设计速度，如图 1-2-5 所示。

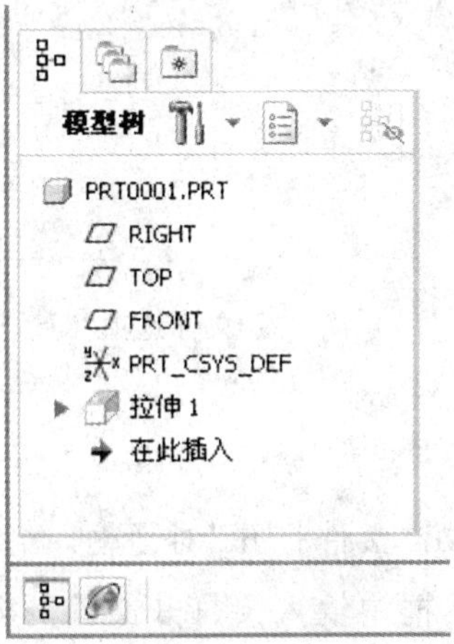

图 1-2-4　导航器

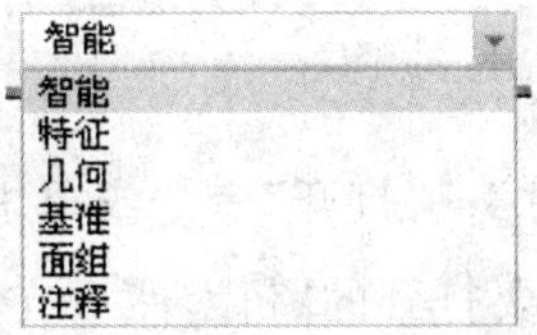

图 1-2-5　“选择过滤器”面板

(8)绘图区

绘图区是 Creo 最为重要的操作区,用户在此可以对模型进行特征操作及分析等。

2. 图形文件的基本操作

在 Creo Parametric 3.0 中,图形文件的基本操作主要包括新建、保存、关闭和打开等操作。下面将简单介绍各个命令的操作过程。

(1)新建文件

要创建零件,首先必须新建一个文件。在 Creo Parametric 3.0 主界面中,选择"文件"→"新建"命令或直接点击右上角按钮,弹出如图 1-2-6 所示"新建"对话框,在对话框中创建新的布局、草绘、零件、装配、制造、绘图、格式、报告、布线图、记事本、标记等,并填写新建文件的名称,不选中"使用默认模板"复选框,然后单击"确定"按钮。如选"零件"类型,则弹出如图 1-2-7 所示的"新文件选项"对话框,一定要选择"mmns_part_solid"。

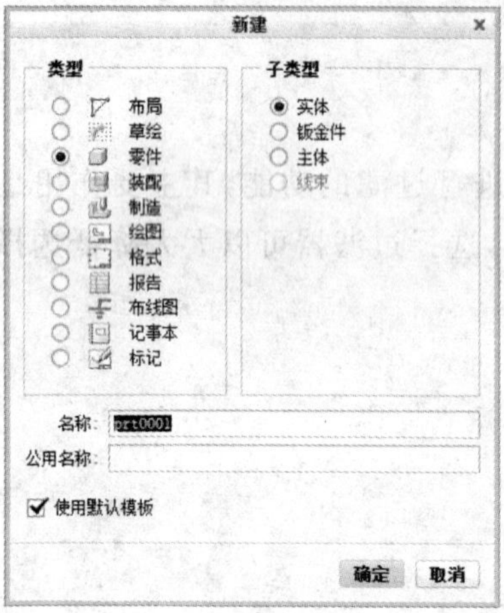

图 1-2-6 "新建"对话框

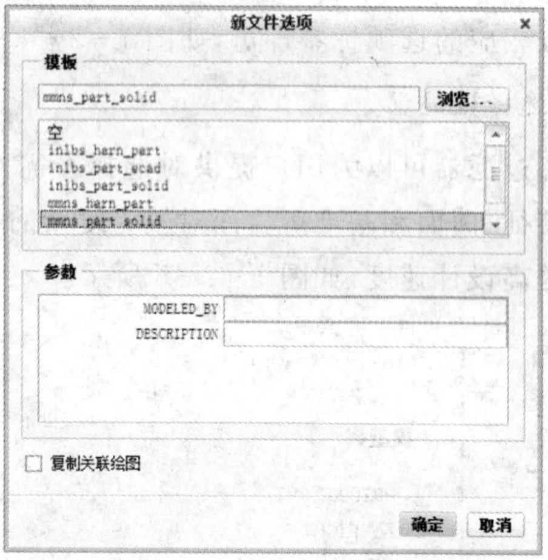

图 1-2-7 "新文件选项"对话框

(2)打开文件

选择"文件"→"打开"命令或单击按钮,弹出"文件打开"对话框,在查找范围下拉列表框中选择要打开的路径,然后在"文件名"文本框中输入要打开文件的名字或单击该文件,最后单击"打开"按钮即可;或在导航栏的资源管理器中选择要打开的图形文件,在类型列表框中选择要打开文件的类型,然后找到并双击需要打开的文件即可。

(3)保存文件

在 Creo 中保存文件时,其文件名格式为“文件名 . 文件类型 . 文件版本”。例如,创建一个名为“liang”的文件,则初次保存时文件名为“liang. prt. 1”。再次保存该相同文件时,文件名会变为“liang. prt. 2”。

在 Creo 中保存图形文件有以下两种方法。

① 选择“文件”→“保存”命令或单击按钮,文件被保存到预先设定好的工作目录中。

② 如果要改变保存路径或文件名称,则可以选择“文件”→“另存为”→“保存副本”命令,打开如图 1-2-8 所示的“保存副本”对话框。在对话框顶部存储路径下拉列表框中选择要保存的路径,然后在“文件名”文本框中输入要保存文件的名字或保存已有文件,并在“类型”下拉列表框中选择要另存为的文件类型,最后单击“确定”按钮即可。

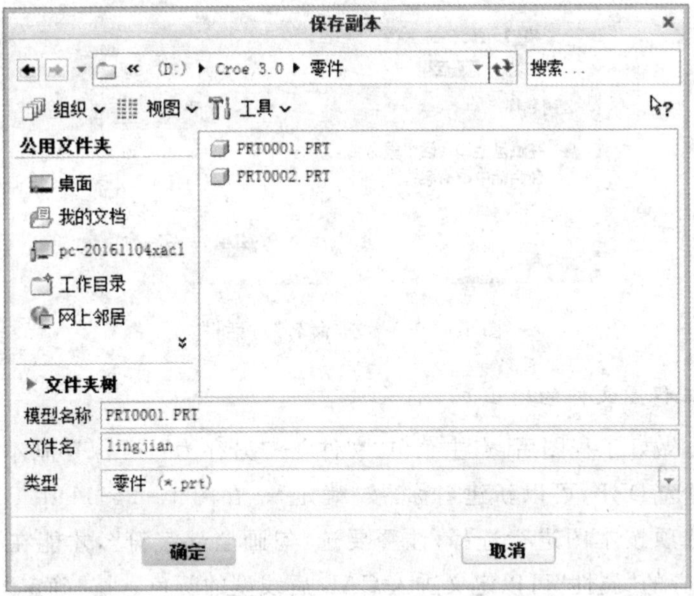

图 1-2-8 “保存副本”对话框

(4)关闭文件

当完成操作或不需要使用图形文件时,可选择“文件”→“关闭窗口”命令或单击“关闭”按钮即可。

(5)拭除或删除文件

在“文件”菜单下有两个相似的操作命令：即“拭除”和“删除”，但是这两个命令的含义不同。拭除对象是将对象从内存中删除，但是不能从磁盘中删除；删除对象是从磁盘中删除。

(6)重命名

① 选择“文件”→“管理文件”→“重命名”，弹出如图 1-2-9 所示的“重命名”对话框，当前模型的名称则出现在“模型”文本框中。

② 在“新名称”文本框中输入新文件名。

③ 选中“在会话中重命名”或“在磁盘上和会话中重命名”单选按钮。

④ 最后单击“确定”按钮即可完成重命名操作。

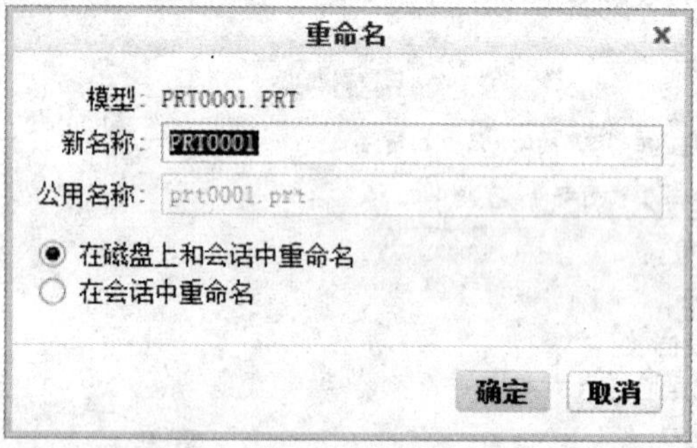

图 1-2-9 “重命名”对话框

(7) *.dxf 工程图文件的输出

进入“绘图”，做好工程图后，点主菜单“文件”→“另存为”→“保存副本”，出现如图 1-2-10 所示，类型选 DXF，可以新建名称，按“确定”。在图 1-2-11 中 DXF 版本选择如“2007”，“图元”选项按本图进行选择，注释要选“勾画全部字符”，才能在 CAD 中显示中文。打开“杂项”旁的“属性”可以定义进入 CAD 后线型的颜色。按“确定”，*.dxf 文件将保存于工作目录中。

进入 AutoCAD，打开 *.dxf 文件，可以另存为 *.dwg 文件。

3. 控制模型的显示

Creo 在绘图区上方给使用者提供了一系列的显示控制命令，从而让使用者在设计模型时可以从不同的角度、不同的方式和不同的距离来观察模型，如图 1-2-12 所示为视图工具栏和模型显示工具栏。模型显示工具栏提供了模型显示方式的操作命令，而视图工具栏中的各种命令则用来控制模型的显示视角。

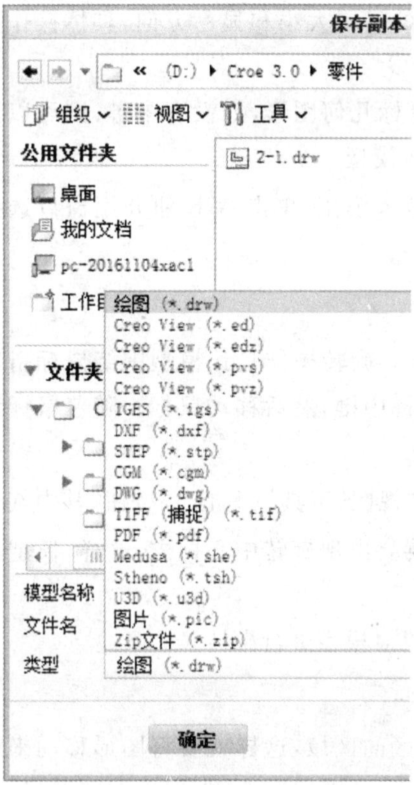

图 1-2-10　定义保存文件的类型

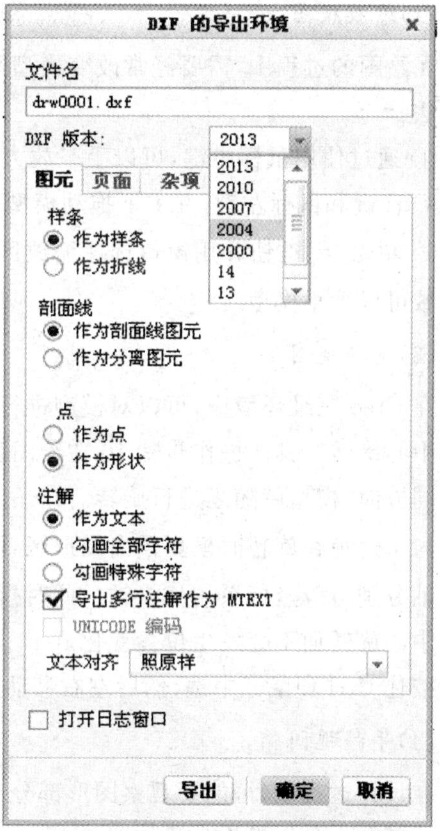

图 1-2-11　定义图元属性

图 1-2-12　视图工具栏和模型显示工具框

(1)视图的重画

重画视图时用来刷新图形区。当模型较为复杂时，用户完成操作后，视图或者模型状态没有发生相应的改变时，可以重画视图功能，消除所有临时显示信息。重画视图功能重新刷新屏幕,但不再生模型。

选择“视图”→“重画”命令或者单击按钮,即可完成该操作。

(2)缩放视图

在绘图的过程中,需要经常改变模型图形区中的显示大小和显示方向,具体操作有以下方法:

① 通过使用鼠标中键,可以手工放大或缩小目标几何图形,如没有中键,则可以同时按住 Ctrl 键和鼠标左键,并上下拖动模型,即可缩放模型。

② 单击按钮并用窗口选择缩放区域可以放大模型,单击按钮并用窗口选择缩放区域可以缩小模型。

(3)旋转视图

在 Creo 三维环境中,可以对模型进行旋转操作。旋转操作是让模型围绕鼠标指针或旋转中心旋转。具体操作步骤为:在绘图区按住鼠标中键,然后移动鼠标。随着鼠标移动的不同方向,模型就随之进行旋转。

为了避免在旋转时模型偏出图形区,可以单击“视图”工具栏上的按钮,其中红、绿、蓝三轴分别对应坐标系的三个轴。此时模型中央就会出现旋转中心标志,这样,模型只绕旋转中心旋转而不会发生位置变化。

按住 Ctrl 和鼠标中键,然后左右移动鼠标,可以对模型进行翻转。

(4)平移视图

在设计过程中,可能要观察图形部分不在绘图区的区域,这样就要将图形移动来观察特定的部分。具体操作步骤如下:

① 按住 Shift 键,在绘图区中按住鼠标中键。

② 在绘图区移动鼠标可以发现图形随鼠标移动出现一条红色的轨迹线,以显示移动轨迹。

③ 最后,放开鼠标中键即可完成视图移动。

(5)常用视角

单击视图列表按钮中的按钮,将弹出如图 1-2-13 所示的列表框,用户从视图中选择适合自己的视角,模型就自动调整为该视角方向。

(6)几何模型的显示方式

在 Creo 中提供了 6 种模型显示方式:带反射着色、带边着色、着色、消隐、隐藏线和线框。单击“模型显示”工具栏上的显示方式按钮(见图 1-2-14 所示),可以查看不同的显示效果。

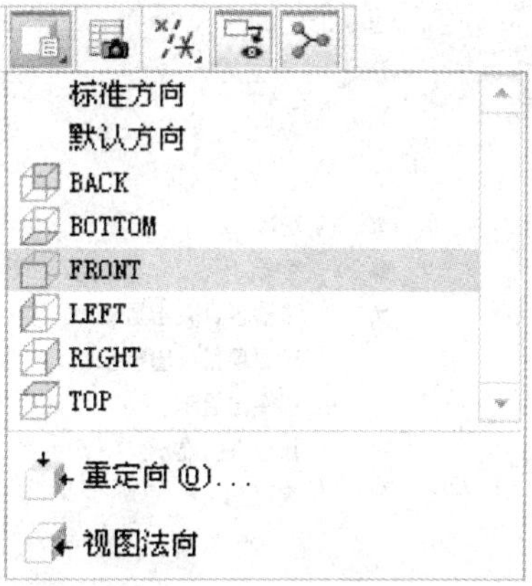

图 1-2-13　常用视图列表框

图 1-2-14　模型的显示方式

(7)设置颜色

Creo Parametric 3.0 简体中文版系统默认的背景颜色是白色,如果用户不习惯,可以定制自己喜欢的系统界面。具体操作过程如下所述:

① 点击最上方右端“自定义快速访问工具栏”→“更多命令”,如图 1-2-15 所示,弹出“PTC Creo Parametric 选项”窗口,如图 1-2-16 所示。

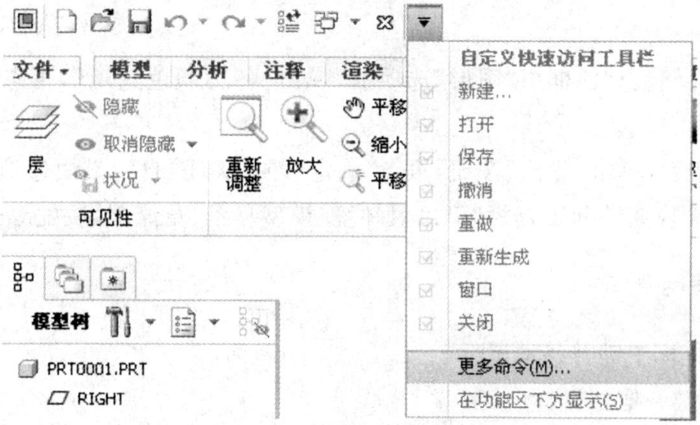

图 1-2-15　自定义快速访问工具栏

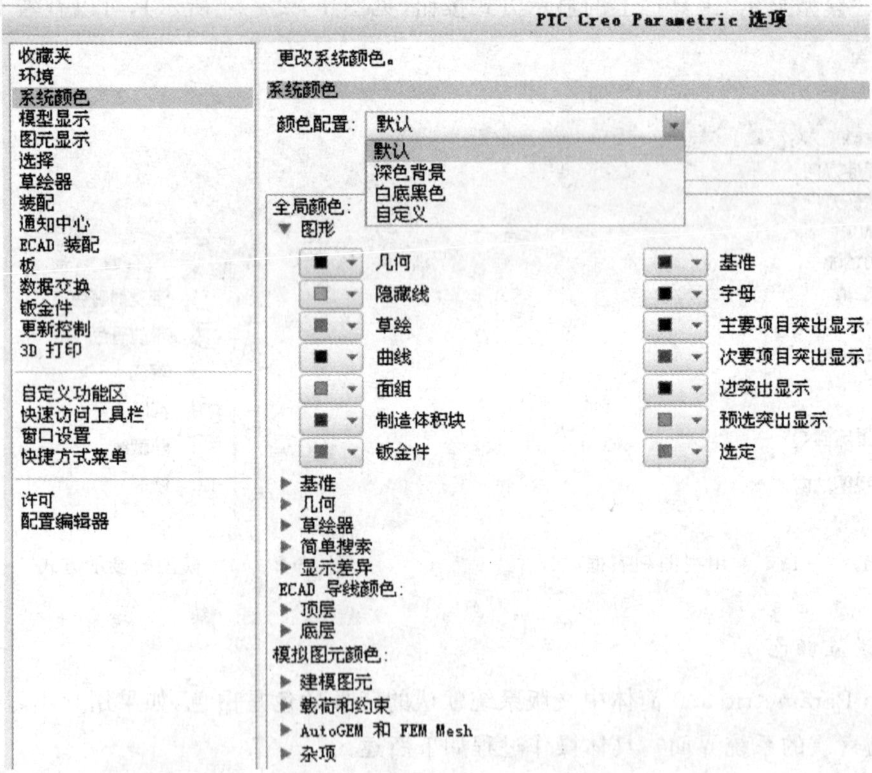

图 1-2-16 “PTC Creo Parametric 选项”窗口

② 选择“系统颜色”对话框中的“颜色配置”，在该子菜单中选择自己喜欢的背景颜色方案。

③ 点开系统颜色对话框中“图形”选项卡，弹出“各类颜色选项”，再点开，即可进行颜色定义。

④ 设置完毕后，单击“导出”按钮，再点“确定”即可关闭“自定义快速访问工具栏”。

利用“自定义快速访问工具栏”可以对环境、模型显示、草绘器、装配等进行属性定义。

4. 鼠标的使用

旋转：按下鼠标中键并移动鼠标；

平移：Shift 键＋拖动鼠标中键；

快速缩放：滚动滚轮；

翻转：Ctrl＋按下鼠标中键，鼠标左右移动。

思考题

1. Creo Parametric 3.0 主要特点有哪些？Creo 建模思想是什么？
2. 举例说明 Creo Parametric 3.0“尺寸驱动”的特点。
3. 举例说明 Creo Parametric 3.0“基于特征创建模型”的特点。
4. 如何保存工程图并在 AutoCAD 里打开？
5. 试设置系统环境的颜色。
6. Creo Parametric 3.0 安装时与电脑物理地址有什么关系？

第 2 章

草绘器使用技术

- ■ 草图绘制及标注
  - ◇ 草绘环境设置
  - ◇ 图元绘制
  - ◇ 尺寸标注
  - ◇ 几何约束
  - ◇ 图元编辑
- ■ 草绘综合练习

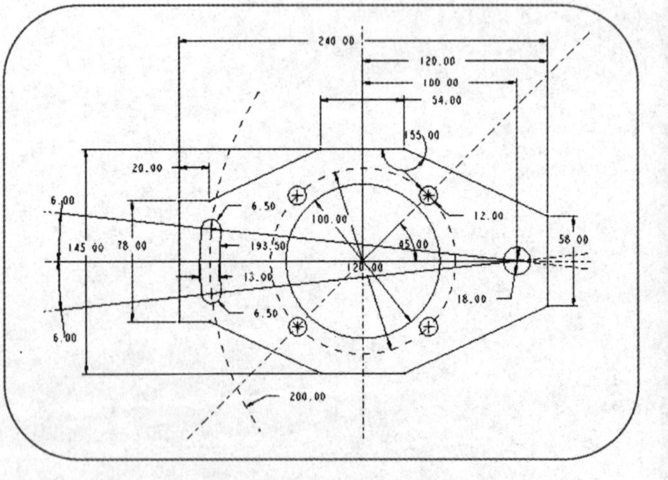

2.1 草图绘制及标注

1. 准备工作

(1)设置工作目录

Creo Parametric 3.0 中的工作目录就是默认的文件操作目录，以方便对文件的管理。具体操作有两种方法：

① 首先根据自身硬盘分区规划，在合适的位置建立用于设置工作目录的文件夹；点击主页菜单→"选择工作目录"，选中建好的文件夹，确定。

② 右键单击 Creo Parametric 3.0 桌面快捷方式图标，选择"属性"工具，在打开的 Creo Parametric 3.0"属性"对话框中"快捷方式"选项卡将"起始位置"设置为建立的工作目录(文件夹)。

(2)加入常用的中文字体

将操作系统/WINDOWS/Fonts 目录下的所有字体(注意是字体文件而非整个文件夹)拷贝到 Creo Parametric 3.0 的安装目录/ Creo 3.0/M100/Common Files/text 文件夹中，重新运行 Creo Parametric 3.0。

(3)草绘设置

新建，选"草绘"类型，命令草绘文件名称，进草绘器。

点击绘图区上方六个按钮中最右方的"草绘器显示过滤器"见图 2-1-1，弹出图 2-1-2所示显示选项。只有在这里选中了这些显示选项，在绘制草图时，系统才会自动显示栅格☑显示栅格、顶点☑显示顶点和约束☑显示约束等项目。

约束用于定义草绘截面图元和图元间的关系，以明确定义截面并减少尺寸标注，如直线水平、垂直，两线段等长等。在绘制图元过程中，系统会自动进行约束并显示约束符号。约束符号显示在应用约束的图元旁边，常见的符号有："H"表示水平图元，"V"表示垂直图元，"T"表示两图元相切，"⊥"表示两图元垂直，"//"表示两图元平行。

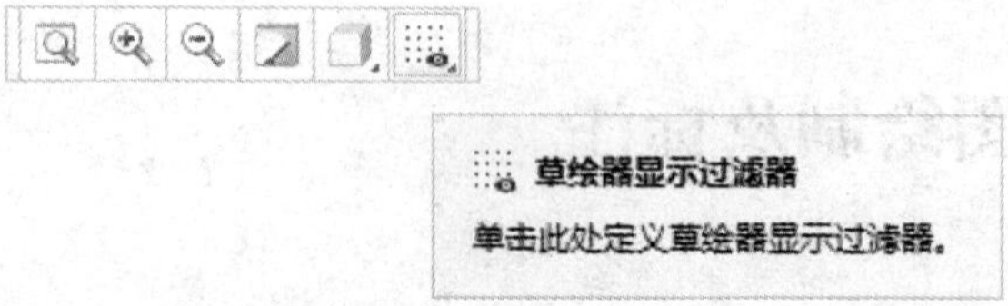

图 2-1-1　草绘器显示过滤器

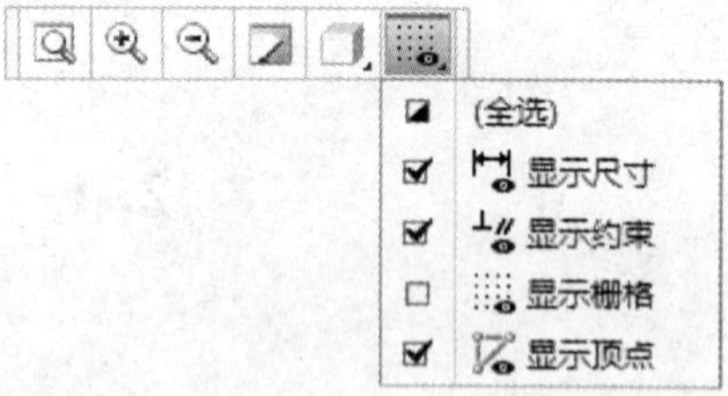

图 2-1-2　草绘器显示选项

鼠标右键点击“草绘器显示过滤器”会弹出如图 2-1-3 所示显示设置，可根据需要自行选择。

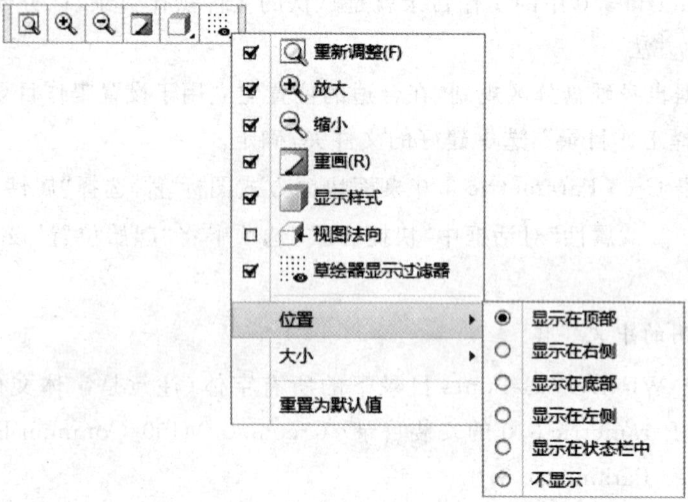

图 2-1-3　草绘器显示选项(右键属性)

(4)草绘颜色设置

默认情况下，草绘图形背景色是白色的，线条为咖啡色，加亮后的颜色是绿色的。如将背景设置为黑色，操作过程是“文件”→“选项”→“系统颜色”，点击“颜色配置”栏，选择其中的“深色背景”。有关线条颜色的设置，在执行上述操作后，在弹出“系统颜色”界面中选择相应颜色，或者通过输入不同颜色值来决定最终的颜色即可。

(5)鼠标使用

鼠标的三个键在 Creo Parametric 3.0 草绘中分别有不同的定义。

① 鼠标左键：用于选择图元、命令等操作。

② 鼠标中键:用于结束命令的操作,另外直接滚动鼠标中键的滚轮可以缩放草绘视图,按住鼠标中键不放拖动鼠标可以平移草绘视图。

注意:要放大某处,先把鼠标放到该处,再往下滚动鼠标中键;往上滚动鼠标中键,草绘图会跑到鼠标处;要移动草图,可把鼠标移到目标处,缩小该图,再在此处放大该图。三维造型时同法。

③ 鼠标右键:用于重复命令、弹出快捷菜单、打开特征属性等。

2. 阶梯轴半剖面(如图 2-1-4 所示)

(1) (新建)→选"草绘"→输入名称"jietizhou"→确定(如图 2-1-5 所示)。

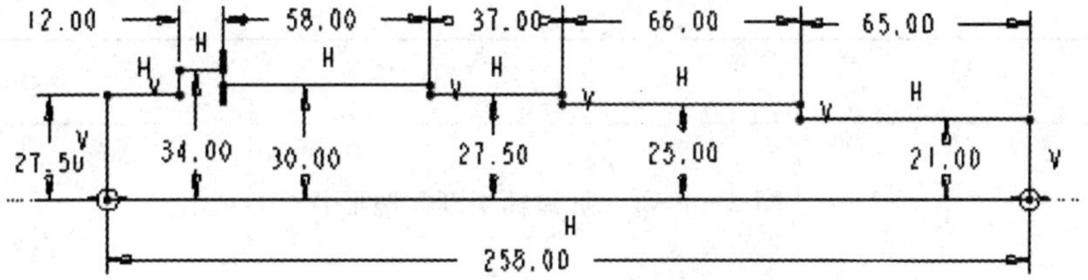

图 2-1-4 阶梯轴半剖面图

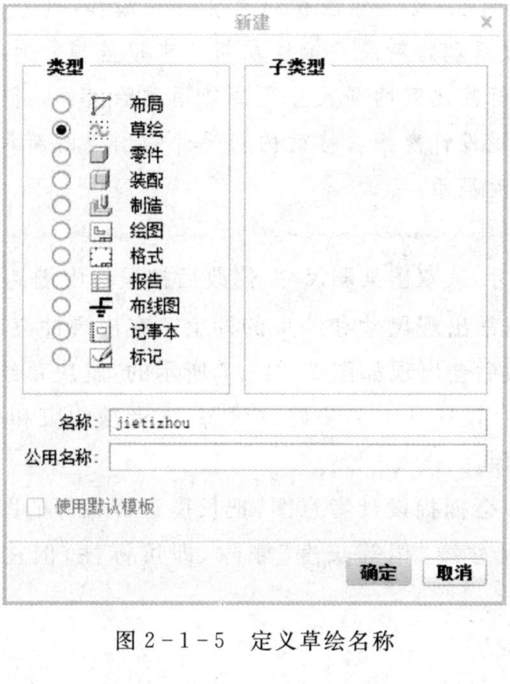

图 2-1-5 定义草绘名称

(2)进草绘器后,点击 中心线 ,绘制一条水平中心线。

(3)点击 线 ,绘制阶梯轴的半剖面图形状(如图 2-1-6 所示),要求在绘制中捕捉中心线上一点为起点,所有直线一次绘制完成,不要管尺寸多大,但是要注意所画的第一个图元的尺寸数量级尽量与目标值一致,否则修改尺寸时,图元会因变化太大而无法控制。

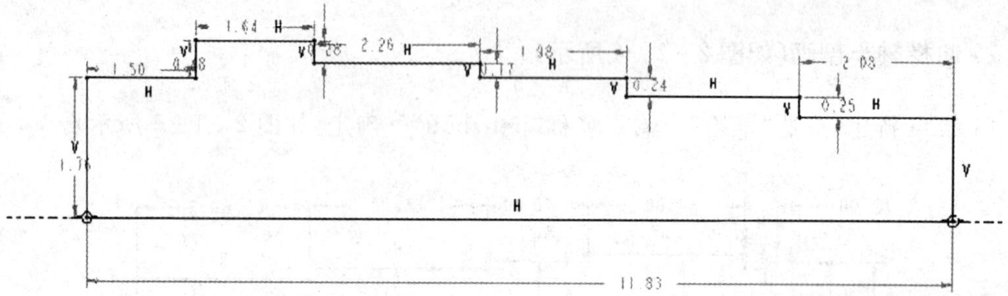

图 2-1-6　阶梯轴半剖面图形状

几何图元绘制后,尺寸标注和约束会自动添加,这些约束和尺寸标注是弱的,它们会被添加的新尺寸标注或新约束覆盖掉。对不符合要求或有些可能不在最终标注之列的弱尺寸不能使用删除操作,可以修改弱尺寸或创建新尺寸来实现设计意图。修改的弱尺寸和创建的新尺寸都是强尺寸,系统一般以高亮度显示。

(4)点击 标注尺寸,或双击某弱尺寸,修改后按鼠标中键。在尺寸标注和添加约束实现设计意图的过程中,常出现尺寸和约束的冲突。在出现冲突时系统首先删除弱尺寸来解决问题,但解决失败后会出现如图 2-1-7 所示的“解决草绘”对话框。通常的做法是:直接单击“撤销”按钮,恢复到上一步修改状态;或者从约束和尺寸列表中根据设计意图选取一个对象将其删除。

在画多折线时 Creo 会捕捉设计者意图,把长度近似相等的图元均弱约束为“相等长度”,找准发生冲突的尺寸线“相等长度”删除,即可标注,但注意一定要分析后正确删除。

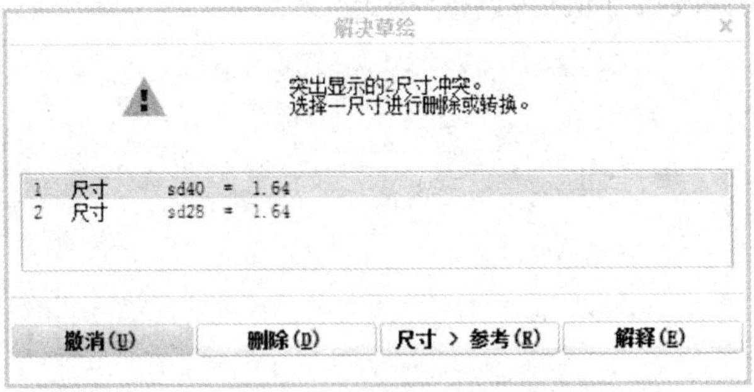

图 2-1-7 “解决草绘”对话框

一般情况下在标注新尺寸前应对属于最终标注之列的弱尺寸加以整理和强化，可以点击并拖动这些尺寸到合适的位置，并把这些尺寸变为强尺寸。强化弱尺寸的具体方法是双击尺寸值修改后回车，或点击选中尺寸后按鼠标右键，在出现的右键快捷菜单中选择“强”选项，或选中尺寸后直接按“Ctrl＋T”使其转变为强尺寸。

线性尺寸标注包括标注线段长度、线与线之间的距离、点与线之间的距离、点与点之间的水平或者竖直距离以及直线之间的角度等，具体如下。

(1)标注线段长度：选取要标注的线段，在适当位置单击鼠标中键。

(2)标注线与线间的距离(角度)：依次选取要标注的两条直线，在适当位置单击鼠标中键。若两直线平行，则标注的是两直线间距离；若两直线不平行，则标注的是两直线间夹角。

(3)标注点与线间距离：依次选取要标注的点和直线，在适当位置单击鼠标中键。

(4)标注两点(图元端点)间距离：依次选取要标注的两个点，在适当位置单击鼠标中键。注意鼠标中键的位置决定了标注的属性，在远离两点的水平方向单击中键，标注的是两点间的水平距离；在竖直方向单击中键，标注的是两点间的竖直距离；在两点连线间单击中键，标注的是两点间直线距离。

(5)框选所有尺寸，点击 修改，弹出“修改尺寸”对话框(如图 2-1-8 所示)，关闭“重新生成”复选框，依次修改尺寸值后，点击“确定”。

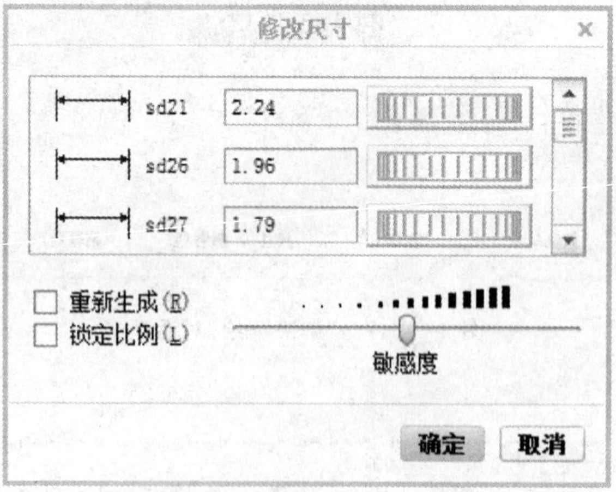

图 2-1-8 “修改尺寸”对话框

3. 键槽剖面图

(1)(新建)→选“草绘”→输入名称“jiancao”→确定。

(2)进草绘器后，点击 中心线，绘制一条水平中心线。

(3)点击 圆，分别以水平中心线上左、右侧两点为圆心画圆(如图 2-1-9 所示)，尺寸随意。

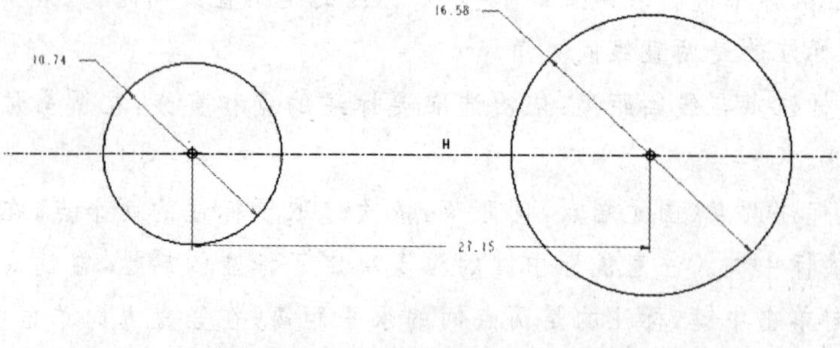

图 2-1-9 键槽剖面图(画圆)

(4)点击约束按钮 相等，依次点击左右两个圆，使两圆直径相等；并修改尺寸(如图 2-1-10 所示)。

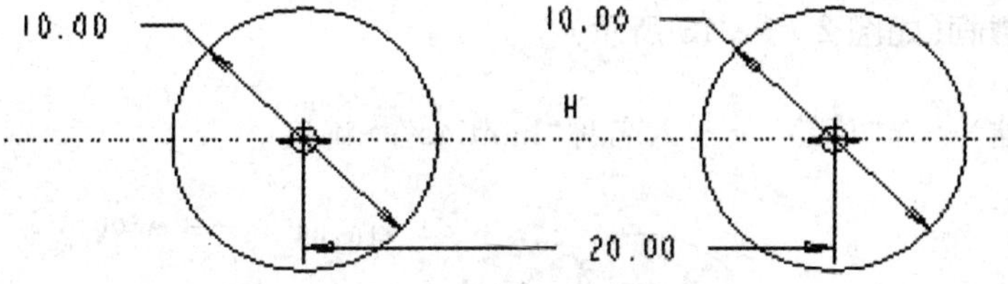

图 2-1-10　键槽剖面图(约束和尺寸)

在施加两个图元尺寸相等的约束时,最终相等尺寸与两图元的选取顺序有关。另外可以通过双击尺寸后直接输入新值的方法完成尺寸修改。

(5)绘制两个圆的两条外公切线。分别捕捉两圆上的点连线,选择约束按钮 相切,依次点击直线与圆,使连线与两圆分别相切(如图 2-1-11 所示)。

(6)点击动态修剪工具 删除段,删除多余图元,完成绘制,如图 2-1-12 所示。

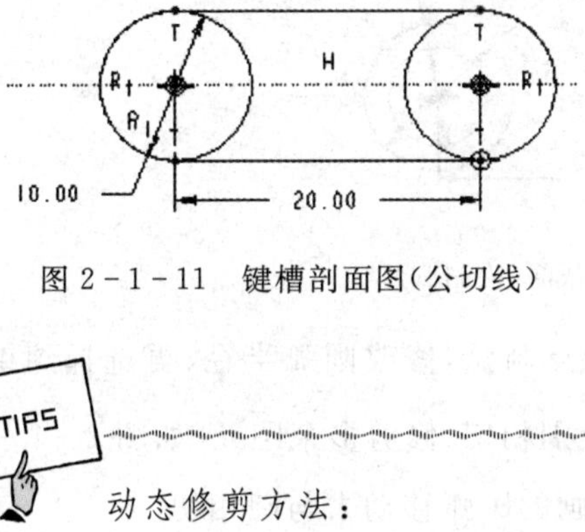

图 2-1-11　键槽剖面图(公切线)

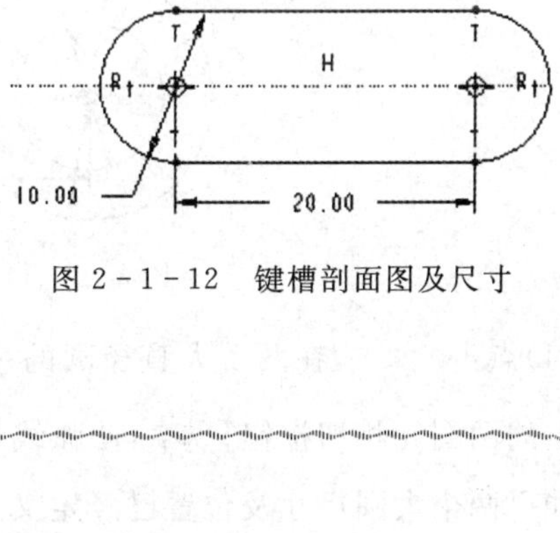

图 2-1-12　键槽剖面图及尺寸

动态修剪方法:

(1)剪切单个图元。点击 删除段,再点击要剪切的图元。

(2)通过鼠标轨迹剪切多个图元。点击 删除段,按住鼠标左键绘制经过要删除图元的轨迹线,所有经过的图元都被删除。

(3)修剪图中数个图元,可按住“Ctrl”键,用左键选取要删除的图元(变色),再按右键选“删除”。

(4)鼠标左键框选要删除的图元,右键选“删除”。

4. 链条形截面(如图 2－1－13 所示)

(1) (新建)→选“草绘”→输入名称“liantiao”→确定。

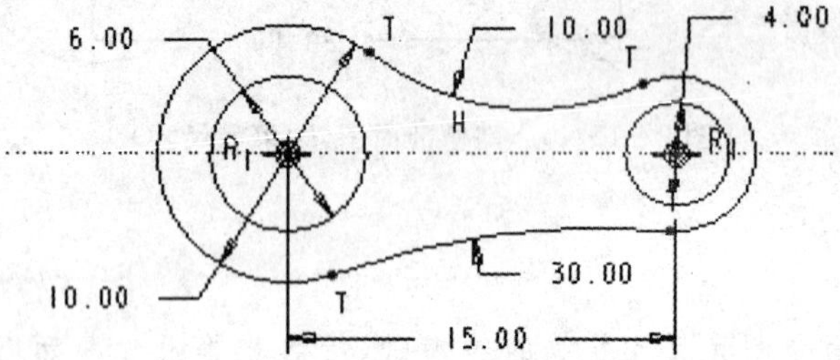

图 2－1－13　链条形截面

(2)进草绘器后,点击 中心线,绘制一条水平中心线。

(3)点击 圆,分别以水平中心线上左、右侧两点为圆心画四个圆,添加相等约束,修改尺寸(如图 2－1－14 所示)。

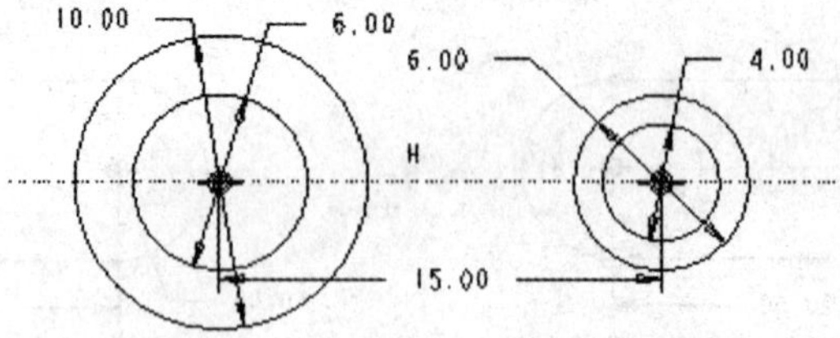

图 2－1－14　链条形截面(绘制圆)

(4)点击 弧,在两个大直径圆的一侧找两点画弧,修改圆弧半径,再选择约束操作面板上的两图元相切按钮 相切,使弧线与两圆分别相切,修剪多余图元(如图 2－1－15 所示),如果两个大圆尺寸及位置已经定义,则将后画的圆弧移动去与圆相切。

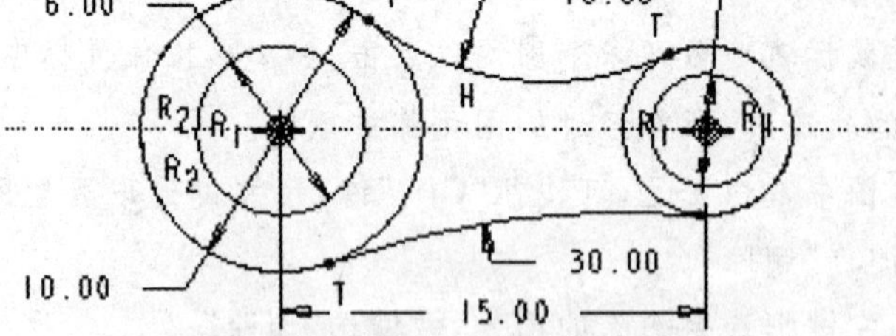

图 2－1－15　链条形截面(绘制公切弧)

(5)点击动态修剪工具 删除段，删除多余图元，完成绘制。

5. 绘制文本(如图 2－1－16 所示)

(1) (新建)→选“草绘”→输入名称“wenzi”→确定。

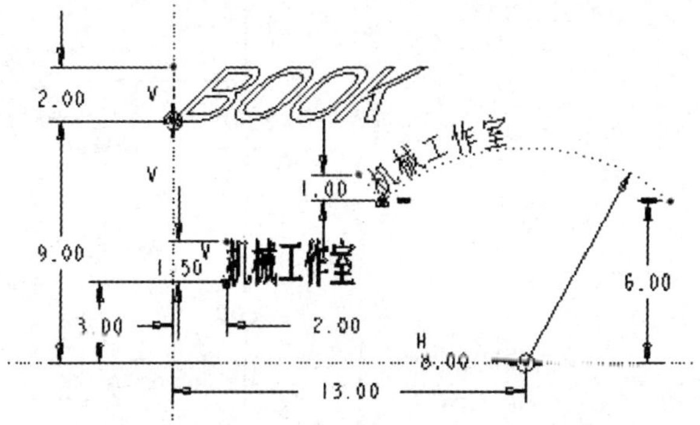

图 2－1－16　文本绘制

(2)点击 中心线，绘制一条水平中心线和一条垂直中心线。

(3)点击创建文本按钮 文本，信息区 选择行的起始点，确定文本高度和方向。，在竖直中心线上选取文本高度起点，根据信息区提示 选取行的第二点，确定文本高度和方向。，在竖直中心线起点上方选定文本高度终点，以定义文本高度和方向。系统在起点和终点之间创建了一条构建线，在系统弹出“文本”对话框(如图 2－1－17 所示)的“文本行”框中输入“BOOK”，字体使用下拉列表框中“font3d”项，长宽比为“1”，斜角改为“45”，先回车再单击“确定”按钮即可创建如图 2－1－18 所示的文本。

(4)参看步骤(3)创建文本“机械工作室”。文字长宽比为“0.5”，斜角为“0”，使用“MSungS-Light-U”字体。修改尺寸后如图 2－1－19 所示。

(5)点击通过选取圆心和端点绘制圆弧的按钮 圆心和端点，在水平中心线上捕捉圆心，绘制圆弧，绘制中使用弧的起点和终点水平对齐的约束，修改尺寸，选中圆弧，使用菜单“编辑”→“构造”使其变为结构弧，如图 2－1－19 所示。

(6)参看步骤(3)再次绘制文本“机械工作室”。点结构圆弧起点，勾选“文本”对话框的沿曲线放置复选框，选择步骤(5)创建的结构弧写进文本，文字长宽比为“0.78”，斜角为“0”，使用“font”字体。

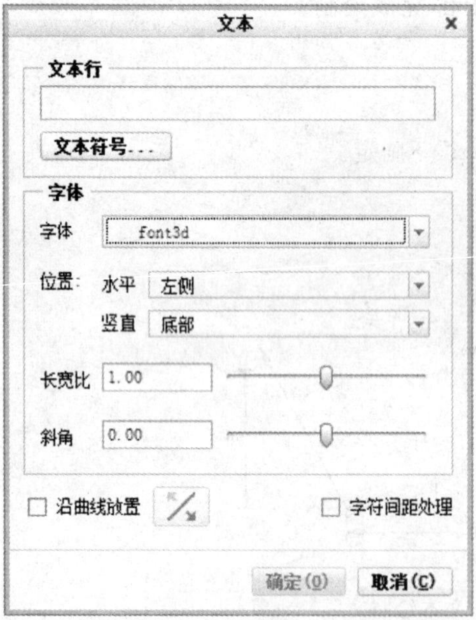

图 2-1-17 “文本”对话框

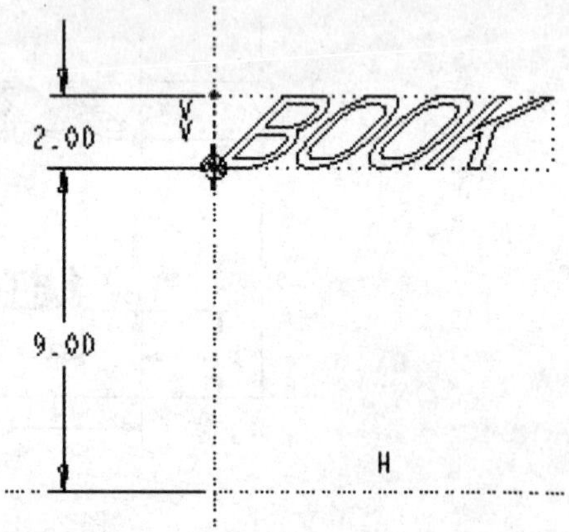

图 2-1-18 绘制文本“BOOK”

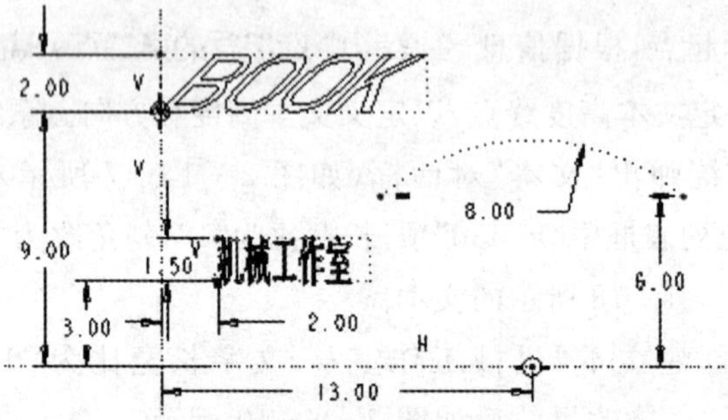

图 2-1-19 绘制文本“机械工作室”

6. 创建样条曲线

绘制如图 2-1-20a 所示的样条曲线，使用“添加点”编辑样条曲线方法，将图 2-1-20a 所示的曲线改为图 2-1-20b 所示曲线。

(1) (新建)→选“草绘”→输入名称“yangtiao”→确定。

(2)进草绘器后，点击 中心线，绘制一条水平中心线和一条垂直中心线。

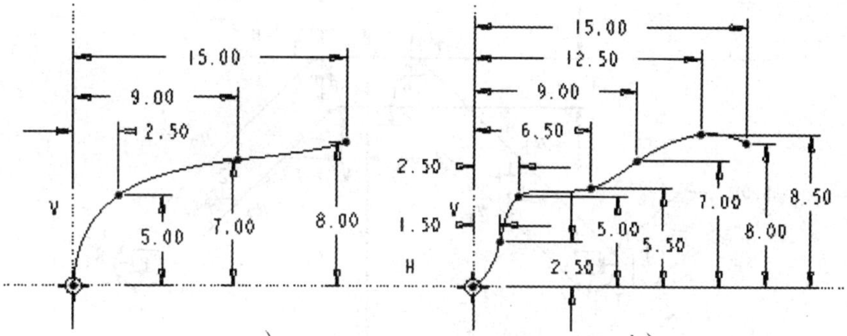

a) b)

图 2-1-20 样条曲线绘制和编辑

(3)点击创建样条曲线工具按钮 样条，鼠标左键单击两中心线交点作为样条曲线起点，在绘图区域连续点击另外三个点，单击鼠标中键完成样条绘制。系统一般只标注样条起点和终点的定位尺寸，点击创建定义尺寸工具按钮，标注样条的第二点和第三点的位置尺寸，即两点到中心线的距离。修改尺寸后如图 2-1-20a 所示。

(4)添加点：双击样条，样条变为编辑状态，并出现样条编辑操控板，根据信息区提示 **右键单击样条以添加或移除插值点。**，在样条上需添加点的位置单击右键，并在出现的 添加点 项目上确认，完成添加。共添加 3 个点，点击操控板上的 ✔。参照步骤(3)，给添加的三个点标注位置尺寸，修改尺寸后如图 2-1-20b 所示。

绘制样条过程中点击的点和编辑时添加的点都是样条控制点，点击控制点并按住左键拖动鼠标即可移动控制点来改变样条形状。

在样条编辑状态，右键单击控制点，可使用出现的快捷菜单删除控制点。

7. 使用约束绘制“V”形截面(如图 2-1-21 所示)

(1) (新建)→选“草绘”→输入名称“v_ jiemian”→确定。

(2)进草绘器后，点击 中心线，绘制一条水平中心线和一条垂直中心线。

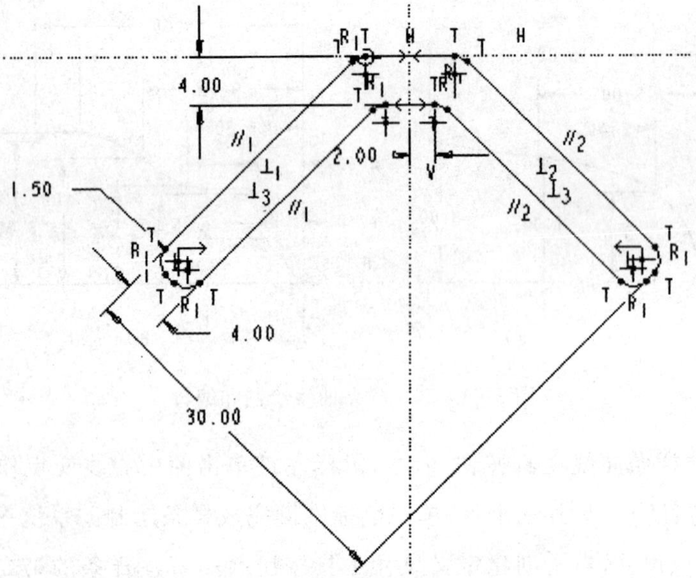

图 2-1-21 “V”形截面

(3)点击 线 ,绘制“V”形截面的形状,该图都是由直线组成,要求在绘制中捕捉水平中心线上一点,反复绘制直线,所有直线一次绘制完成。点击创建圆角工具按钮 圆角 ,对“V”形截面所有相交的两条边逐一创建圆角。完成“V”形截面的草绘轮廓如图 2-1-22 所示,图中尺寸是随意的。

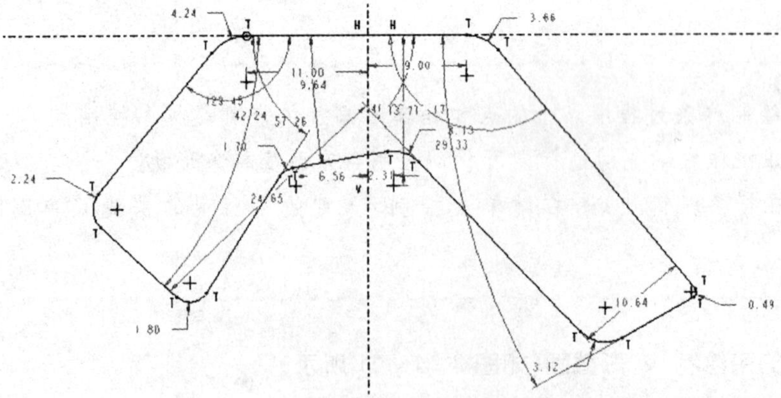

图 2-1-22 “V”形截面形状

(4)双击任意一个圆角，将其尺寸值改为 1.5，通过施加相等 相等 约束，将所有圆角半径设置为 1.5。分别添加六个拐点关于垂直中心线的对称 对称 约束，分别添加截面左右两边两条不相交线段的平行 平行 约束，分别添加截面左右两边两条相交线段的正交 垂直 约束以及截面左边靠近中心线的斜线段和右边靠近中心线的斜线段的正交 垂直 约束。按照图 2－1－21 所示尺寸标注和修改图 2－1－22 的尺寸，完成绘制如图 2－1－21 所示。

思考题

1. 为什么要设置工作目录？怎么设置？

2.“草绘器显示过滤器”有哪两类？各有什么用？

3. 约束有哪几种？怎么使用？

4. 修剪工具有几种？各有什么特点？

5. 在草绘时，什么时候使用到 Ctrl 键、鼠标左键、鼠标中键、鼠标右键？

6. 尺寸标注过程中为什么会出现“解决草绘”窗口，其中显示尺寸冲突或约束冲突怎么解决？

7. 如何调整草绘器背景颜色？如何放大或缩小某部分图元？

8. 举例说明 重合 、 中点 、 对称 等约束的使用。

2.2 草绘综合练习

1. 绘制摇臂板轮廓(如图 2-2-1 所示)

(1) (新建)→选“草绘”→输入名称“yaobiban”→确定。

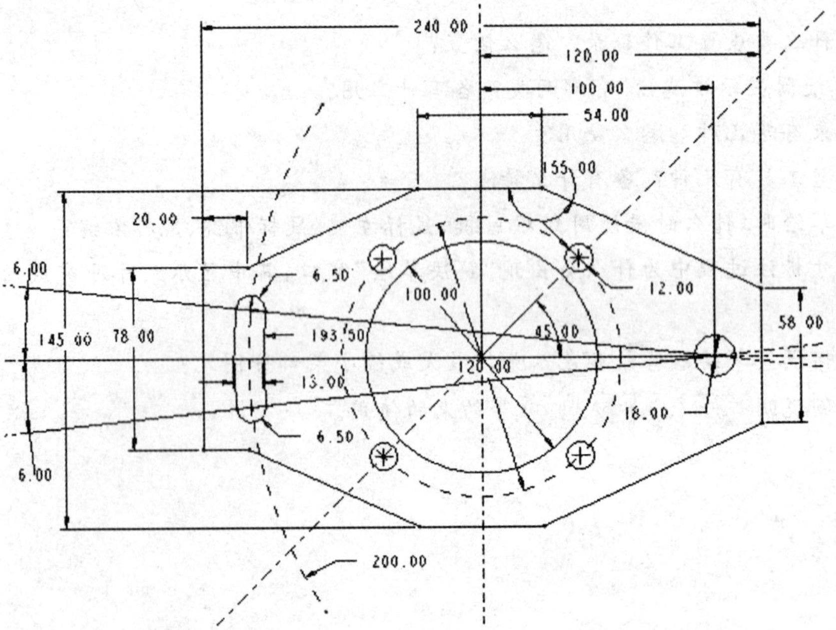

图 2-2-1 摇臂板

(2)绘制一条水平中心线和一条垂直中心线,进入草绘器后第一步工作就是画中心线和结构圆(如果有的话),以两中心线的交点为圆心,ϕ120 的结构圆(先点击主菜单上的“构造模式”,再画圆),以水平中心线上距离垂直中心线 100 的点为圆心画 R200 的结构弧。

(3)在 ϕ120 的结构圆上捕捉一点为圆心画 ϕ12 的圆。绘制连接 ϕ12 圆心和水平垂直中心线交点的中心线,出现 ϕ12 圆心的角度定位值,修改此角度值。并将圆镜像,结果如图 2-2-2 所示。

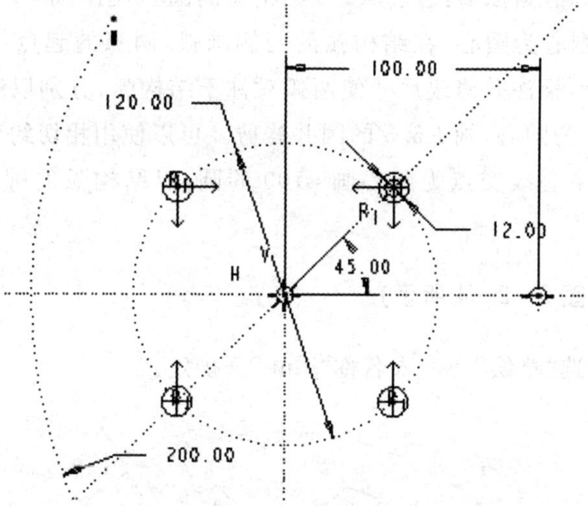

图 2-2-2 摇臂板

(4)使用直线工具绘制摇臂板外轮廓线的上半部分,再以水平中心线为对称轴镜像。标注和修改尺寸后如图 2-2-3 所示。

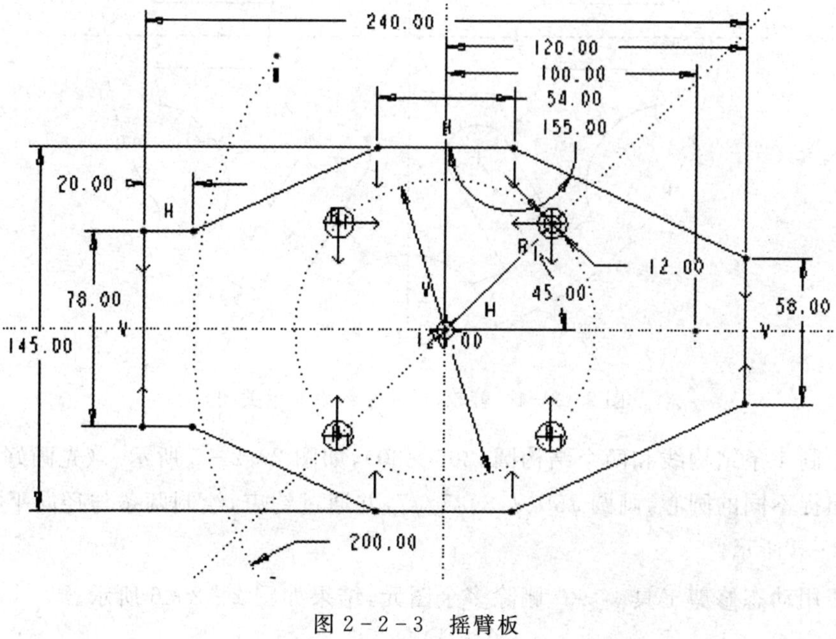

图 2-2-3 摇臂板

(5)画摇臂板左侧的圆弧槽:通过 $R200$ 结构弧的圆心,画两条与水平中心线成 6°角的中心线;以结构弧的圆心为圆心,在结构弧的两侧画弧,两弧的起点和终点放置在刚绘制的两条 6°角中心线上,标注并修改尺寸使两弧对称于结构弧;分别以结构弧和刚绘制的两条 6°角中心线的交点为圆心,画 $R6.5$ 的圆并修剪。可以使用相切约束。

(6)以水平垂直中心线交点为圆心画 $\phi100$ 的圆,以结构弧的圆心为圆心,画 $\phi18$ 的圆,完成绘制。

2. 绘制棘轮(如图 2-2-4 所示)

(1) (新建)→选"草绘"→输入名称"jilun"→确定。

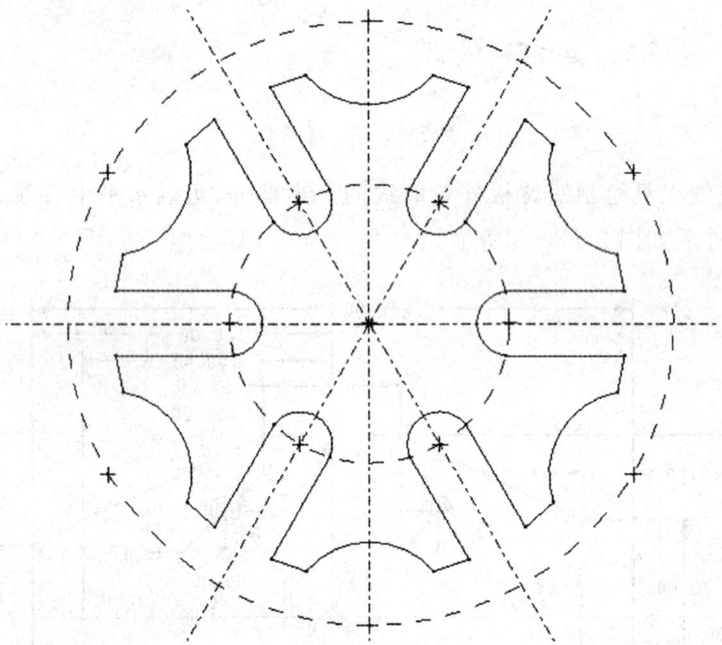

图 2-2-4 棘轮(尺寸和约束显示关闭)

(2)绘制 4 条结构线和两个结构圆($\phi65$、$\phi30$),如图 2-2-5 所示。(先画好结构线!)

(3)捕捉不同的圆心,画圆 $\phi55$、$\phi18$、$\phi7$、$\phi7$,并通过约束,绘制两条与径向平行的线段。如图 2-2-5 所示。

(4)使用动态修剪工具 删除段 删除多余图元,结果如图 2-2-6 所示。

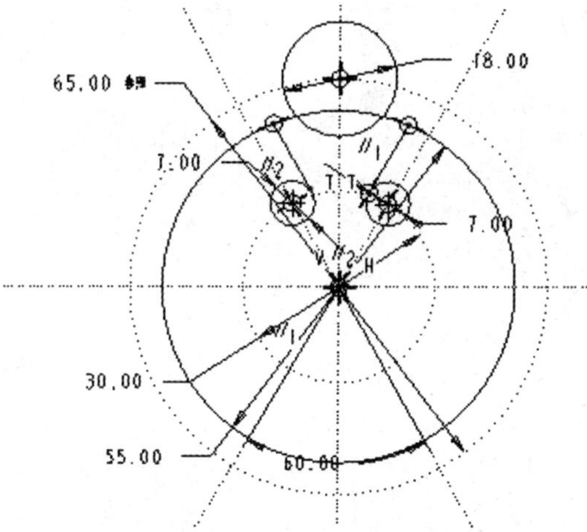

图 2-2-5　棘轮(草绘)

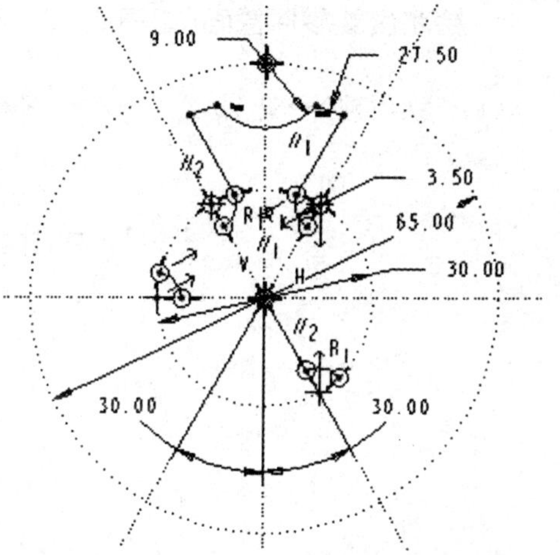

图 2-2-6　棘轮(修剪)

分别以两条与垂直结构线成 30°角的结构线为对称轴,将修剪后的图元做两次镜像完成棘轮上部的绘制(需删除多余一段圆弧)。再次以水平结构线为对称轴镜像棘轮上部,完成绘制。

3. 通过约束将图 2-2-7a 改为图 2-2-7b

(1) 🗋(新建)→选“草绘”→输入名称“yueshu”→确定。

(2)应用绘制直线和弧的工具,草绘图 2-2-7a,关闭尺寸显示按钮。

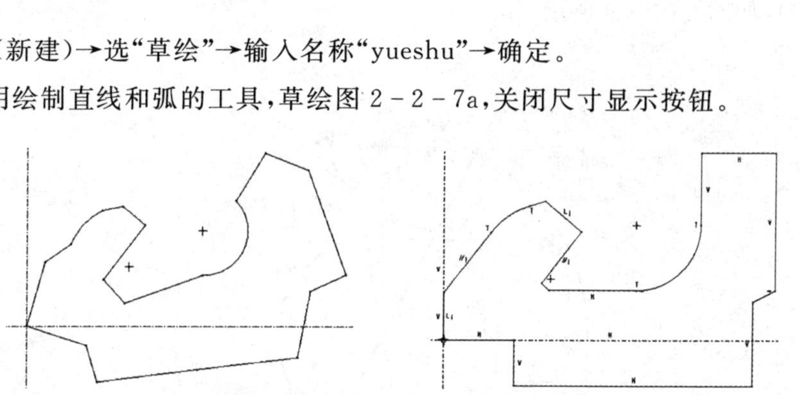

a)　　　　　　　　b)

图 2-2-7　约束操作(尺寸显示关闭)

(3)对图 2-2-7a 分别使用直线与圆弧相切约束,两图元平行、图元水平、图元垂直、线段等长和两顶点水平等约束,完成操作后,结果如图 2-2-7b 所示。

4. 绘制盘类零件截面(如图 2-2-8 所示)

(1) 🗋(新建)→选“草绘”→输入名称“panleilingjian”→确定。

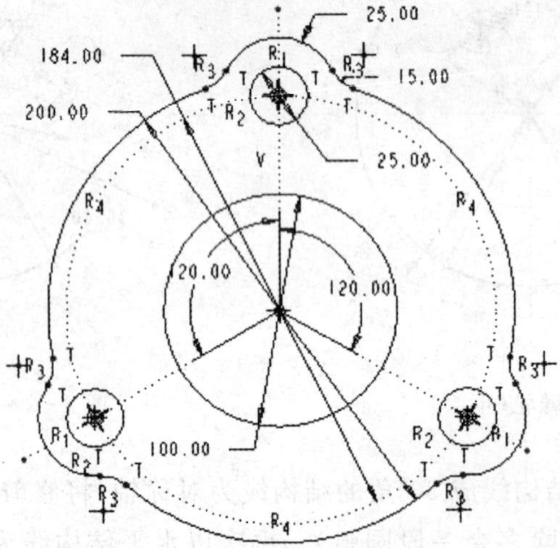

图 2-2-8 盘类零件截面

(2)绘制三条结构线和 $\phi 184$ 的结构圆;捕捉不同的圆心,画圆 $\phi 200$、$\phi 100$、$\phi 50$(3 个)和 $\phi 25$(3 个),如图 2-2-9 所示。

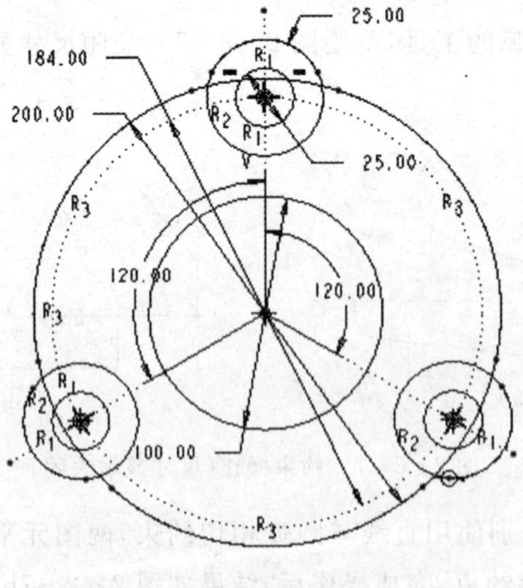

图 2-2-9 盘类零件截面(画圆)

(3)修剪掉 $\phi200$ 和 $\phi50$ 上多余的图元，结果如图 2-2-10 所示。

(4)在 $\phi200$ 和 3 个 $\phi50$ 圆的相交处倒 $R15$ 圆角，修剪并修改尺寸，完成绘制(如图 2-2-8 所示)。

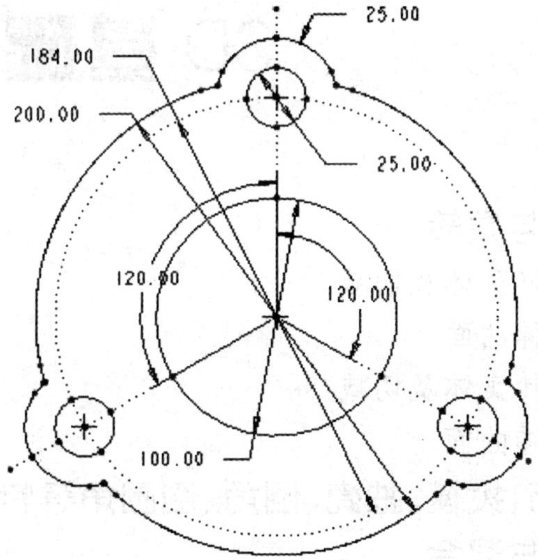

图 2-2-10　盘类零件截面(修剪)

思考题

1. 如何创建结构圆、结构弧？
2. 对于有中心线、结构圆的草绘一般先画什么？
3. 采用复制工具做本节中第 4 个练习。
4. 强尺寸与弱尺寸有什么区别？有哪三种使弱尺寸变为强尺寸的方法？
5. 强约束与弱约束有什么区别？怎么使弱约束变为强约束？
6. 草绘器中既旋转又放大的复制怎么做？
7. 尺寸修改有几种方法？
8. 举例说明镜像工具的使用，并说明它与复制有什么不同。

第 3 章

3D 基础特征创建

- ■ 拉伸与旋转
  - ◇ 拉伸实体及切减
  - ◇ 拉伸曲面
  - ◇ 旋转实体及切减
  - ◇ 旋转曲面
- ■ 孔、筋、拔模、抽壳、倒角、倒圆角等特征
- ■ 扫描与混合
  - ◇ 扫描
  - ◇ 混合
  - ◇ 扫描混合
  - ◇ 螺旋扫描
- ■ 特征编辑
  - ◇ 阵列
  - ◇ 复制和镜像
  - ◇ 插入、删除和隐含
- ■ 剖截面、关系式、族表
- ■ 简单曲面造型
  - ◇ 扫描曲面
  - ◇ 平曲面
  - ◇ 偏移曲面
  - ◇ 水槽、旋钮、灯罩创建

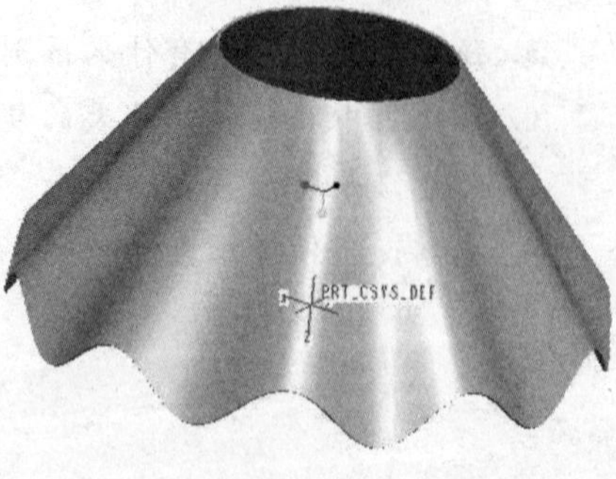

3.1 拉伸与旋转

1. 拉伸伸出项及切减(如图 3－1－1 所示)

(1)打开 Creo Parametric 3.0,设置工作目录,🗋(新建)→选“零件”→输入名称“3－1－1”(名称中不能有汉字)→不使用缺省模板→确定(如图 3－1－2 所示)→选取“mmns_part_solid”,确定。(请保存,第 3.5 节将要用到该文件。)

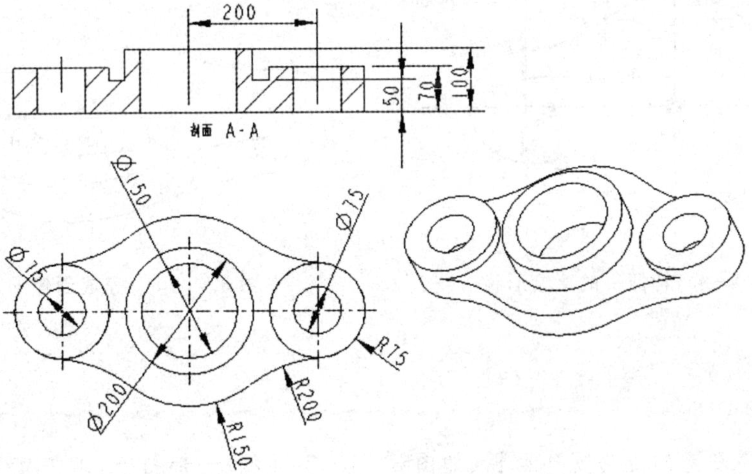

图 3－1－1　模型尺寸及外形图

(2)点击,出现操控板(如图 3－1－3 所示),点击“放置”→“定义”,选择草绘平面如 TOP 面,点进入草绘器,画最下面底盘轮廓(如图 3－1－4 所示),按✔,退出草绘。输入拉伸长度 50,在模型区点一下,让模型生效,按☑,完成第一个特征的创建(如图 3－1－5 所示)。

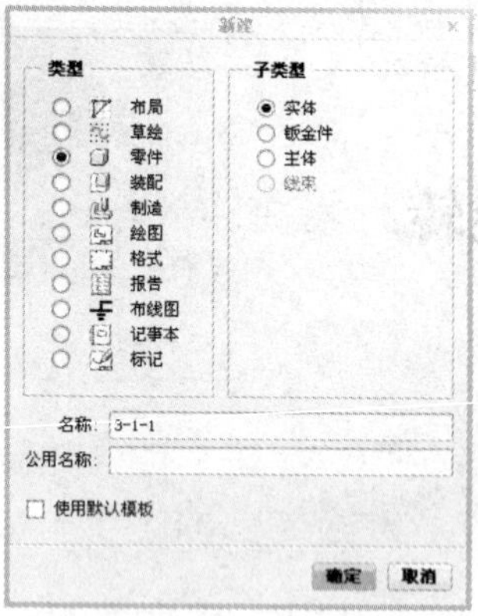

图 3-1-2 定义模型名称

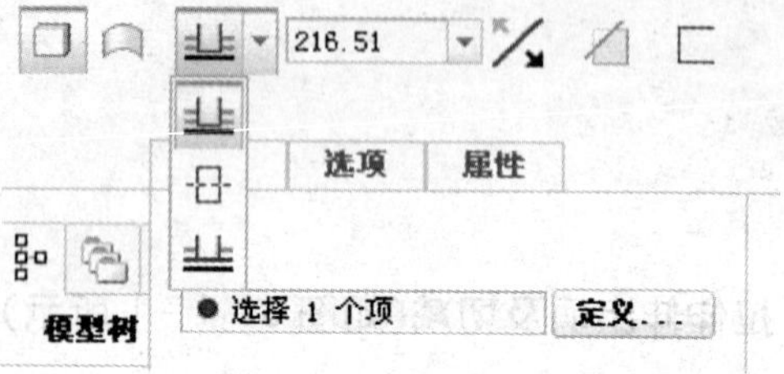

图 3-1-3 拉伸操控板

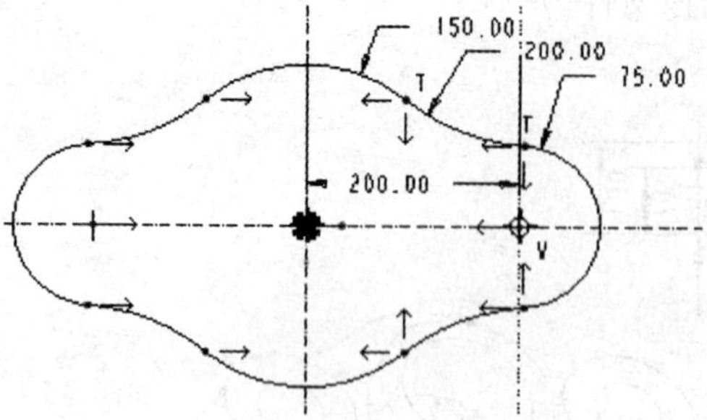

图 3-1-4 特征一的草绘形状

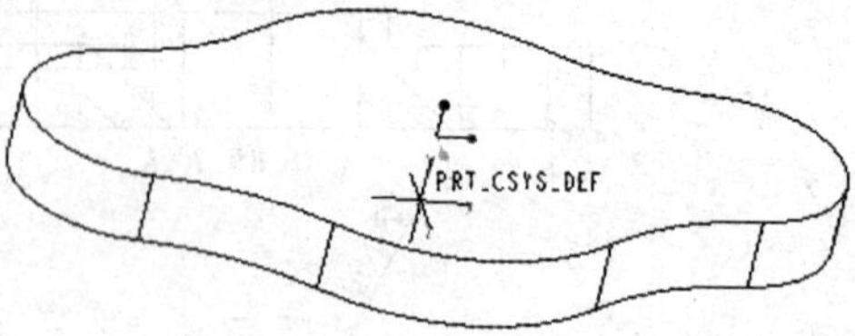

图 3-1-5 完成创建的特征一

要注意的是将操作面板(如图 3-1-3 所示)全部打开,即一定要把操控板左下角的“放置”打开,方可知道哪些要素需要定义。后面的“旋转”、“孔”等操作同理。

要注意拉伸方向,单侧(正还是负)或者双侧,这对你以后的操作(特别是基准选择)会有很大帮助。每一个特征做好后,可以按下鼠标中键不放移动鼠标,观察特征正确与否。按操作面板右侧的 中的 查看效果,看好后按 返回。

(3)点击拉伸图标，出现操控板，点击"放置"→"定义"，选择特征一的上表面为草绘平面，用同心圆画两个 $\phi150$ 圆，按✔，退出草绘。输入拉伸长度 20，按☑，完成第二个特征的创建(如图 3-1-6 所示)。

(4)点击拉伸图标，出现操控板，选择特征 1 的上表面为草绘平面，用同心圆画中间的圆 $\phi200$，按✔，退出草绘。输入拉伸长度 50，按☑，完成第三个特征的创建(如图 3-1-7 所示)。

图 3-1-6　特征二

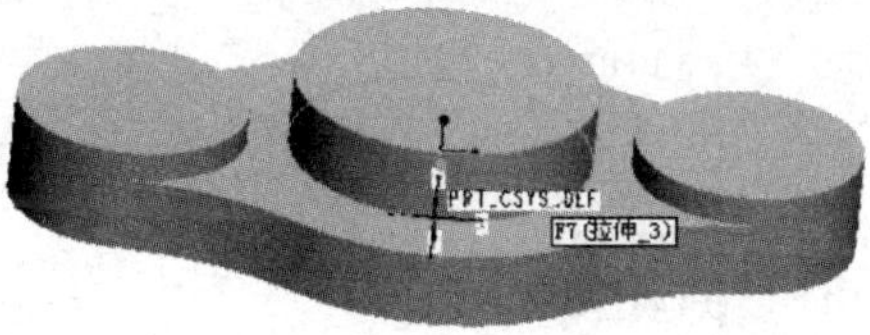

图 3-1-7　特征三

特征一、特征二、特征三拉伸长度不一样，要分别做出。尽量多分解特征分别来做，便于修改。

(5)点击拉伸图标，出操控板，按下切除按钮，点击"放置"→"定义"，选择特征一的下表面为草绘平面，画三个同心圆，边上两个 $\phi75$，中间一个 $\phi150$，按✔，退出草绘。输入拉伸长度 150(大于模型最大高度值)，或者拉伸值取⫼，按☑，完成第四个特征之三个孔的创建。

一个模型的创建应首先考虑建模思路，以求快捷，本模型也可以先建大底盘，再建边上的凸台及其孔特征，将这两个特征镜像，最后建中间的凸台及其孔。

2. 修改模型

零件模型创建好后，尺寸不能满足设计时，没有必要全部重建，可以通过编辑特征、修改尺寸等简单操作使零件的尺寸满足设计要求，修改特征或尺寸的方法有两种：

(1)打开模型树，选中要修改的特征，如图 3-1-8 所示拉伸三特征，鼠标放其上，按右键打开属性，选择“编辑操作”→“编辑”可以直接在模型区修改尺寸，修改好尺寸后点击左上方主工具栏中的“重新生成”。

(2)如果不仅要修改尺寸而且要修改特征的结构，则选“编辑操作”→“编辑选定对象的定义”(如图 3-1-9 所示)，打开如拉伸 3 特征的操控板，草绘面、草绘截面形状、拉伸长度等均可修改。

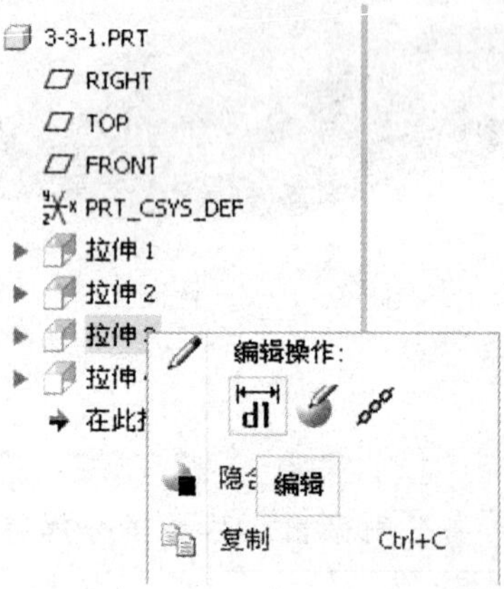

图 3-1-8　通过编辑修改

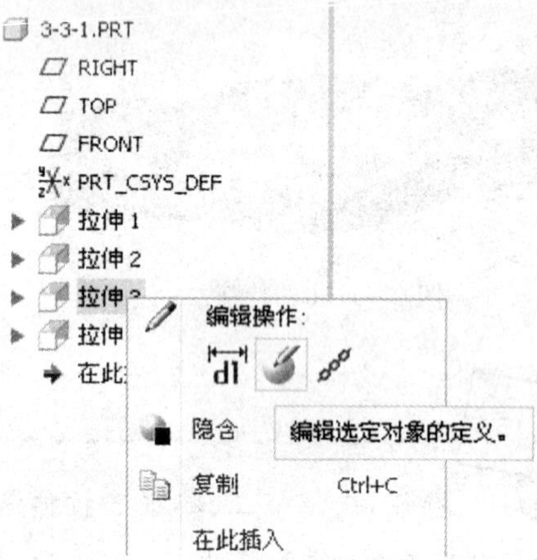

图 3-1-9　通过编辑定义修改

3. 拉伸曲面特征

(1)(新建)→选“零件”→输入名称“3-1-2”→不使用缺省模板→确定→选取“mmns_part_solid”，确定。

(2)点击，出现操控板(如图 3-1-10 所示)，按下(“曲面拉伸”和“对称”)，点击“放置”→“定义”，选择草绘平面如 TOP 面，画一曲线，按✔，退出草绘。输入拉伸长度 200，在模型区点一下，让模型生效按☑，完成直曲面特征的创建(如图 3-1-11 所示)。注意这种曲面沿某方向是“直的”之特性。

在创建特征的过程中可以选择绘图区上方的中的其中之一使模型以不同的形式显示。选择中的一个或几个可以决定模型区里基准显示与否。

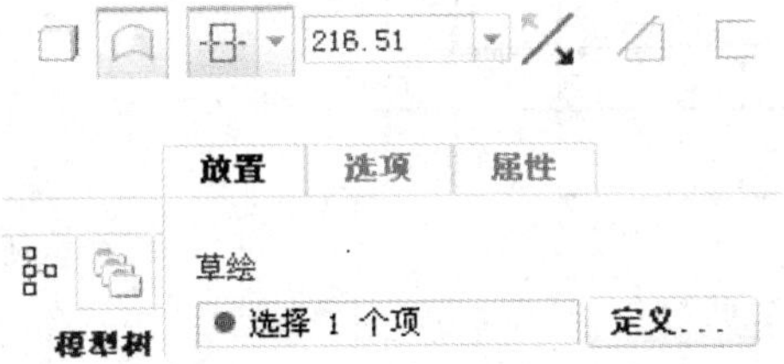

图 3-1-10　曲面拉伸操控板

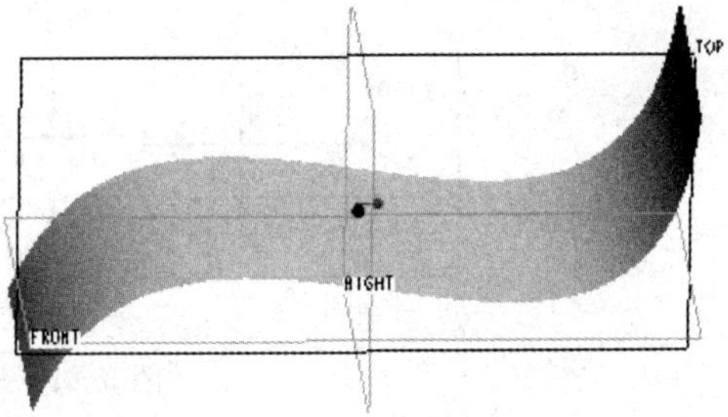

图 3-1-11　曲面特征

4. 旋转实体练习一(如图 3-1-12 所示)

(1) (新建)→选"零件"→输入名称"3-1-3"→不使用缺省模板→确定→选取"mmns_part_solid",确定。

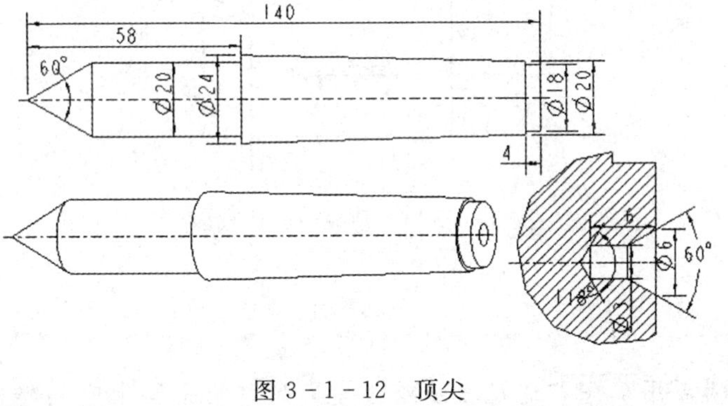

图 3-1-12　顶尖

(2)点击 旋转 ,出现操控板,点击"放置"→"定义",选择草绘平面如 TOP 面,画如图 3-1-13 所示形状(注意要首先画旋转中心线),按 ✓,退出草绘。确认旋转度数为 360°,按 ☑。

草绘的图形一定是单一的、规矩的、闭合的、没有多余和重复的线。做旋转特征的草绘时,一定要注意先画旋转中心线,它就是旋转轴。旋转特征的草绘截面图一般位于中心线一侧。

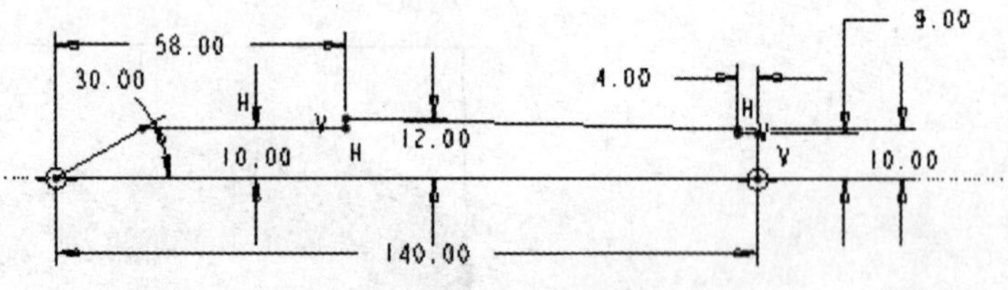

图 3-1-13　顶尖截面

(3)点击旋转,出现操控板,按下,点击“放置”→“定义”,选择刚才的草绘面,草绘如图 3-1-14 所示中心孔形状(注意要首先画旋转中心线),注意与轴端重合的长为 3.00 的线一定是用投影通过已有边创建的,而不是画出的。按✔,退出草绘。确认旋转度数为 360°,按。

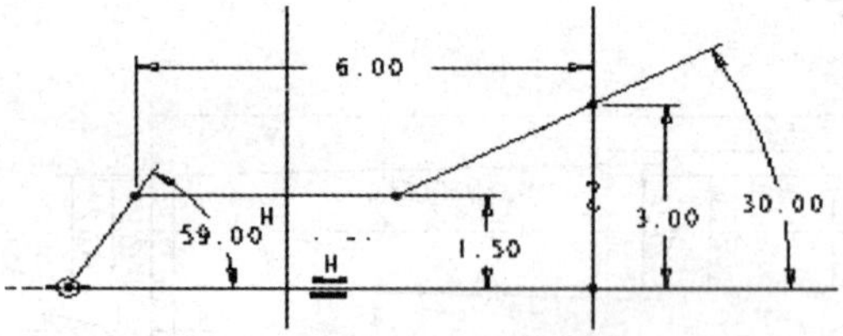

图 3-1-14　顶尖中心孔截面

草绘时要用投影“通过曲线或边投影到草绘平面上来创建图元”画顶针孔最右边的线,中心孔最右位置将随着轴此处台阶长度的变化而变化。草绘器中的这个功能很重要。

5. 旋转实体练习二(如图 3-1-15 所示)

(1)(新建)→选“零件”→输入名称“3-1-4”→不使用缺省模板→确定→选取“mmns_part_solid”,确定。(请保存,第 4.11 节将要用到该文件。)

(2)点击旋转,出现操控板,点击“放置”→“定义”,选择草绘平面如 FRONT 面,画图 3-1-16 所示形状,按✔,退出草绘。确认旋转度数为 360°,按。

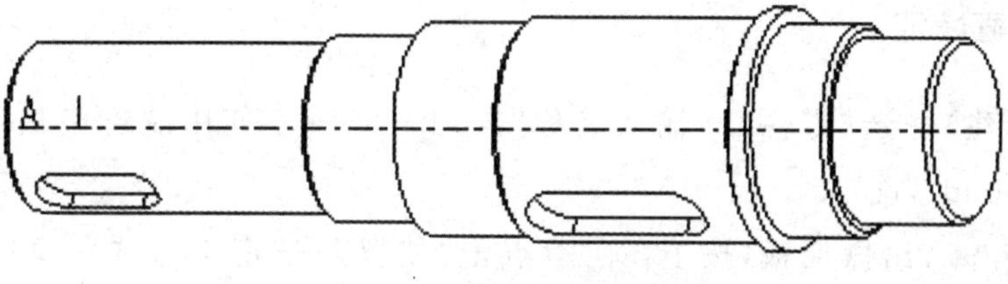

图 3-1-15　轴尺寸及模型图

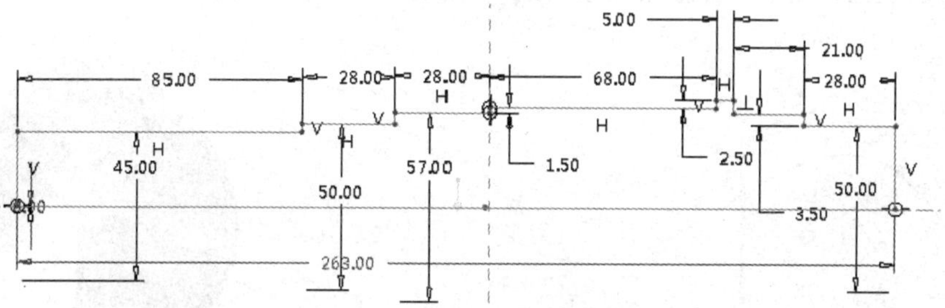

图 3-1-16　轴截面图

(3)创建轴 $\phi60$ 处的键槽。创建一基准面 DTM1：与 FRONT 面平行且偏距 23(偏距取决于键槽深度，此值取决于此处圆柱直径，应该查机械设计手册)。点击，出现操控板，按下，点击“放置”→“定义”，选择 DTM1 面为草绘平面，画键槽形状，按，退出草绘。拉伸长度选，在模型区点击；如果切除方向不对，点击；让模型生效，按。

(4)创建轴 $\phi40$ 处的键槽。创建一基准面 DTM2：与 FRONT 面平行且偏距 15(偏距取决于键槽深度)。点击，出现操控板，按下，点击“放置”→“定义”，选择 DTM2 面为草绘平面，画键槽形状，按，退出草绘。拉伸长度选，在模型区点击；如果切除方向不对，点击；让模型生效，按。

(5)创建倒角、倒圆特征(此处暂不介绍)。

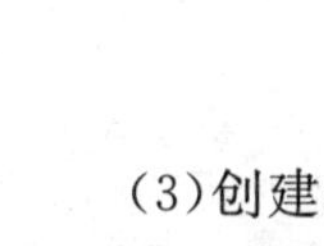

辅助特征如倒角、倒圆、筋、拔模、孔等的创建一定要在基础特征创建好后再做，特别是倒角、倒圆，放到最后做。

6. 旋转曲面特征

(1) (新建)→选“零件”→输入名称“3－1－5”→不使用缺省模板→确定→选取“mmns_part_solid”，确定。

(2)点击 旋转，出操控板，按下 ，点击“放置”→“定义”，选择草绘平面如 TOP 面，画一曲线(如图 3－1－17 所示)，一定要注意，画中心线。按 ，退出草绘。输入旋转角度 270°，在模型区点击，让模型生效，按 (如图 3－1－18 所示)。

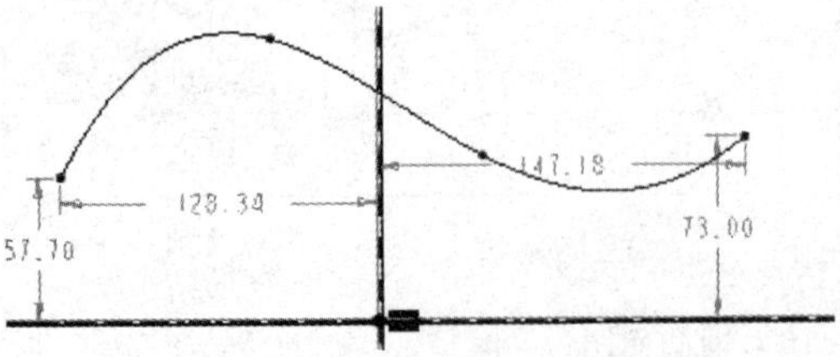

图 3－1－17　曲面轮廓线

图 3－1－18　曲面之一

思考题

1. 进草绘器为什么要两个参照？少一个怎么办？

2. 创建圆柱体有几种方法？

3. 在基准面上创建特征和在已有实体特征的表面上创建特征有什么区别？

4. 曲面拉伸与实体拉伸的草绘图有什么区别？

5. 创建特征的伸出项和切除项有什么相同点和不同点？

6. 创建旋转特征时，进入草绘器后为什么要首先画中心线？在草绘器中画好草图退出后有时为什么得不到实体？

7. 创建旋转实体特征时，进入草绘器后，所画截面图形为什么要封闭且在旋转中心一侧？

8. 创建实体特征时，进入草绘器后，草绘的图形为什么要是单一的、规矩的、闭合的、没有多余和重复的线？

9. 轴某处的矩形键槽深度太大了，怎么改小？(注意：其他尺寸不变！)

10. 举例说明“□投影通过曲线或边投影到草绘平面上来创建图元”的好处。

11. 拉伸切减时用“拉伸至与所有曲面相交”有什么好处？

12. 特征做好后，如何只修改尺寸？如何修改结构？“重新生成”按钮有什么作用？

13. 进草绘器工作时不小心碰到鼠标中键使画面歪斜了，怎么恢复到原来正视方向？

14. 简述某圆柱轴台阶上键槽的创建过程，并说明基准面创建方法和距离确定原则。

3.2 孔、筋、拔模、抽壳、倒角、倒圆角等特征

1. 孔练习

(1)首先创建如图 3-2-3 所示皮带轮模型(名称为“3-2-1.prt”)或某盘类零件模型。

(2)单击“模型”工具栏下的孔(打孔)按钮,打开孔对话框,如图 3-2-1 所示,同时打开“放置”下拉窗口,如图 3-2-2 所示。

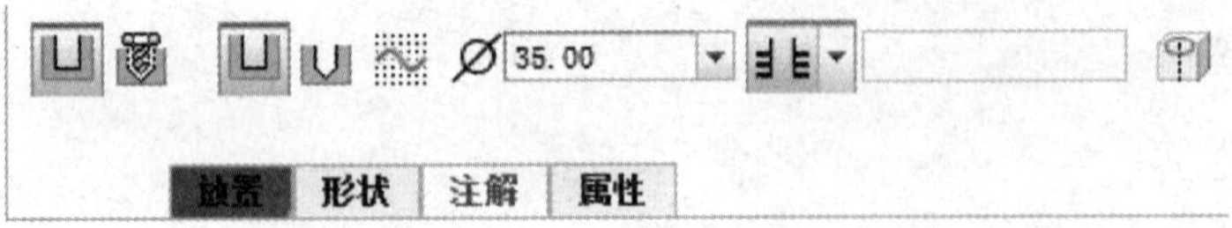

图 3-2-1 “孔”操控板

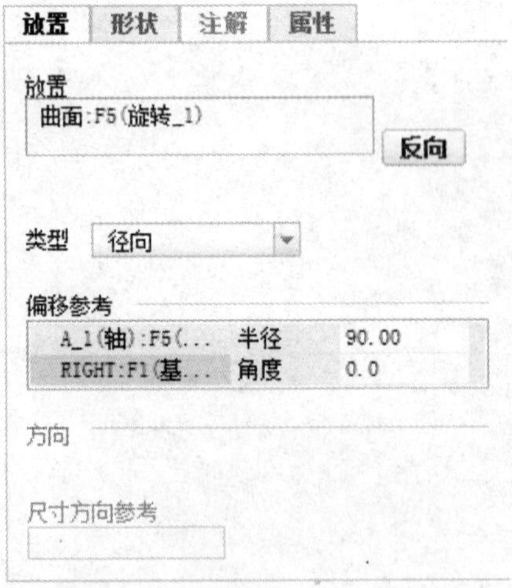

图 3-2-2 孔的主次参照选择

(3)接受如图 3-2-1 所示的操控板中默认的(创建直孔)。

(4)打开“放置”，在孔放置主参照选择相应的放置平面，选好放置类型“径向”。单击“次参照”，对话框由白色变为灰色，选择两个次参照。选取中心轴 A_1 输入半径值，按住 Ctrl 键，点面“RIGHT”输入角度 0 度，如图 3-2-3 所示。

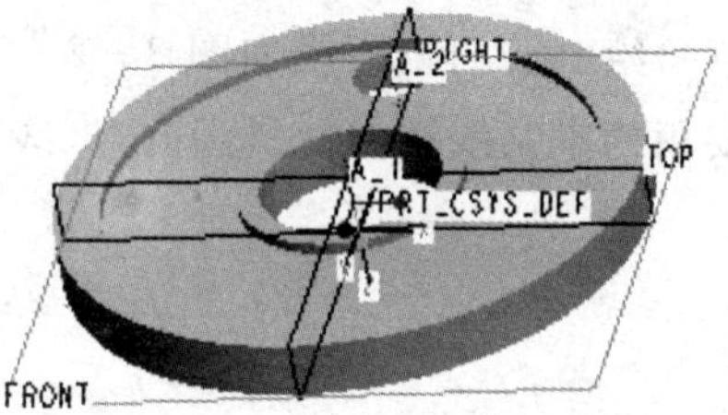

图 3-2-3　孔的主次参照模型

(5)输入孔的直径值“35.00”，或者从最近使用值的下拉列表中选取，或拖动控制句柄调整值。

(6)选取“打孔深度”为 (钻孔至与所有的曲面相交)。

(7)预览孔，然后单击 ，完成孔特征创建如图 3-2-3 所示。

“打孔”就是利用其操控板解决：在哪个面上打(主参照)、在这个面上什么位置打(两个次参照)、打多大、打多深四个问题。

孔的放置类型有 4 种：(1)线性，即用两个不同方向的线性尺寸决定孔的放置位置；(2)径向，即以参考轴为中心，以半径的大小决定孔特征的放置；(3)直径，使用一个线性尺寸和角度尺寸来放置孔；(4)创建和参考轴同轴孔。

2. 筋的练习

在如图 3-2-4a 所示模型上创建两个筋，如图 3-2-4b 所示(名称为“3-2-2.prt”)。

(1)首先创建一个零件如图 3-2-4a 所示，然后单击“模型”下方工具栏中的 筋(注意是轮廓筋)。

(2)选择基准面(FRONT)作为绘制筋草图的平面。

筋截面一定要在基准平面上绘制草图，如绘制筋的地方没有基准面，则要创建新的基准面，作为筋的草绘平面。

(3)选择视图的绘制方向(可缺省)。

(4)绘制筋的轮廓线如图 3-2-4c 所示,注意一定要有一段开放,不允许封闭,画好后,要用约束共线按钮使所画的点、线在基体实体上,否则筋特征不能生成。

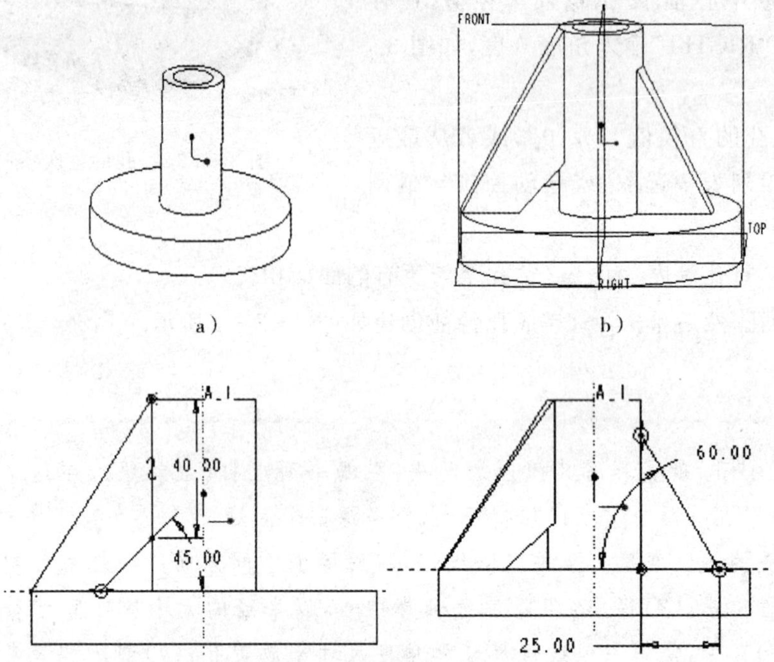

a)　　b)

c)

图 3-2-4　生成筋板

(5)单击 ✔ 按钮,系统提示"箭头指向要增加的区域,选取反向或确定",选"正向"选项。

筋截面必须有一段开放,不允许封闭。另外筋每次只能生成一个,所以本例的两个筋必须分两次创建。要充分利用 投影 按钮通过已有边来创建图元。

(6)输入筋厚度,单击 ✔,创建第一个筋。同样,第二个筋也照此操作。

3. 拔模练习

拔模操作就是在其操控板上定义拔哪个面、哪头不变、拔模角度及方向等四个问题。将如图 3-2-5 所示模型改建为如图 3-2-6 所示模型(名称为“3-2-3.prt”)。其中圆柱下底面不变,圆柱面内斜 10°,长方体前表面最底边不变,内斜 10°,凸台外斜 20°。

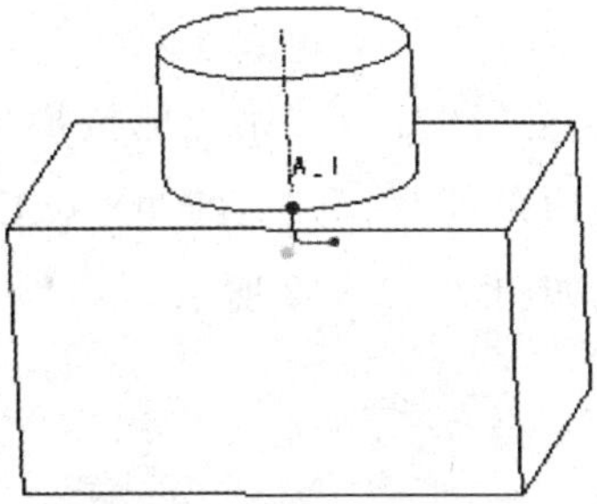

图 3-2-5　原模型

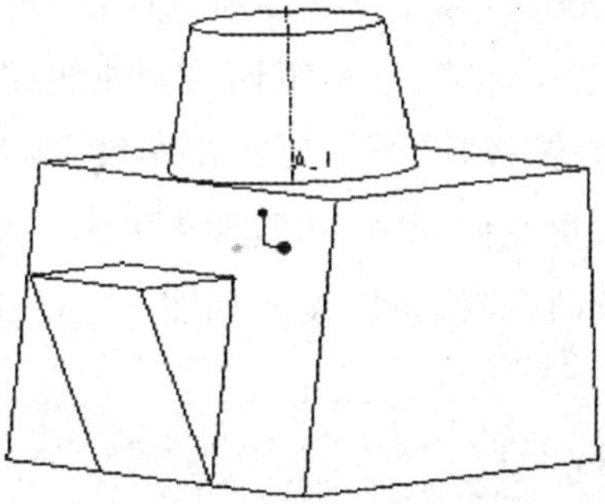

图 3-2-6　完成模型

首先创建一个零件如图 3-2-5 所示,然后点“模型”下方工具栏中的拔模,出现“拔模”操控板,注意要把操作板全部打开(点开下拉菜单最左边的红色“参考”)。

(1)在圆形区选择圆柱面作为拔模曲面,在操控板激活操控板“拔模枢轴”收集器。

(2)在图形区选取长方体上底面作为拔模枢轴平面,系统自动选择该平面的正法线方向作为拔模角参照。

(3)在操控板“拔模角度”编辑框输入角度值为“10”,注意到图形区拔模方向向外,如图 3-2-7所示。选择“拔模角度”编辑框后面的工具,拔模方向变为相反方向,如图 3-2-8 所示。

(4)单击操控板,完成圆柱面拔模特征,如图 3-2-9 所示。

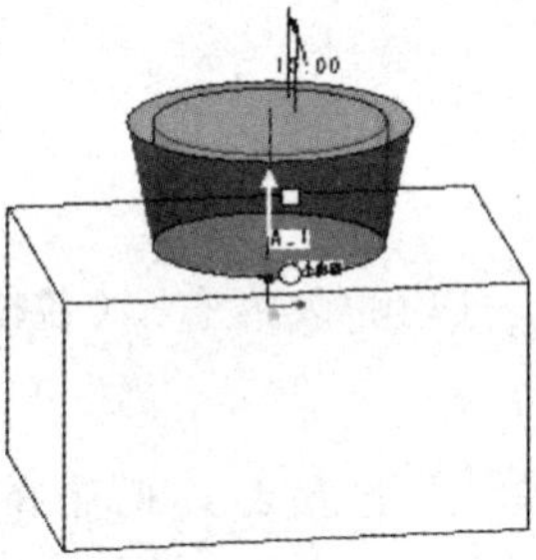

图 3-2-7

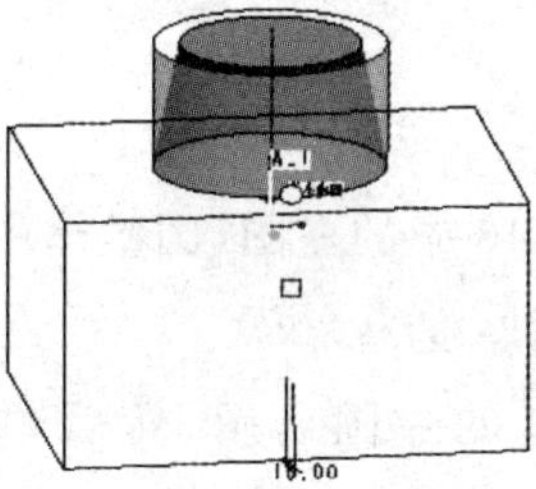

图 3-2-8

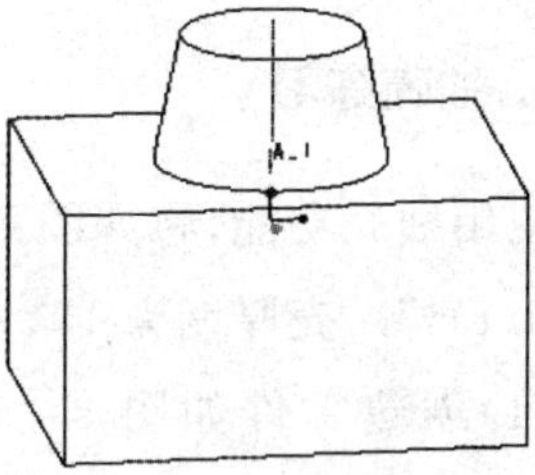

图 3-2-9

(5)选择 拔模 工具，打开“拔模”操控板。

(6)在图形区选择长方体前表面作为拔模曲面，激活操控板“拔模枢轴”收集器，在图形区选取长方体下底面作为拔模枢轴平面，系统自动选择该平面的正法线方向作为拔模角参照。

(7)在操控板选择“分割”命令，出现“分割”上滑面板。

(8)在“分割选项”列表框选择“根据分割对象分割”选项，单击“分割对象”收集器后面的 定义... 按钮，选择长方体前表面作为草绘平面，默认草绘平面的各放置属性，使用缺省参照，进入草绘环境，草绘矩形分割曲线如图 3-2-10 所示。

(9)在操控板“第一侧拔模角度”编辑框输入角度值为“10”。在“第二侧拔模角度”编辑框输入角度值为“—20”，如果方向不对，可以选择“拔模角度”编辑框后面的 工具使拔模角度反向，拔模角度设置如图 3-2-11 所示，操控板如图 3-2-12 所示。

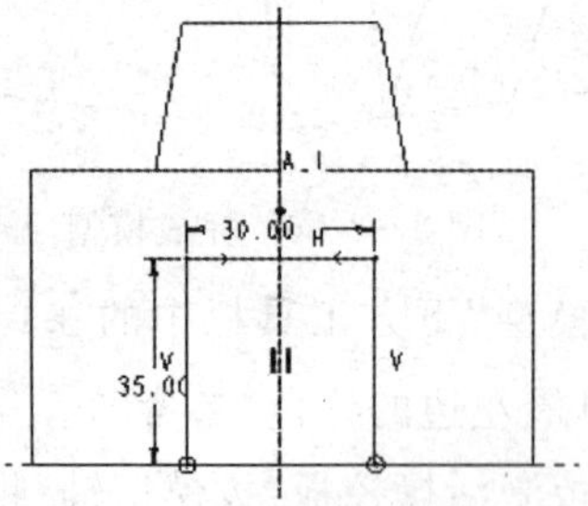

图 3-2-10　草绘分割图

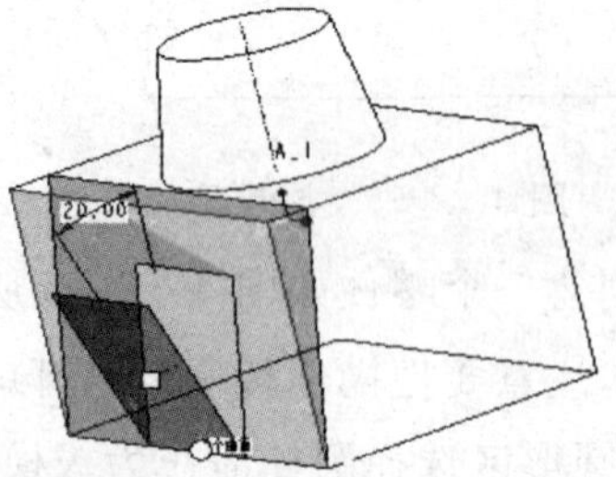

图 3-2-11　设置拔模角度

图 3-2-12　拔模操控板

(10)预览，单击操控板 ，完成第二个拔模特征。

4. **抽壳练习**

使用抽壳功能，将如图 3-2-13 中的左图(圆锥体中间有一通孔)改为右图(名称为“3-2-4.prt”)，壳厚度为 10，中间桶厚度为 20。

(1)创建零件如图 3-2-13 的左图所示，然后单击“模型”下方工具栏中的壳命令 壳。

(2)选择要去除的表面。有多个要去除的面，则按住 Ctrl 键，连续选取。

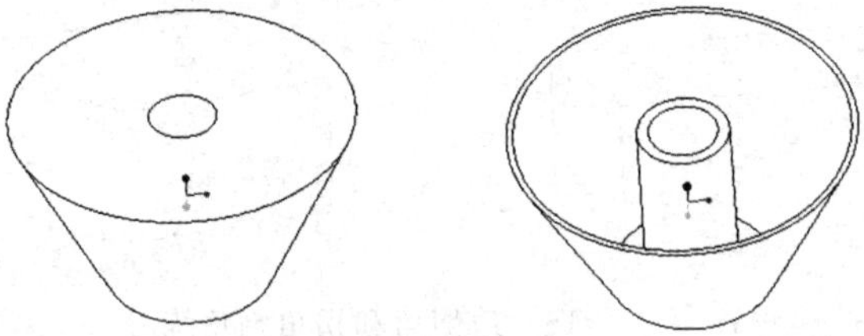

图 3-2-13　抽壳练习

(3)如果留下的壁厚不同,则按“参照”→按右框中“非缺省厚度”,选要定义厚度的面,填入厚度如图 3-2-14 所示。还有要定义的,则按住 Ctrl 键选另一面,填写厚度,确定。

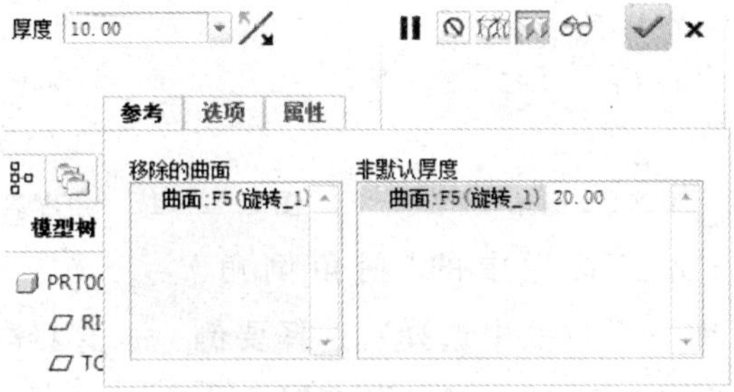

图 3-2-14　抽壳操控板

(4)单击操控板按钮完成抽壳特征。

抽壳的一些原则:小于抽壳厚度的圆角要放在抽壳后;尽量避免碎面、小面,否则抽壳往往不成功,又很难发现;外形拔模一般放到抽壳后面;可以将抽壳失败的一些小特征在抽壳后再做或补上,当然前提是不能影响整个结构。

5. 倒角练习

利用“D1×D2”“角度×D”和“拐角倒角”功能,对一个 100×100×50 的长方体进行倒角,如图 3-2-15 所示(名称为“3-2-5.prt”)。

(1)创建图 3-2-15 长方体后,单击“模型”下方工具栏中的倒角 倒角,选“边”→“D1×D2”,按系统提示输入第一个尺寸“10”,输入第二个尺寸“30”。选长方体顶面的最右

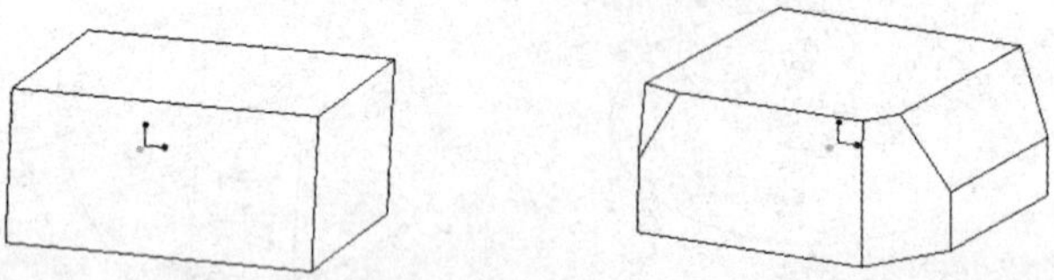

图 3-2-15　边倒角和拐角倒角练习

边，单击☑，完成第一个倒角按钮，如图 3-2-16 所示。

"角度×D"类型倒角需选取角度和倒角尺寸，完成模型如图 3-2-17 所示。

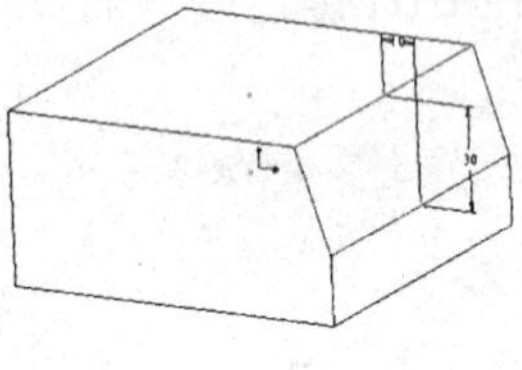

图 3-2-16　D1×D2 倒角模型

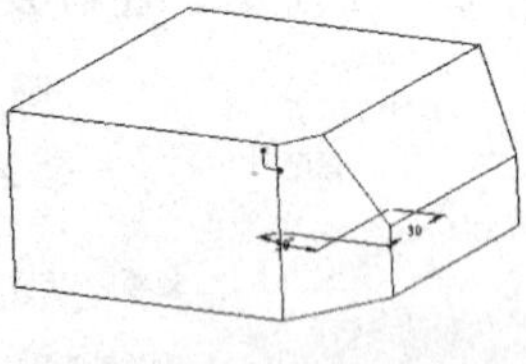

图 3-2-17　角度×D 倒角模型

(2) 单击"模型"下方工具栏中的"拐角倒角"拐角倒角（在"倒角"倒角下拉框中选择），选择要倒角的角，按提示操作（依次点要倒的边，输入倒角长度），完成模型如图 3-2-18所示。

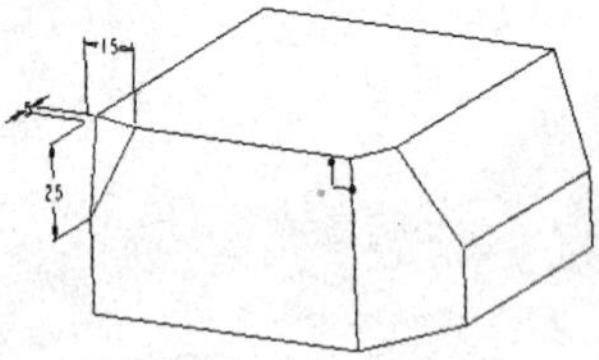

图 3-2-18　拐角倒角模型

6. **倒圆角练习**

利用倒圆角特征完成如图 3-2-19 所示的模型（尺寸自定，名称为"3-2-6.prt"），设计步骤：

(1)首先创建零件，然后点击"倒圆角"倒圆角，打开"圆角"操控板。

(2)选择模型上加粗的边线，如图 3-2-20 所示。

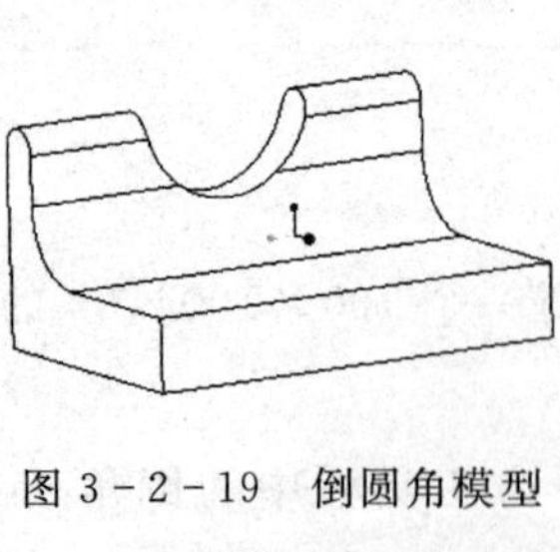

图 3-2-19　倒圆角模型

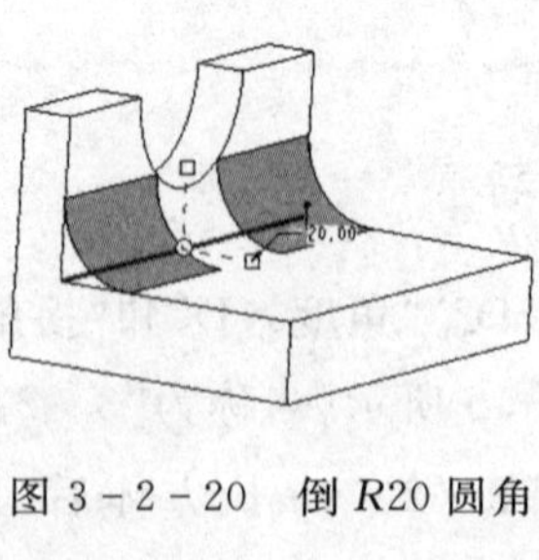

图 3-2-20　倒 $R20$ 圆角

(3)在“圆角半径”编辑框输入半径值，单击操控板✓按钮完成圆角特征。

(4)再次选择 倒圆角，打开“圆角”操控板。

(5)按住 Ctrl 键选择模型上加粗的一对边线，如图 3-2-21 所示，输入半径值，单击操控板✓按钮完成完全倒圆角特征。

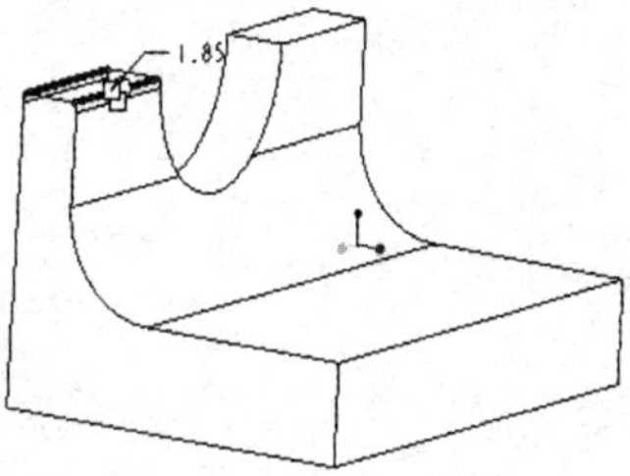

图 3-2-21 选择边

TIPS

倒圆角一般遵循以下几个原则：尽可能最后处理圆角特征；将倒圆角作为单一特征创建，便于模型修改；为避免不必要的父子关系，尽量不使用圆角的边线作为尺寸或者约束参照。

思考题

1. 拔模枢轴实际上是什么？怎么选择？与拔模枢轴相交的拔模面曲线是否可变？
2. 曲面拔模时，为什么拔模角度出不来？怎么解决？
3. 抽壳与实体切减有什么区别？
4. 为什么倒角、倒圆角一般不在草绘器里画出，而是在创建模型的最后创建？
5. 做筋截面时为什么其轮廓线要在实体上？
6. 孔有几种定位方式？怎么确定主参照、次参照？如何选中两个次参照？
7. 做一个孔特征要确定哪些要素？
8. 为什么做筋镜像时，要求筋所在实体具有同一个对称面，否则镜像失败？
9. 做一个拔模特征要做哪几件事，怎么做？
10. 以与原有系统的某基准面有一定角度的面为草绘面时，进草绘器会弹出一个窗口，显示少参照？怎么办？

3.3 扫描与混合

1. 扫描(如图 3-3-1 所示)

(1)(新建)→选“零件”→输入名称“3-3-1”→不使用缺省模板→确定→选取“mmns_part_solid”,确定。

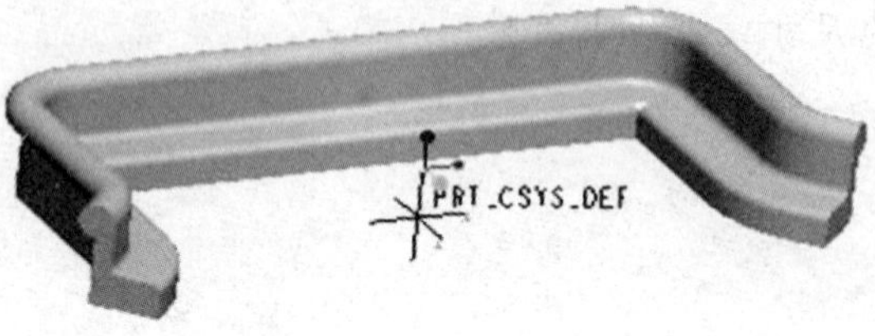

图 3-3-1 扫描实例

(2)选择工具栏中 扫描 ,打开操控板,点击操控板右侧的“基准”→“草绘”,如图 3-3-2所示,选取某基准面,进入草绘器草绘轨迹(轨迹要圆滑尽量不要出现急弯),如图 3-3-3所示,如果草绘视图方向不对,按一下绘图区上方的即可,绘好后退出草绘器。

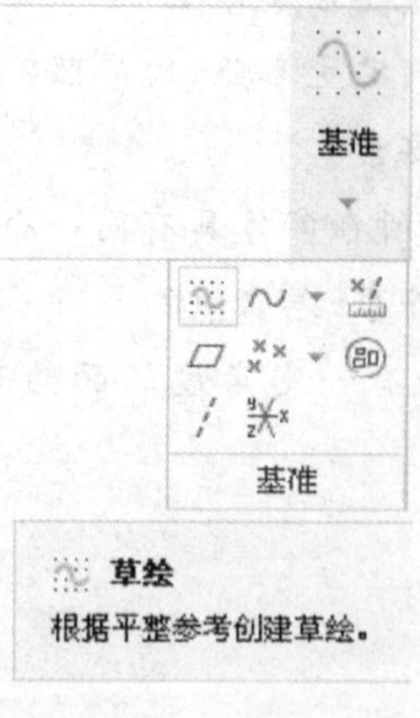

图 3-3-2 草绘轨迹准备

(3)点击操控板上的▶,退出暂停模式,点击操控板最上方的创建扫描截面,系统自动进入扫描截面的定义状态,草绘尺寸和约束如图 3-3-4 的扫描截面。按✔完成扫描截面定义。

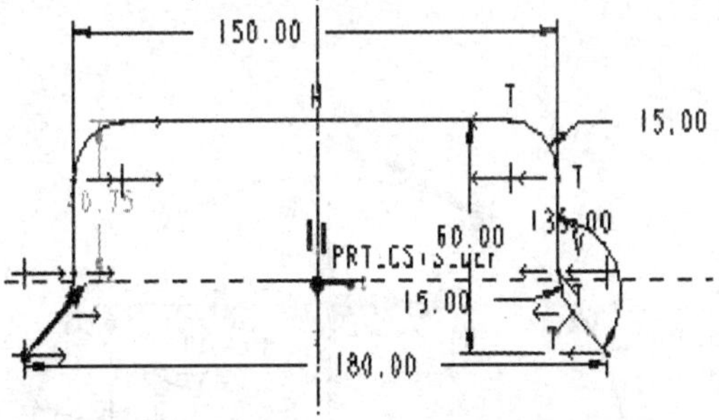

图 3-3-3 扫描轨迹

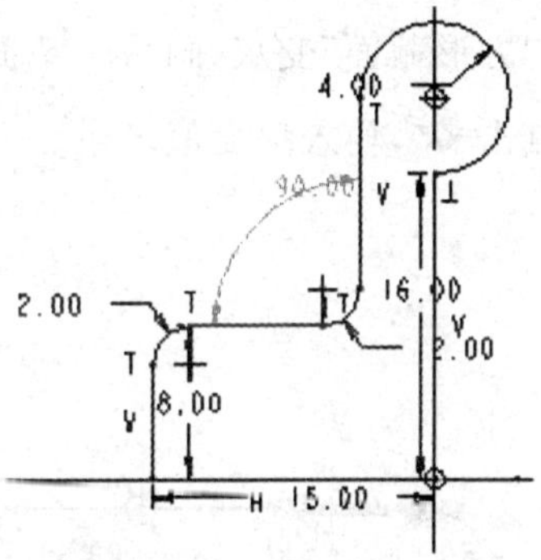

图 3-3-4 扫描截面

改变起始点位置时,可以单击图形区轨迹起始点处的方向。

创建草绘轨迹时要注意以下几点:(1)相对于截面而言,扫描轨迹中的弧线或者样条半径不能太小;(2)轨迹本身不能相交;(3)扫描截面尽量画在系统给的十字中心处。

(4)在"扫描"对话框中,单击按钮预览扫描特征。如果符合,单击✔完成扫描。

2. 混合(茶杯如图 3-3-5 所示,名称为"3-3-2.prt")

(1)选择主工具栏下方的"形状"→"混合",如图 3-3-6 所示,把操控板全部打开。

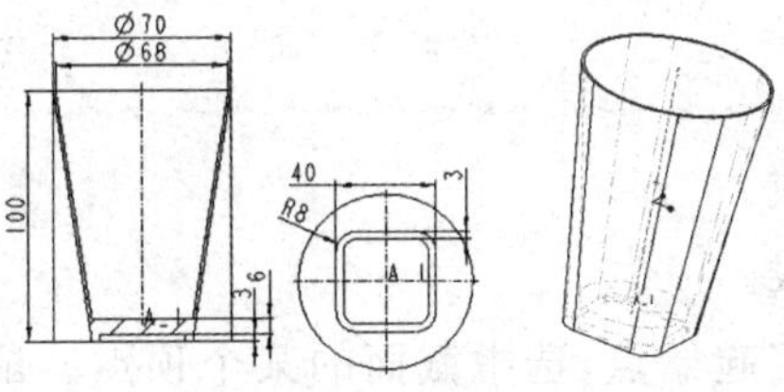

图 3-3-5 茶杯零件图

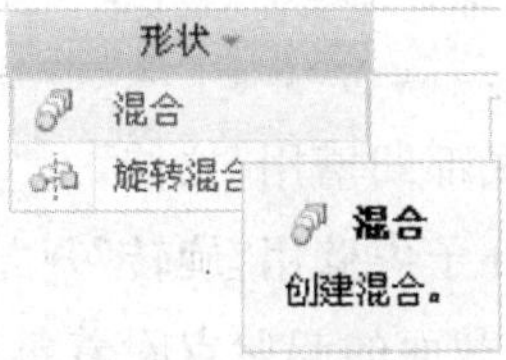

图 3-3-6 混合命令出处

(2)选择“选项”→“直”。

(3)选择“截面”→“定义”,找一个基准面进入草绘器,草绘第一个方形截面,并倒圆角,图形自然分为了8个图元,如图3-3-7所示,点击✔退出。

(4)画好第一个截面退出后,点击操控板上的“截面”→截面2的“草绘”,进入草绘器,此时“方形截面”变灰,画另一截面,用“分割图元 分割”将图分割为8段,如图3-3-8所示,点击✔,输入深度值。

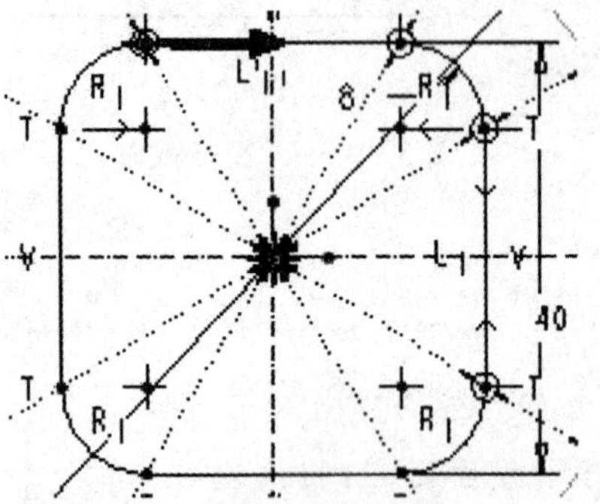

图3-3-7 带圆角的方形截面

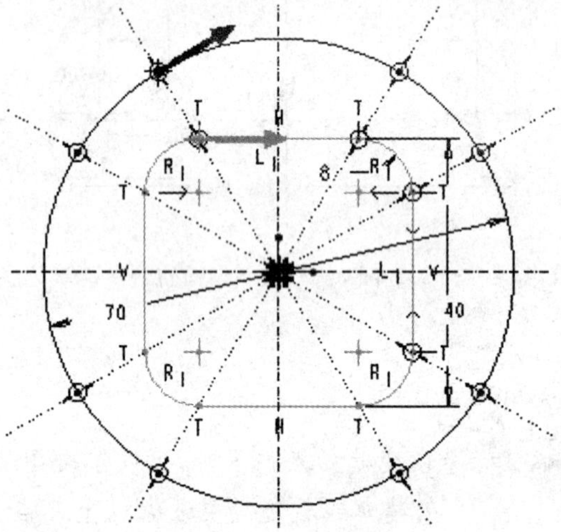

图3-3-8 圆形截面图

(1)草绘两个截面分割图元时,一定要注意起始点对齐,且可以用画中心线的方法使两曲线对应点对齐,否则混合时会产生扭曲。

(2)各混合截面的顶点数一般情况下要相同,否则不能生成混合特征。如顶点数不同,可以在截面上使用“草绘”工具中的 分割 工具为截面添加顶点。

(5)底部凹槽用“拉伸”→“切减”方法完成。

(6)杯子内壁用“旋转”→“切减”方法完成。

混合截面的起始点附着黄色箭头,欲改变起始点,选中截面的某个顶点。鼠标单击右键,在弹出的快捷菜单选择“起始点”命令即可。

3. 扫描混合(烟斗如图 3－3－9 所示,名称为“3－3－3. prt”)

(1)利用草绘工具选 FRONT 面,画扫描轨迹线。

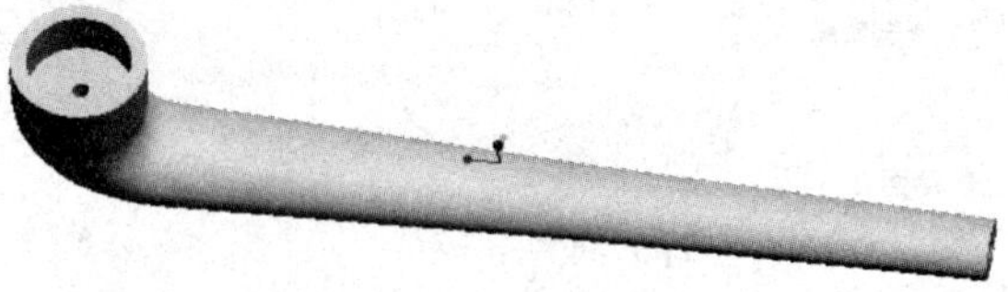

图 3－3－9　烟斗

(2)选择主工具栏中单击“扫描混合”,打开扫描混合工具操控板。

(3)单击操控板 (实体)按钮,选择之前创建的草绘线作为原点轨迹,可以打开“参考”面板查看默认的剖面控制选项等,如图 3－3－10 所示。

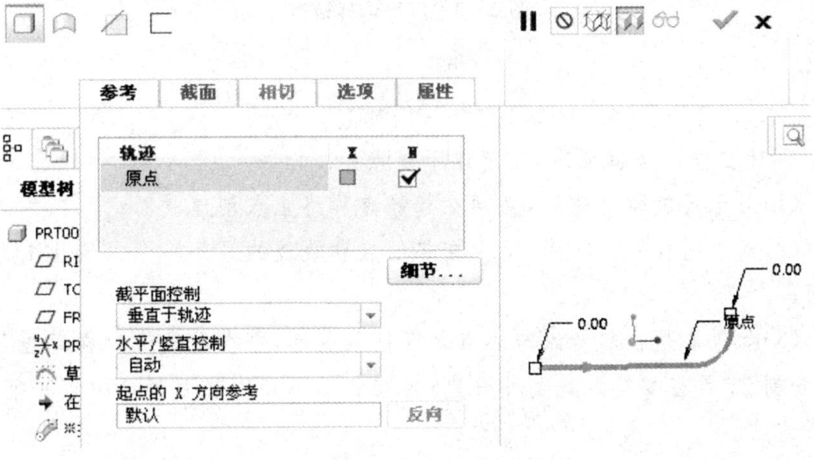

图 3－3－10　指定原点轨迹等

(4)打开“截面”→“草绘”,在图形窗口单击链首,如图 3－3－11 所示。

(5)单击“草绘”,进入草绘模式,在十字中心处绘制截面,完成后按✔。

(6)“截面”→“插入”→“草绘”,其他的截面也照上面操作完成。最后单击扫描混合工具操控板中✔。

(7)创建两个切减特征,“扫描”→“切口”,进入扫描操控板后,扫描切口的轨迹是选择之前已做好的草绘特征的轨迹,而不能重画,以保证内孔与外形是一致的。完成第一个切减，另一个是旋转切减。

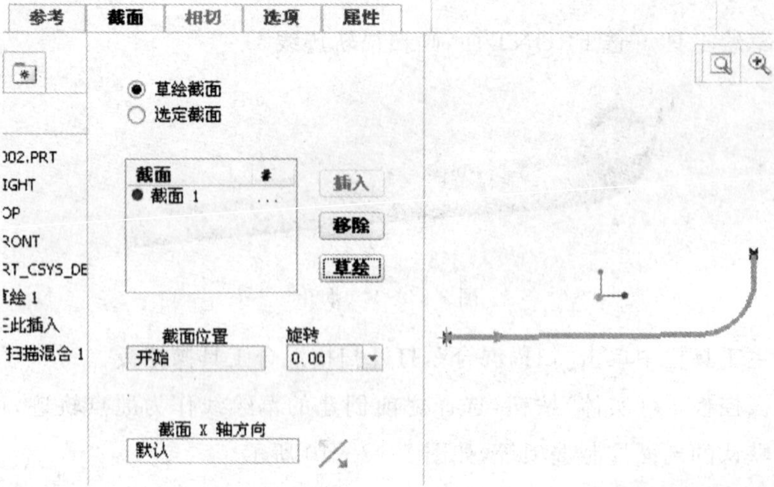

图 3-3-11 选择链首

创建扫描混合特征时，注意以下要点：

(1)对于开放轨迹轮廓，必须在起始点和终止点创建截面；

(2)对于闭合轨迹轮廓，至少在起始点和轨迹的另外一个位置上有草绘截面；

(3)如果要是在起始点与终点之间插入截面，需在做轨迹时在草绘器中用“分割”工具在要插入截面处分割，再在扫描混合的截面窗口中点击插入，找到该点。

4. 螺旋扫描

创建 M12×35 螺栓(GB/T 5785—2016)，文件名为“3-3-4.prt”(保存好，第 4.11 节将用到该文件)，如图 3-3-12 所示。

(1)使用拉伸工具创建六棱柱，对边距离 18，高度为 7.5，如图 3-3-13 所示。

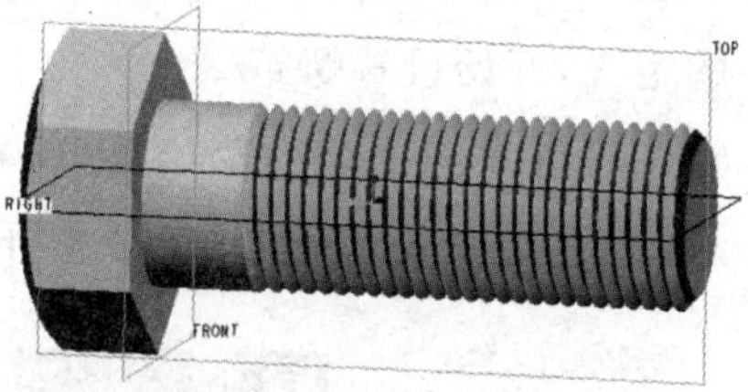

图 3-3-12　螺栓模型

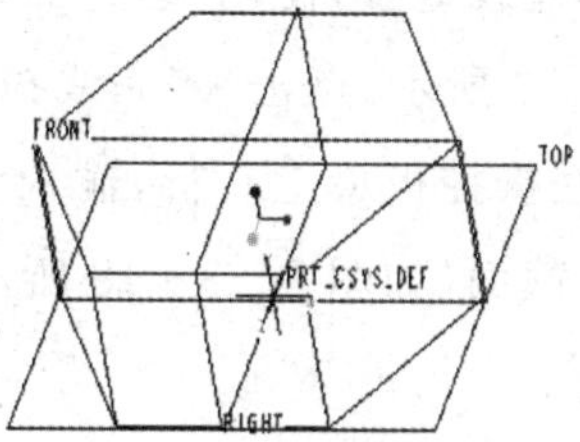

图 3-3-13　六棱柱

(2)旋转工具 旋转 ,以 RIGHT 面作为草绘平面,以 TOP 面作为草绘方向参照,方向选择“底部”,草绘截面和轴线如图 3-3-14 所示,完成旋转剪切特征,如图 3-3-15 所示。

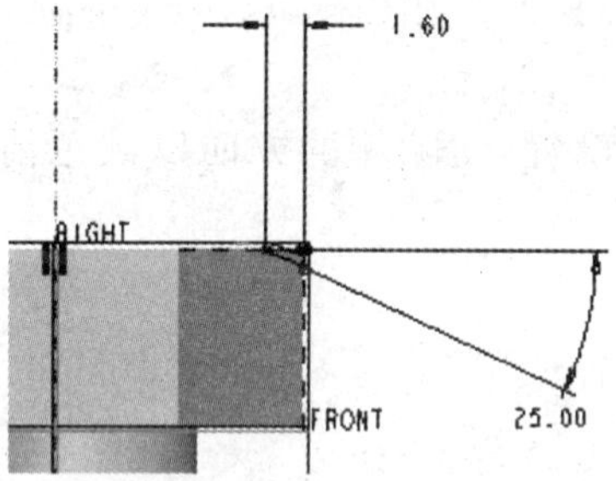

图 3-3-14　草绘截面

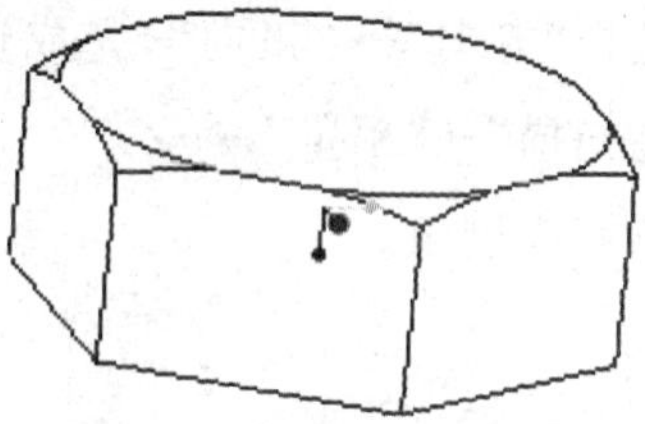

图 3-3-15　完成螺栓头倒角

将外接圆转化为构造线。构造线是绘图时使用的辅助线,类似于参照线,在创建实体中不参加生成实体的操作。

(3)选择 (拉伸),以螺钉头内侧面作为草绘平面,画 ϕ12 的中心圆,拉伸 35,预览,按 ,完成旋转特征,生成螺栓本体如图 3-3-16 所示。

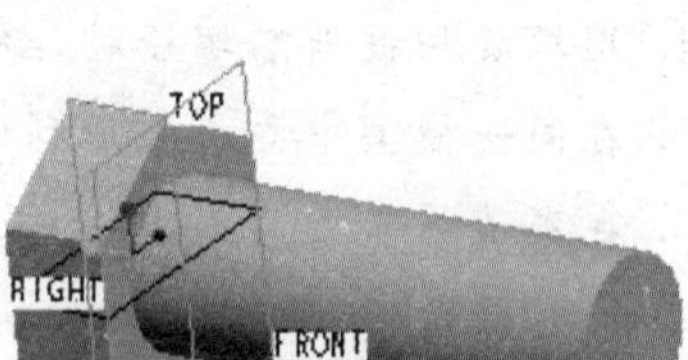

图 3-3-16　螺栓本体

(4)选择主工具栏中“螺旋扫描”打开操控板,在最上一行点击“移除材料”和“使用右手定则”。选择“参考”→“定义”,在图形区选择 FRONT 面作为草绘平面,进入草绘环境,草绘截面(轨迹线,与螺栓实体外线重合，使用“通过曲线或边投影到草绘平面上来创建图元”工具）和轴线，如图 3－3－17 所示，点击✔完成扫引轨迹和轴线的定义，开始设置螺距。

(5)在操控板最上一行，输入节距值“1.1”，确认后进入扫描截面草绘环境，在草绘环境中定义截面(如图 3－3－18 所示)，按✔。注意：这里三角形截面轴向边长要小于螺距。

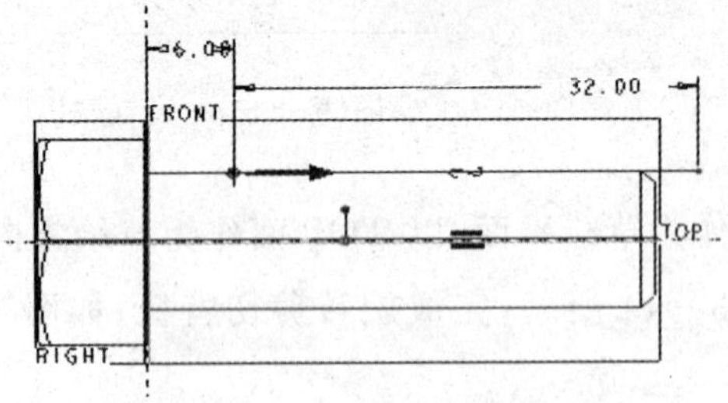

图 3－3－17　螺纹轴线和轨迹

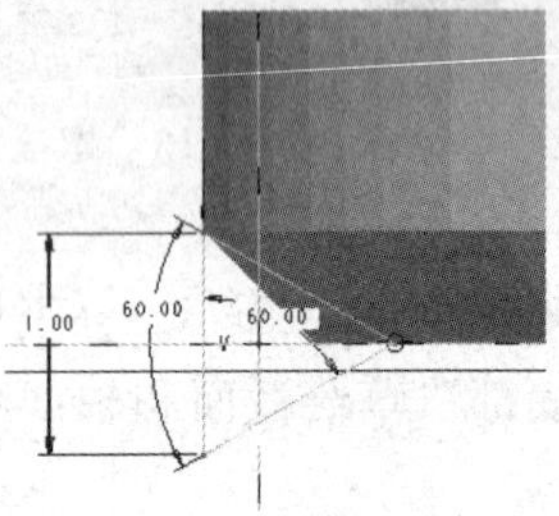

图 3－3－18　定义截面

(6)选择“方向”→“正向”，完成切除材料侧的设置，切除侧的方向以红色箭头显示。回到“螺旋扫描”→“预览”→✔。

(7)螺钉头倒角。

思考题

1. 扫描、混合、扫描混合、螺旋扫描所创建的特征各有什么特点？

2. 扫描、混合、扫描混合、螺旋扫描特征创建好后，如何修改其中某个属性，如轨迹或截面？

3. 若做出的茶杯是扭的，请问出错的原因是什么？

4. 用螺旋扫描创建螺栓时，要求螺纹是凸出的怎么办？请练习。

5. 在同一模型中要几次用到同一轨迹线，如何保证第二次能直接选到该轨迹线？

6. 在本节第二个实训中，如果杯子内孔也是上圆下方(即与外形相似)怎么办？

7. 平行混合中，所有剖面基本特征是什么？草绘图的起点有什么要求？

8. 三角形螺纹模型创建好后，要将其改为梯形螺纹，怎么修改？

3.4 特征编辑

1. 在模型上做小孔阵列

(1)新建零件(名称为“3－4－1. prt”),首先做一个如图 3－4－1 所示图示实体,与基准面对称。参照图 3－4－1 所示,在左上角创建第一个 $\phi2$ 的通孔,“放置类型”选“线性”,尺寸自定。

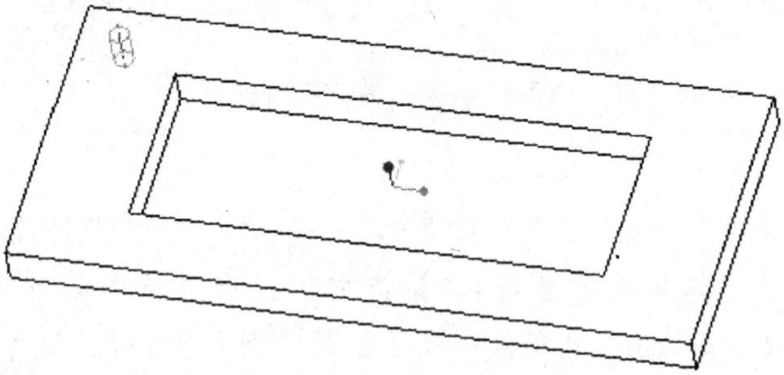

图 3－4－1 平行阵列

(2)选择创建好的孔特征,点击工具栏中的“阵列”,打开操控板,图形区出现确定孔的形状和大小的各个尺寸。

在操控板“阵列方式”列表中选择“尺寸”,出现“尺寸”下滑面板,如图 3－4－2 所示,可以在此下滑面板设置阵列的各参数。

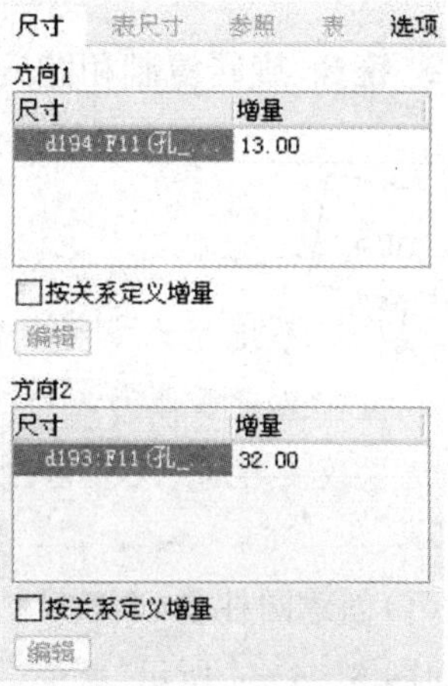

图 3－4－2 “尺寸”下滑面板

激活“方向 1”列表,在模型上选择孔中心线到横向对称面的尺寸(一般选位置尺寸),出现编辑框,在其中输入列间距(自己定义),按 Enter 键确认。也可以在“增量”编辑框输入增量值。

(5)在操控板方向 1 后的“实例数量”编辑框输入“9”,按 Enter 键确认。如果阵列方向不对,在增量值前加“—”号。

(6)激活“方向 2”列表，在模型上选择孔到纵向对称面的尺寸，在“增量”编辑框输入增量值，按 Enter 键确认。

(7)在操控板方向 2 后的“实例数量”编辑框输入“2”，按 Enter 键确认。单击操控板按钮，完成阵列特征，得到 2 行 9 列共 18 个 $\phi 2$ 的孔。

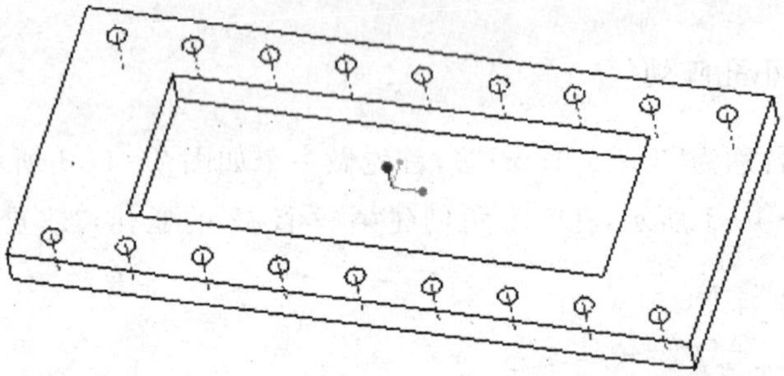

图 3-4-3　阵列孔特征

导引尺寸选择定位尺寸时，在该方向上将产生不同数量实例；导引尺寸选择定形尺寸时，将改变实例的尺寸。尺寸增量为负值，则可改变阵列方向；对称的特征还可以用“镜像”工具。

2. 镜像、旋转复制和圆周方向阵列

系统允许模型复制现有的相同或不同特征，并将复制后的特征放置在当前激活零件的一个新位置上。可一次复制任意多个特征。复制特征也可以改变参考、尺寸值、放置位置等内容。

(1)创建圆柱体(名称为“3-4-2.prt”)，以 FRONT 面对称拉伸，创建切减圆柱体特征，如图 3-4-4 所示。

(2)在模型上选取要镜像的上一个切减特征，选择主工具栏中“镜像”工具，消息区出现操控板，如图 3-4-5 所示，选择 FRONT 面为镜像平面，完成镜像操作。

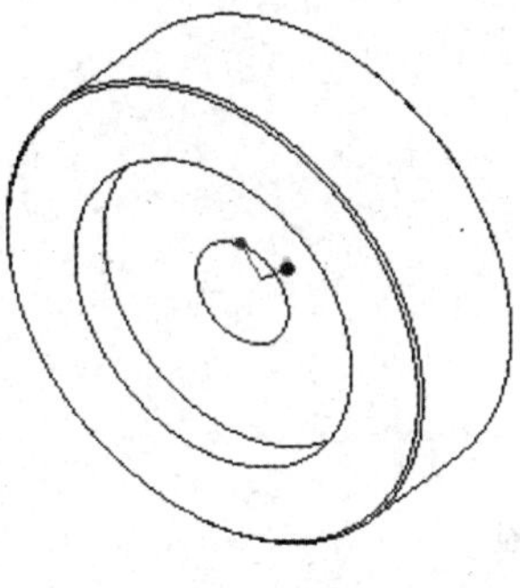

图 3-4-4 圆柱体特征

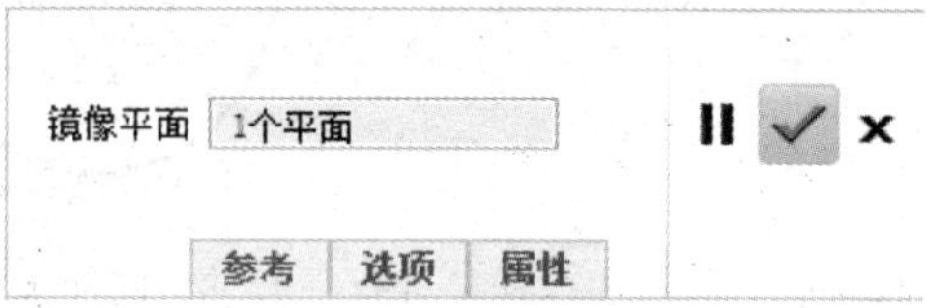

图 3-4-5 镜像编辑框

TIPS

镜像操控板“选项”下滑面板可以控制镜像特征和源特征，使其到尺寸关系是独立的或从属的。

(3)做一个小孔(径向定位)，如图 3-4-8 所示，选中它，点主菜单“模型”下方的工具栏中复制，马上点击粘贴下“选择性粘贴”，弹出如图 3-4-6 所示框口，勾选上两项，且完全从属。

(4)点击弹出的“选择性粘贴”的“确定”打开复制操控板，如图 3-4-7 所示，在其上按下第二个“相对选定参考旋转特征”按钮，添加旋转复制所用轴线和角度(负值则反方向复制)，点击退出，即完成孔的 45°旋转复制。如图 3-4-8 所示。

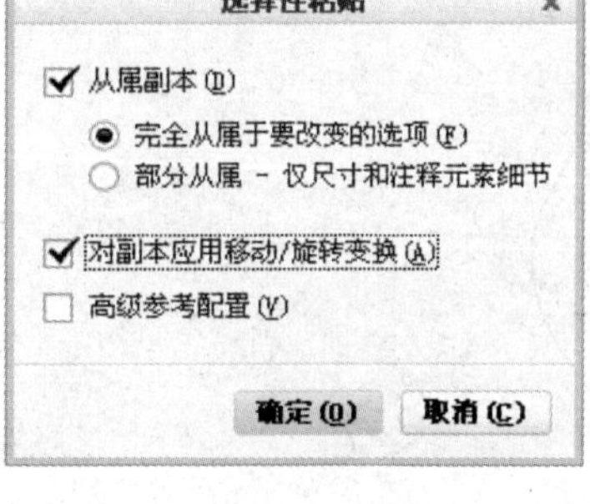

图 3-4-6 选择性粘贴选项

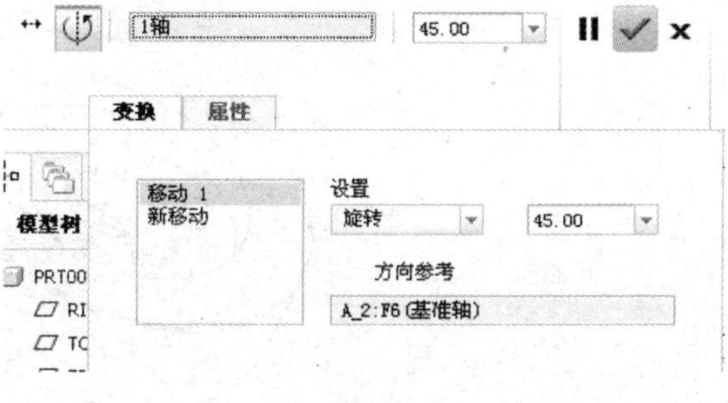

图 3-4-7 旋转复制中定义角度及所绕的轴

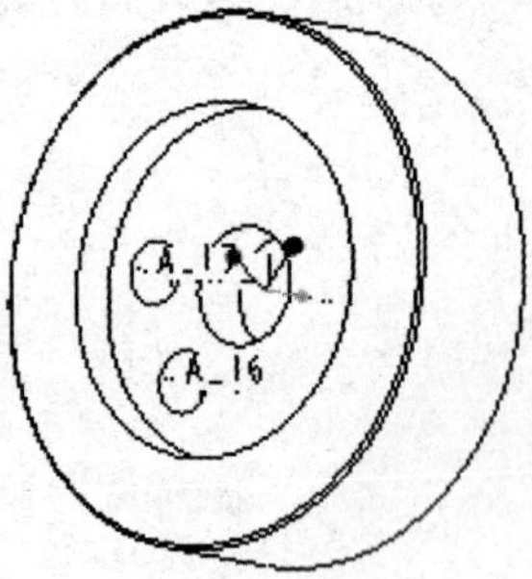

图 3-4-8　圆柱体腹板上孔复制特征

如果选取“从属”，当删除最先创建的孔特征，复制后的孔也被删除，将无法阵列。如果阵列前不复制，那么删除阵列特征时将会同时删除源特征。

(5)将刚复制的孔在圆周方向上阵列，先在模型树中选复制特征孔，点▦(几何阵列)，打开操控板，选中转动方式为“Rotation”，在图示区域选中中心轴，填入阵列数为 5，整列间距为 60°，如图 3-4-9 所示。完成模型图如图 3-4-10 所示。

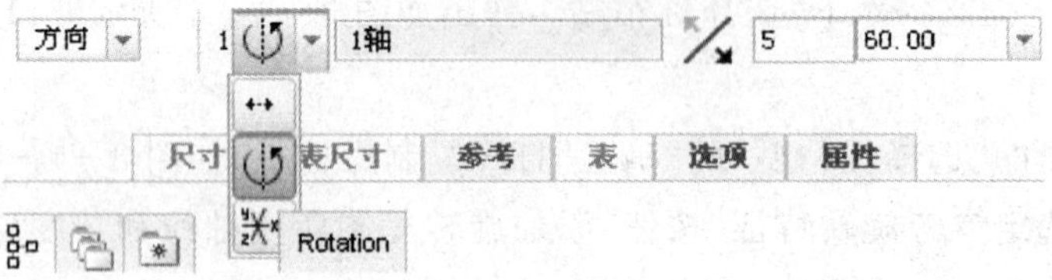

图 3-4-9　旋转阵列

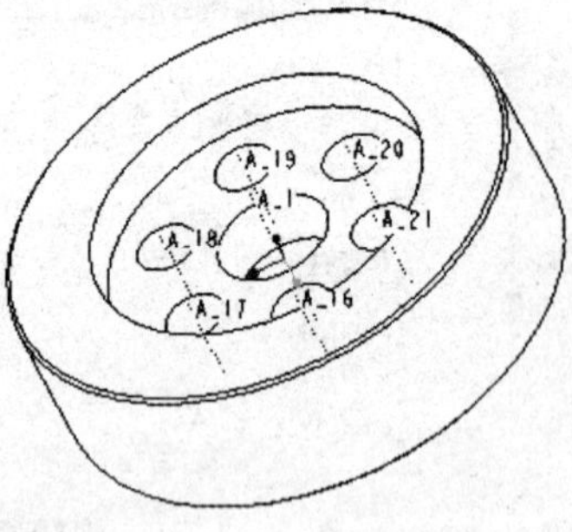

图 3-4-10　切减圆柱体特征

3. 特征的删除、插入和隐含等编辑

(1)创建如图 3-4-11 所示的简单模型(名称为"3-4-3. prt"),尺寸自定,打开该模型的模型树(如图 3-4-12 所示)。

(2)删除特征。先使用操作删除镜像孔特征。在模型树中选择镜像孔,单击鼠标右键,从弹出的快捷菜单中选择"删除"命令,弹出"删除"对话框,如图 3-4-12 所示。

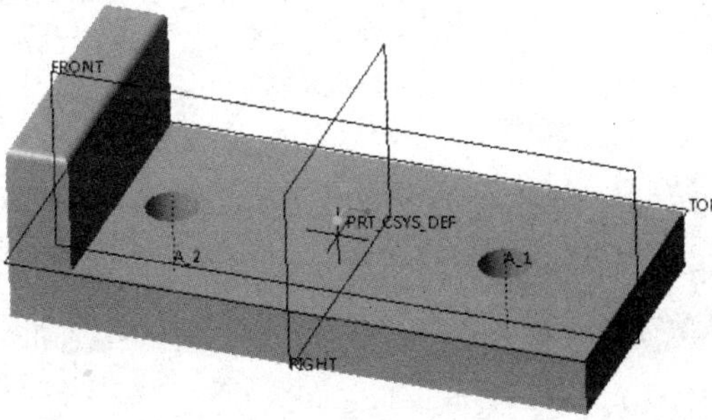

图 3-4-11　实体模型

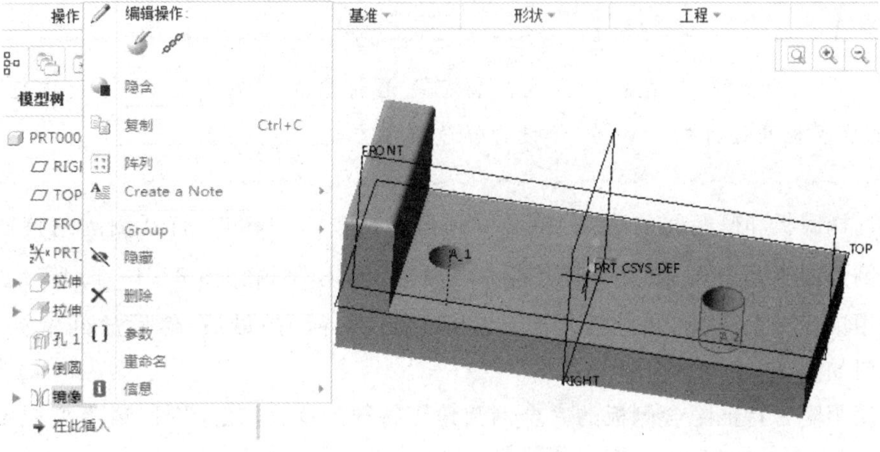

图 3-4-12　加亮的特征将被删除

TIPS

特征的删除就是将已经建立的特征从模型树和绘图区中删除。

(3)特征的插入。如在拉伸 2 后插入底板和侧板间的倒圆角特征。用鼠标左键选择“在此插入”节点，把它拖到“拉伸 2”后面，其模型如图 3 - 4 - 13 所示，模型树如图 3 - 4 - 14 所示。

图 3 - 4 - 13　拖动“在此插入”后的模型

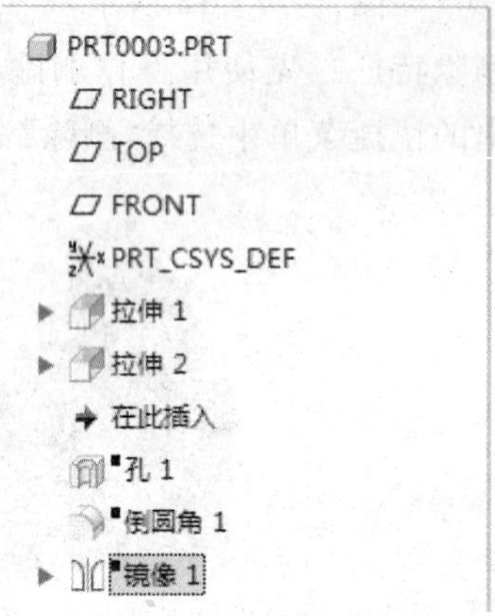

图 3 - 4 - 14　拖动“在此插入”后的模型树

“插入特征”是在已经存在的特征之前新建立一个特征。“插入特征”的优点提高设计的灵活性，给设计修改提供方便。

(4)选择底板和侧板间的边线，单击倒圆角特征按钮 倒圆角，打开倒圆角特征操作面板，设置倒角的半径为 5。点击☑按钮，完成倒圆角。模型树如图 3 - 4 - 15 所示。

(5)用鼠标左键选择“在此插入”节点，把它拖到特征的最后，然后放开鼠标，继续建模，模型树如图 3 - 4 - 16 所示。

(6)使用隐含特征隐含侧板的完全倒圆角 1 特征。首先，在绘图区或模型树中选择侧板的完全倒圆角 1 特征。

(7)单击鼠标右键，在弹出的快捷菜单中选择“隐含”命令，在模型树中选定的特征会加亮显示，同时弹出如图 3 - 4 - 17 所示的对话框。单击“确定”按钮完成特征的隐含，其模型如图 3 - 4 - 18 所示。

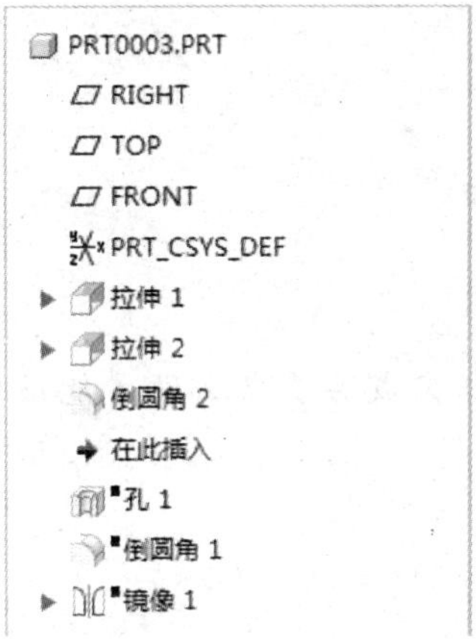

图 3-4-15　完成新插入倒圆角

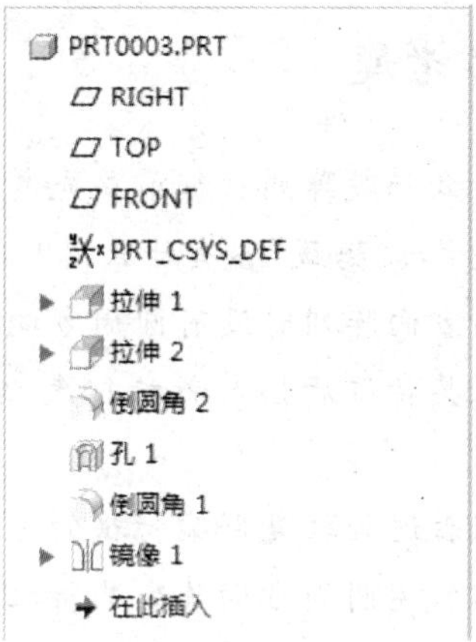

图 3-4-16　在此插入恢复原位

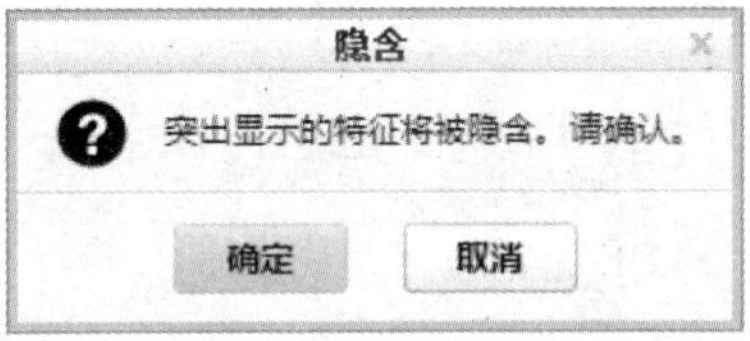

图 3-4-17　“隐含”对话框

图 3-4-18　隐含后的模型

特征的隐含就是类似于将特征从再生模型中暂时删除，但只是从再生模型中暂时删除而不从内存中删除，这样一来，设计者就可以随时恢复已隐含的特征。隐含特征可以简化零件模型，并减少再生时间。

Creo 允许在当前进程中的任何时候对图元进行隐藏和取消隐藏。使“隐藏”特征无需将图元分配到层中并对层屏蔽，同样可以隐藏和重新显示单个基准特征。

思考题

1. 为什么一般阵列特征前要先复制该特征？

2.“隐含”与“隐藏”各有什么用？有什么区别？

3. 圆周方向阵列时没有圆周方向尺寸怎么办？

4. 要在某特征后插入新特征怎么办？插入特征完成后要怎么做才能继续创建后续特征？

5. 举例叙述旋转复制某特征的过程。

6. 举例叙述圆周方向阵列某特征的过程。

3.5 剖截面、关系式、族表

1. 剖截面的创建

创建如图 3-5-1 所示中的 *A*(FRONT 面)、*B*(右边三维图中的折剖面)剖截面。

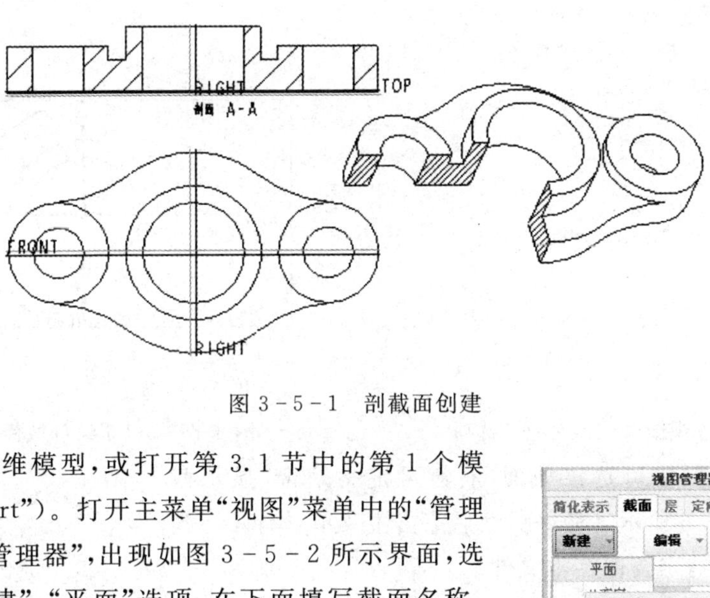

图 3-5-1　剖截面创建

(1)创建三维模型,或打开第 3.1 节中的第 1 个模型("3-1-1.prt")。打开主菜单"视图"菜单中的"管理视图"→"视图管理器",出现如图 3-5-2 所示界面,选择"截面"、"新建"、"平面"选项,在下面填写截面名称,如"A",回车,打开操控板。

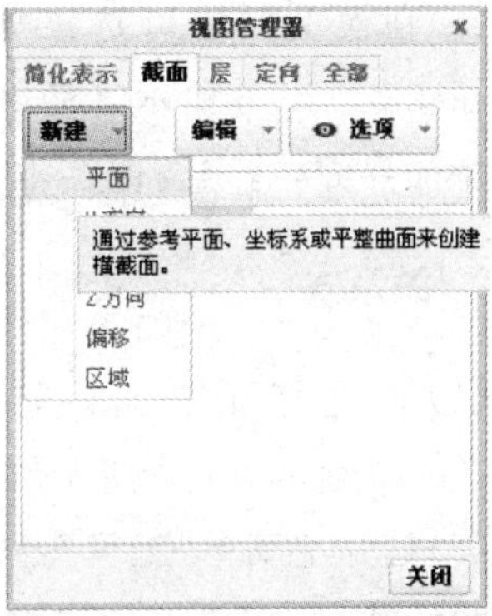

图 3-5-2　视图管理器

(2)点开"参考",选择 FRONT 面,再在操控板第一行右边点击"预览而不修剪",如图 3-5-3 所示,即生成截面"A"(如图 3-5-1 中主视图的剖面)。

(3)打开主菜单"视图"菜单中"管理视图"→"视图管理器",出现如图 3-5-2 所示窗口,选择"截面"、"新建"、"偏移"选项,如图 3-5-4 所示,在下面填写截面名称如"B",回车,打开操控板。

图 3-5-3　剖截面操控板

(4)点开“草绘”,在模型中选一草绘面如 TOP 面,进入草绘器,画要剖开的折线,如图 3-5-5 所示,回答是否对齐,确认后生成图 3-5-1 中的右图所示剖面,注意默认的是“预览并修剪”,剖截面另一侧实体将不显示。

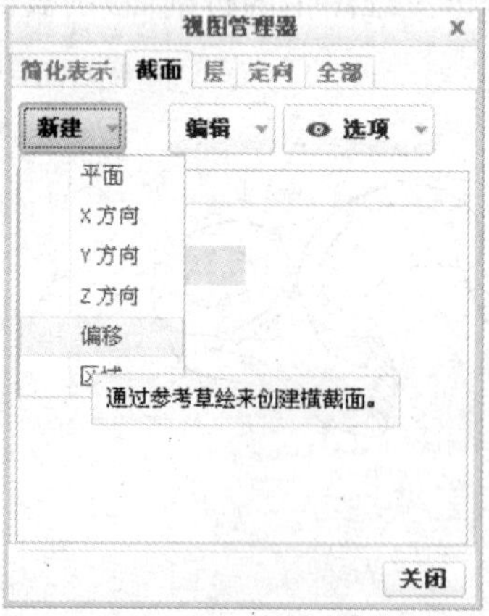

图 3-5-4　视图管理器“偏移”选项

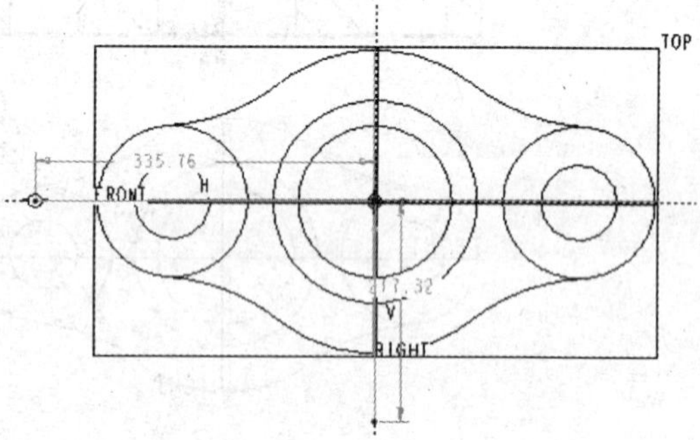

图 3-5-5　草绘剖截面折线

(5)在模型树中可选该截面,右键可定义是否“显示截面”,如图 3-5-6 所示。做好截面后点击主菜单“模型”回到创建特征界面,一定要保存本文件。

2. 关系式

(1)首先打开第 3.3 节中的螺钉三维模型(“3-3-4.prt”),如图 3-5-7 所示。

(2)打开主菜单“工具”→“d=关系”,到图中选取要产生关系的特征图元(按住 Ctrl 键在模型树中选取),选择螺纹特征时,出现的窗口(如图 3-5-7 所示右上角)中选“全部”。

(3)主菜单中“工具”→“切换尺寸”,将尺寸用符号显示出来,此符号是系统自动生成的。

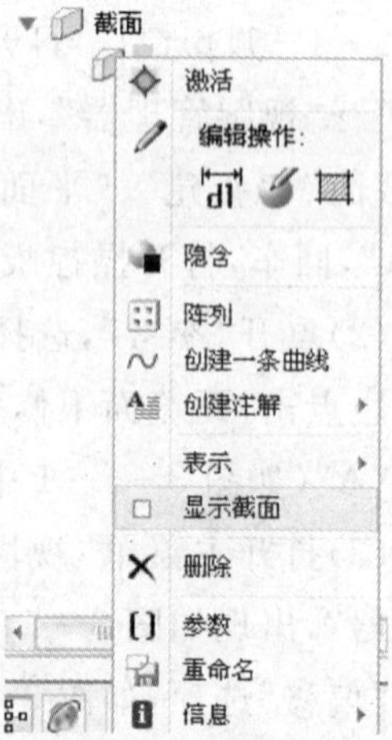

图 3-5-6　剖面属性

(4)在关系对话框中写入关系式，如图 3－5－8 所示，图中关系式仅供参考，具体设计时由设计人员确定尺寸之间的关系。

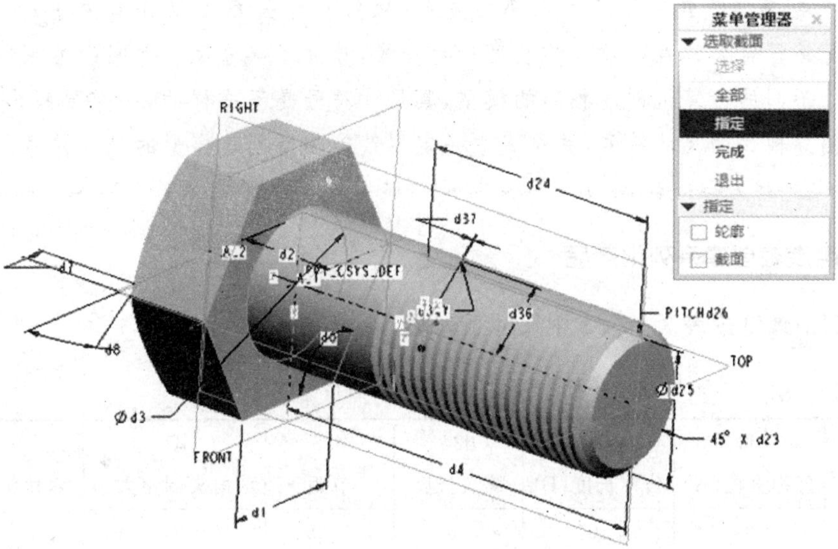

图 3－5－7　显示螺钉尺寸

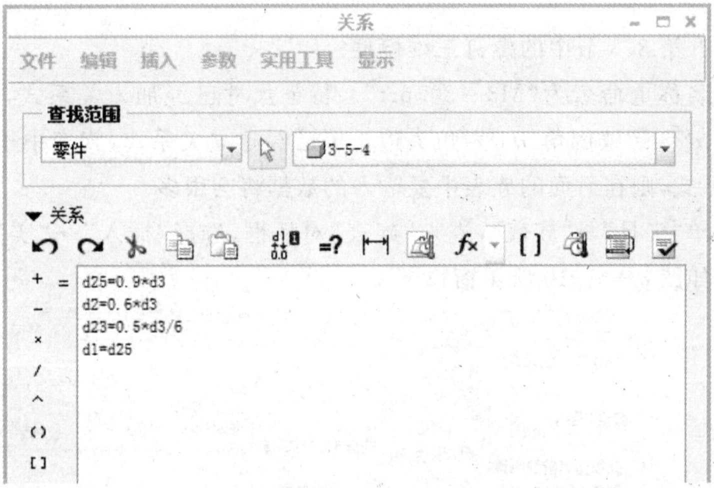

图 3－5－8　写入关系式

(5)点图 3－5－8 下方的 确定 ，进而点菜单栏的“重新生成”按钮。

要搞清楚各特征尺寸之间的关系(螺钉尺寸关系可以查有关手册,本练习将螺钉公称直径及公称长度作为变量,建立了部分尺寸之间的关系)。

不同的计算机创建相同的模型,其尺寸符号是不一样的,一定要找出你所创建模型的尺寸符号,关系式中一定要改为你所创建模型的尺寸符号。

3. 利用族表创建系列化产品

将上例中螺钉按表 3-5-1 中尺寸系列化。

表 3-5-1 系列化螺钉尺寸表

系列化 规格	d3 公称直径(A)	d4 公称长度(B)	d24 螺纹长度	d26 节距	d7 六角头倒角大小	d8 六角头倒角角度
M8×30	8	30	10	1.25	1	25
M10×60	10	60	15	1.5	1.2	25
M12×55	12	55	20	1.75	1.5	25

(1)首先打开第 3.3 节中的螺钉三维模型。

(2)将模型名称重命名为“M8-30.prt”。特征尺寸已经加入关系式,*d*25 螺纹内径、*d*2 六角头厚度、*d*23 螺纹倒角、*d*1 六角头边长等已经建立关系式,族表中不用添加列。如果没有建立关系式,则在后面的族表中要输入的数据将会很多。

(3)由主菜单“工具”→“族表”,进入“族表”对话框,选择“插入”→“实例行”,如图 3-5-9所示,得到如图 3-5-10 所示窗口。

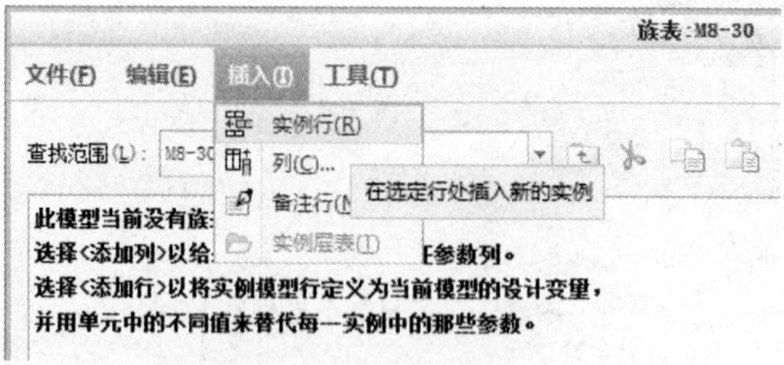

图 3-5-9 插入实例行

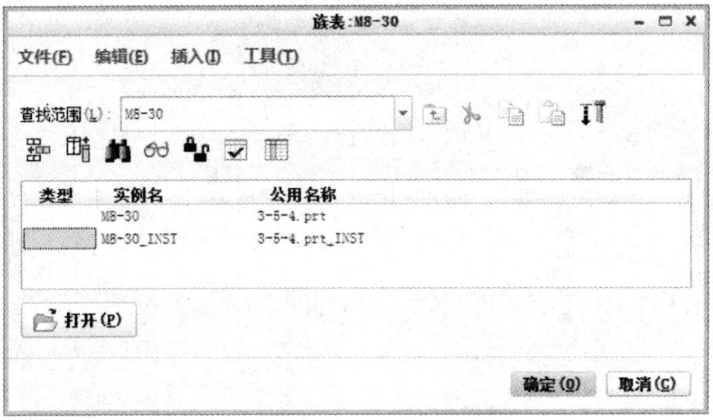

图 3-5-10　实例行

(4)回到图 3-5-9,选择“插入”→“列”,如图 3-5-11 所示,按 Ctrl 在模型区选择特征,以显示尺寸,在弹出的对话框“增加项目”中选“尺寸”,然后在图中一一选取需要更改的尺寸(一般不选取由关系式计算得到的尺寸),单击[+],按“确定”,如图 3-5-12 所示,得到如图 3-5-13 窗口。

(5)回到图 3-5-9 选择“插入”→“实例行”,如图 3-5-14 所示,添加 M10×60 参数(参照手册等资料输入相应数据),再“插入”→“实例行”,添加 M12×55 参数,单击“确定”。

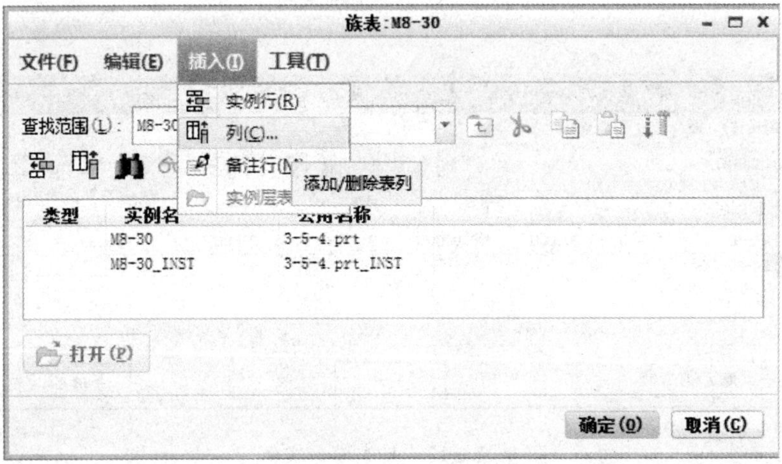

图 3-5-11　插入列

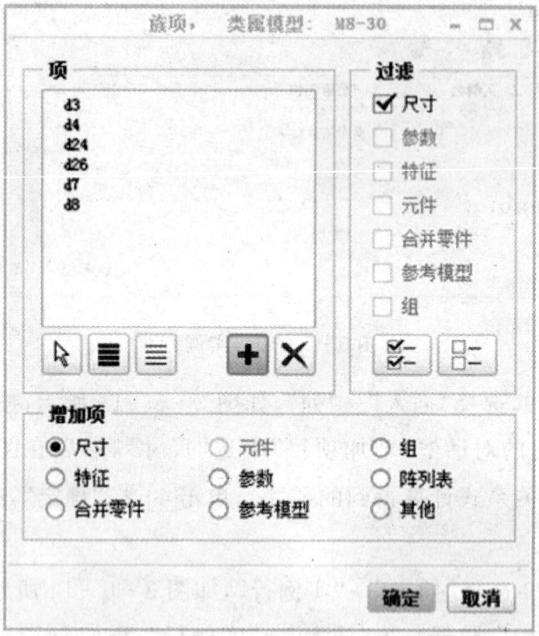

图 3-5-12　添加尺寸

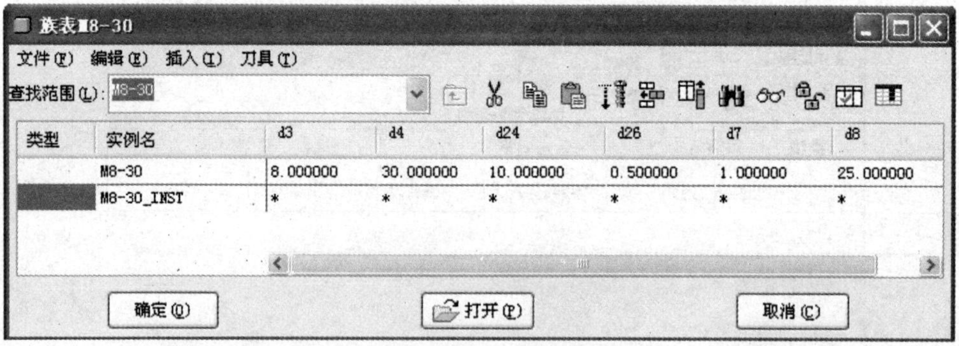

图 3-5-13　基本模型实例行

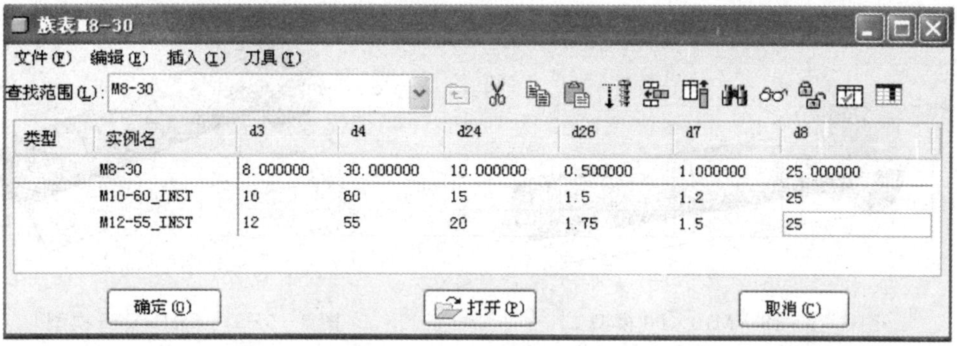

图 3-5-14 添加实例行

(6)选择“文件”→“管理文件”→“实例加速器”，如图 3-5-15 所示，弹出的对话框如图 3-5-16 所示，即在实例进行保存时产生加速文件。单击“更新”→“是 Y”，存盘。

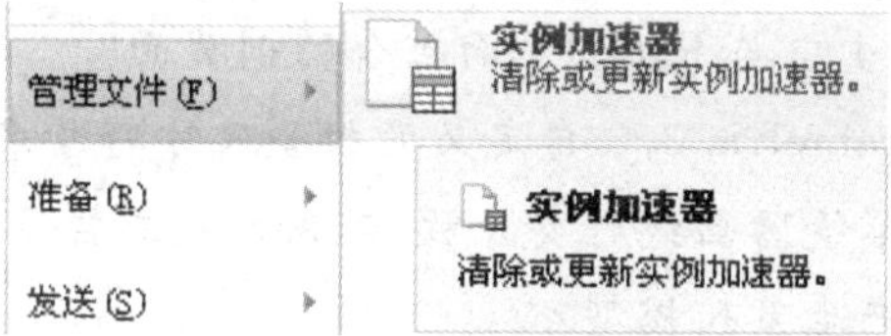

图 3-5-15 添加实例行

(7)打开文件“M8-30”，将出现如图 3-5-17 所示窗口，选择“基本模型”将打开原来的“M8×30”的螺钉模型，选择图 3-5-17 中 M10-60，将打开模型“M10×60”(如图 3-5-18 所示)，同理可打开模型“M12×55”(如图 3-5-19 所示)。

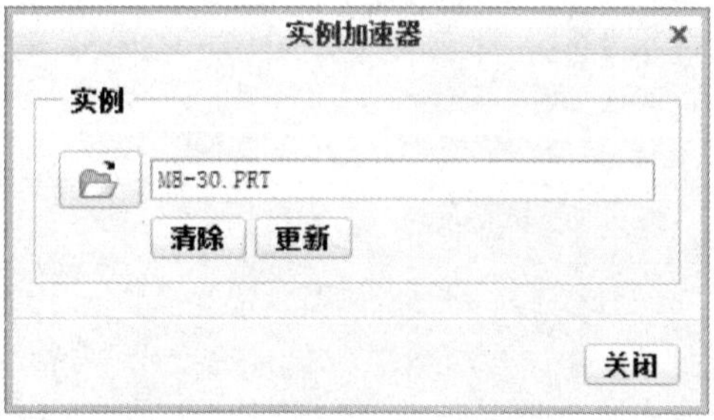

图 3-5-16 实例加速器

图 3-5-17 添加实例行

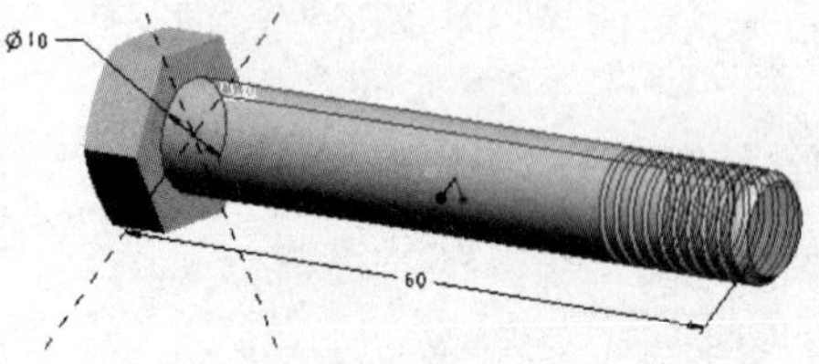

图 3-5-18 M10×60 模型

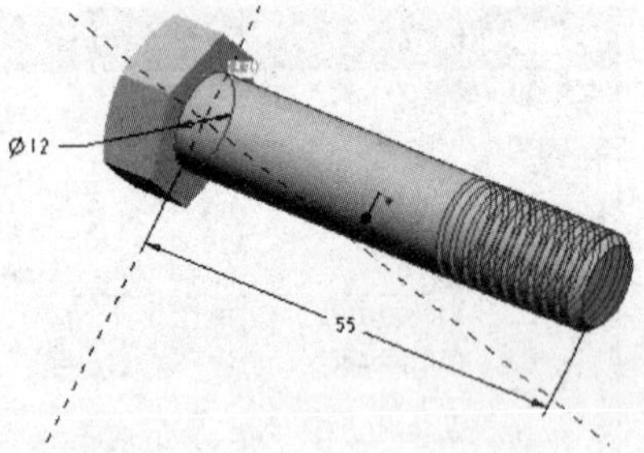

图 3-5-19 M12×55 模型

思考题

1. 如何创建图 3-5-1 中与 RIGHT 面重合的剖截面？
2. 如何找到 Creo Parametric 3.0 自定义的模型尺寸符号名称？
3. 创建截面时，进入草绘器画线时要开放、不用曲线或样条曲线绘制，为什么？
4. 族表建好后，如何产生系列模型？
5. 在族表中未列出的尺寸，在系列模型中会不会变？
6. 图 3-5-8 所示关系式建好后，改变模型中尺寸 $d3$ 会有什么效果？$d2$ 能改变吗？
7. 如何查看创建的剖截面效果？不要显示剖截面怎么办？

3.6 简单曲面造型

先请回顾第 3.1 节中的拉伸曲面、旋转曲面特征的创建过程。

1. 扫描曲面特征(名称为“3－6－1. prt”)

(1)点击“模型”下的“扫描”,打开操控板后选“扫描为曲面”,点击操控板右上边的“基准”→“草绘”,选一平面进行草绘(正向),轨迹画好后,按✓,完成扫描轨迹定义。

(2)点击操控板第一行的“创建或编辑扫描截面”如图 3－6－1 所示,在端点画截面形状,如直角。

(3)在“扫描”对话框,单击 预览 按钮预览扫描特征。如果符合,单击✓完成扫描,如图 3－6－2 所示。

图 3－6－1　属性设置过程

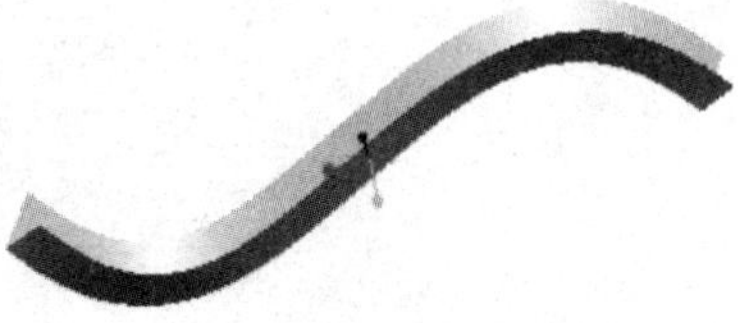

图 3－6－2　完成主体曲面扫描

2. 平曲面创建(名称为“3－6－2. prt”)

(1)点击主菜单“模型”下的 填充 (靠界面的右上端),在操控板中点“草绘面定义”。

(2)进入草绘,画一封闭的曲线,点击✓,即可生成一个边界为曲线的平面,如图 3－6－3 所示。

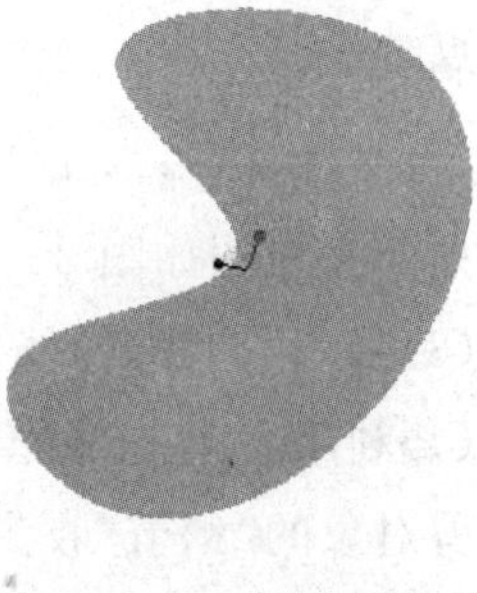

图 3－6－3　平曲面练习

3. 偏移曲面创建(名称为“3－6－3. prt”)

(1)先用拉伸曲面做一个曲面。

(2)选取该曲面,点击主菜单“模型”下的 (偏移),出现操控板,如图 3-6-4 所示。操控板上有三个偏移选项:标准偏移特征,具有拔模特征及展开特征。标准偏移特征练习如图 3-6-5 所示。

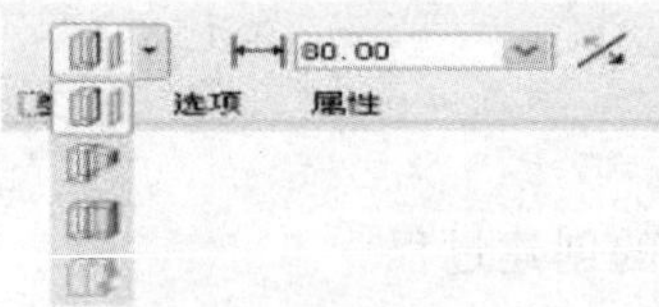

图 3-6-4 标准偏移特征操控板设置

图 3-6-5 标准偏移特征练习

4. 水槽创建(名称为“3-6-4.prt”)

利用曲面功能做水槽零件,如图 3-6-6 所示。

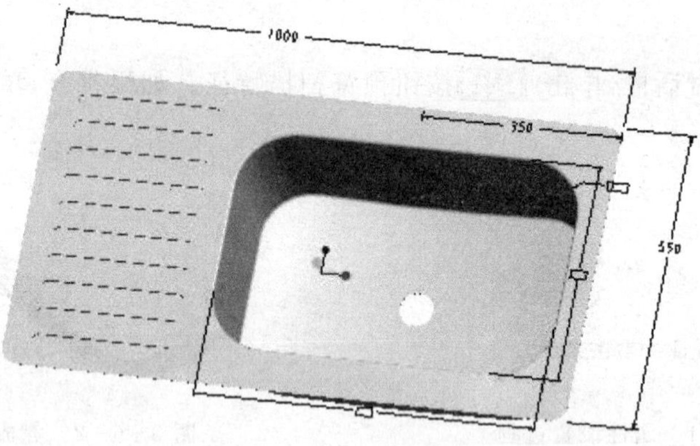

图 3-6-6 水槽零件图

(1)“拉伸”→“曲面”,选取 FRONT 基准面,绘制水槽侧面图 3-6-7 所示,深度为 230,点击 ✔。

(2)水槽顶面:点击主菜单“模型”下的 填充,画顶面,注意与已有侧面位置对应关系。水槽顶面尺寸图如图 3-6-8 所示。结果见图 3-6-9 所示。

(3)利用“拉伸”功能做水槽圆弧底面,如图 3-6-10 所示。

(4)利用主菜单“模型”下的曲面“修剪”,打开操控板,定义要修剪的曲面为特征 2,打开修剪对象的“细节”收集器,按 Ctrl 键选特征 1、特征 2 的交线,注意修剪方向,结果如图 3-6-11 所示。

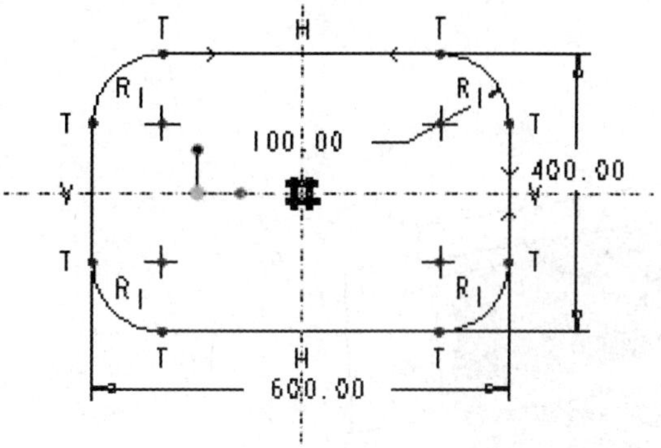

图 3-6-7 水槽草绘图

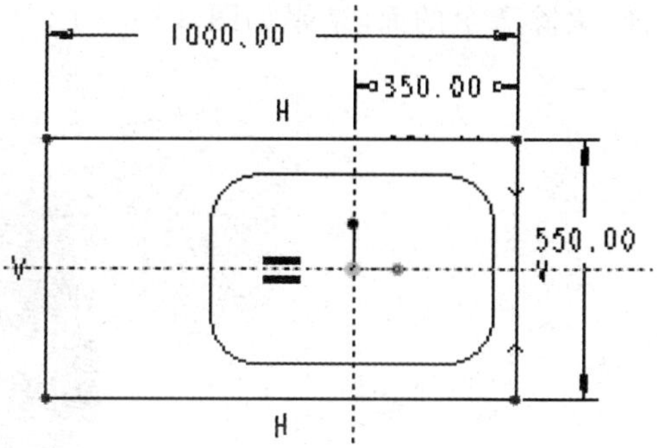

图 3-6-8 “填充”水槽顶面

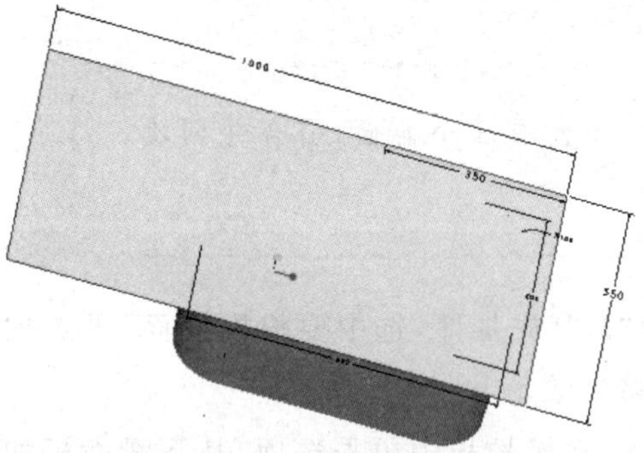

图 3-6-9 水槽及顶面特征

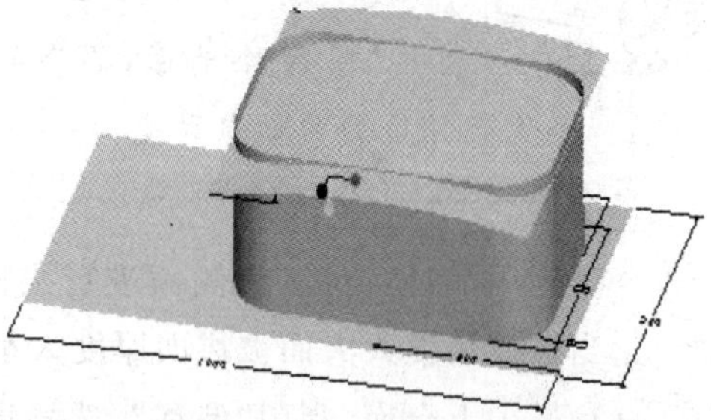

图 3-6-10 做水槽圆弧底面

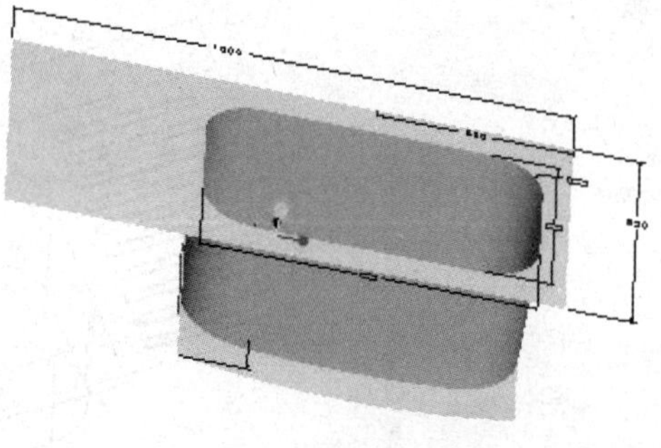

图 3-6-11 以侧面为界修剪水槽上顶面

(5)按住 Ctrl 键选中要合并的曲面，点击主菜单“模型”下方的(合并)水槽侧面和底面，去除多余的面，结果如图 3-6-12 所示。

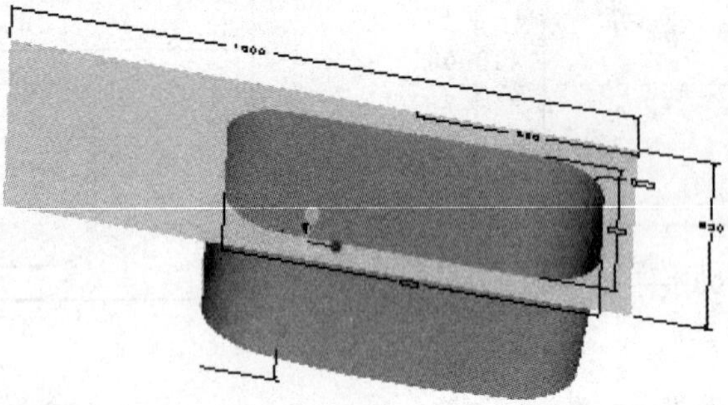

图 3-6-12 曲面合并水槽侧面和底面

“合并”有 N 个曲面，要合并 $N-1$ 次，此处有 3 个曲面，需合并两次，每次合并后的曲面自动变为一个曲面。

(6)利用“拔模”对水槽侧面进行拔模，角度为“1°”(先加厚，选中要拔模的面，再点加厚)。当拔模角度太大而被拔面厚度太小时，拔模将失败。

(7)选中上台面，利用“偏移”，选择展开特征，在操控板中单击选项，其下滑面板如图 3-6-13 所示，做台面凹台。用“阵列”做 10 个凸台，如图 3-6-14 所示。

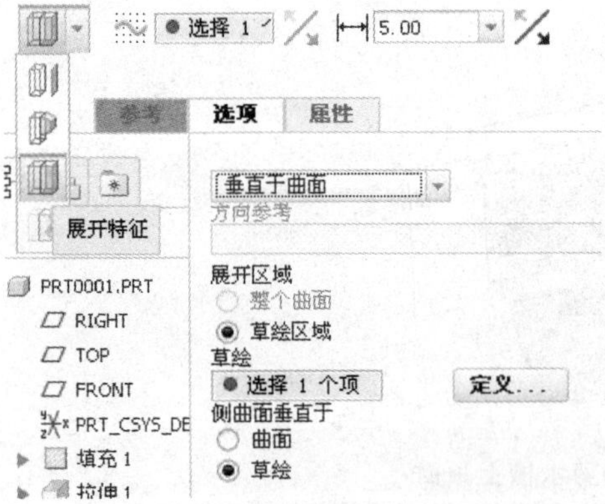

图 3-6-13 选项下滑面板

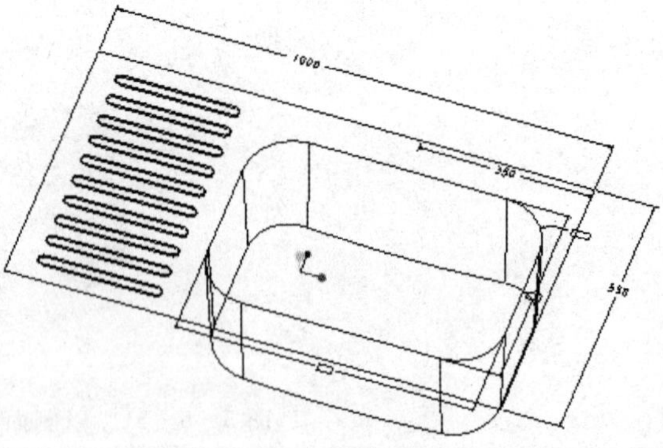

图 3-6-14 做顶面凸台

(8)将曲面转换为实体：选中曲面后，“加厚”，输入厚度值 1.5。

(9)挖中间孔，倒角。

5. 旋钮创建(名称为“3－6－5.prt”)

利用“曲面”功能，创建旋钮零件，尺寸自定，如图 3－6－15 所示。

(1)“旋转”→“曲面”做旋转侧面，如图 3－6－16 所示。其选 FRONT 面为草绘面，绘制旋钮侧面截面图，注意画中心线，只画一半截面。

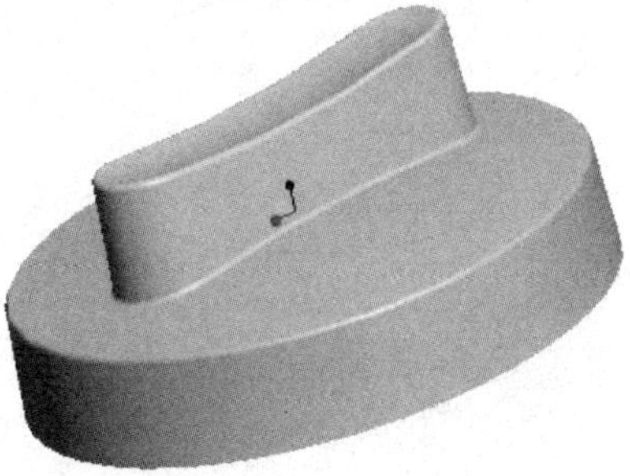

图 3－6－15 旋钮零件

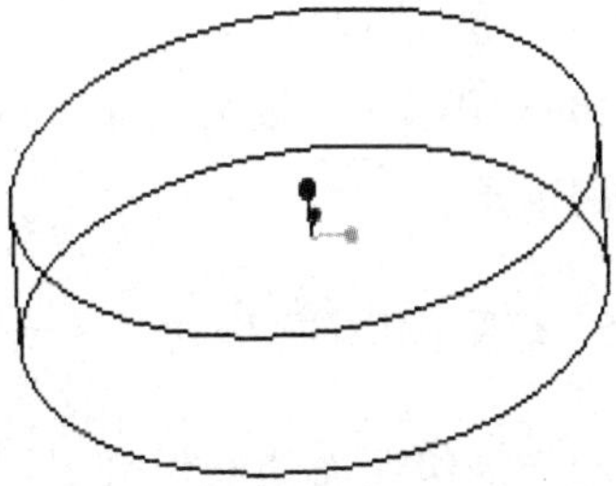

图 3－6－16 旋转侧面

(2)选取刚建好的曲面，在“模型”主菜单下“偏移”，利用“拔模特征”偏移，重新选曲面，在工作区中选旋钮上曲面(一定要选对)；确定草绘平面，TOP 面，草绘凸台截面，点击，即可生成旋钮凸台，如图 3－6－17 所示。

(3)“对称拉伸”→“曲面”→“对称”，TOP 面为草绘面，绘制对称弧线，模型如图 3－6－18 所示。

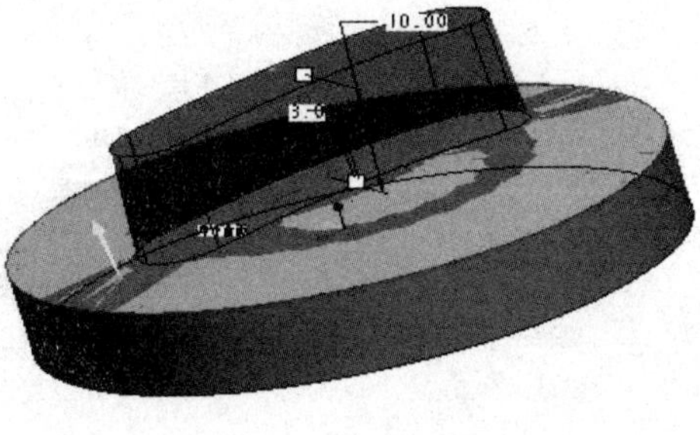

图 3－6－17 旋转凸台

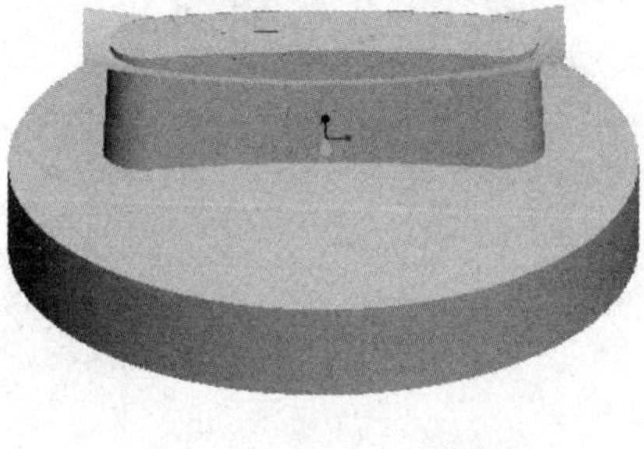

图 3－6－18 拉伸曲面

注意此拉伸曲面要大些，与凸台相交。

(4)“合并”。先选中要合并的两个曲面，再“合并”，选好方向（要留下的），点击☑，如图 3-6-19 所示。

(5)将曲面转换为实体。选中曲面后，“加厚”▭，输入厚度值即可。

(6)利用实体“拔模”和“圆角”对旋钮侧面拔模和倒圆角。

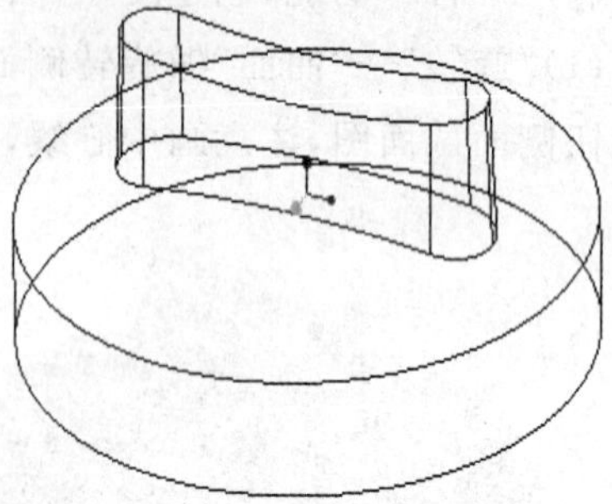

图 3-6-19　合并所有曲面

6. 灯罩创建（名称为“3-6-6.prt”）

利用高级曲面功能做灯罩，如图 3-6-20 所示。

(1)打开主工具栏下“基准”下拉菜单，点击“曲线”→“来自方程的曲线”，如图 3-6-21 所示。打开操控板，在其上定义“柱坐标”，选择坐标系，点击“方程”弹出“记事本”编辑器，输入以下公式：

r=100

theta=t * 360

z=9 * sin(10 * t * 360)

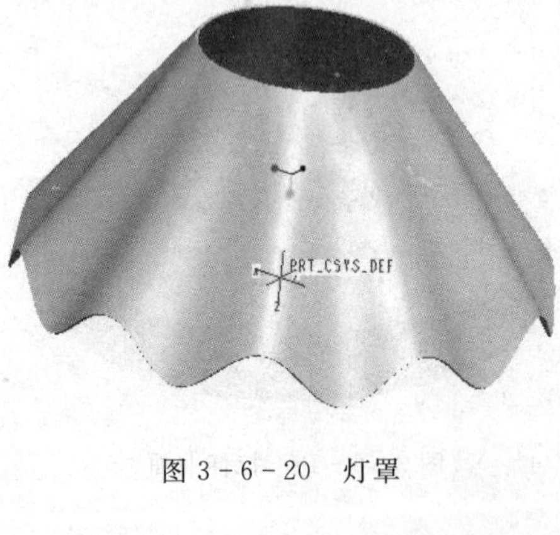

图 3-6-20　灯罩

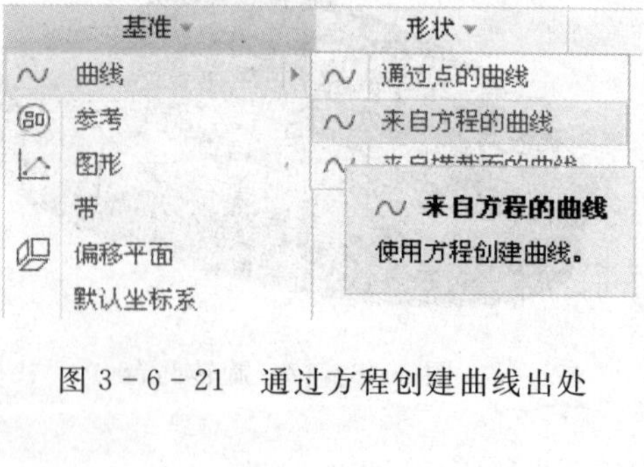

图 3-6-21　通过方程创建曲线出处

确定完成后，结果如图 3-6-22 所示。

(2)建立与 FRONT 面偏移 90mm 的基准面，在其上草绘 $\phi 80$ 的圆曲线。选择“基准平面”→选“FRONT 面”，输入偏移值为“90”→确定→草绘 $\phi 80$ 的圆环曲线，如图 3-6-23 所示。

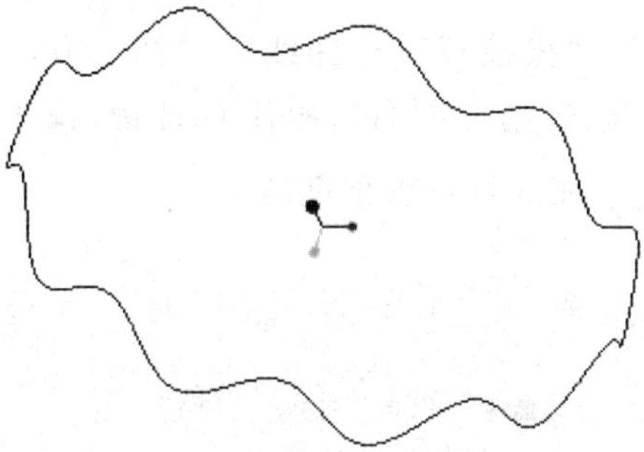

图 3-6-22　产生波纹曲线

图 3-6-23　绘制圆环曲线

(3)创建 8 个基准点：选择点(基准点)，分别在波纹曲线和圆环曲线上取 4 个点，即波纹曲线和圆环曲线分别与基准面的交点。基准点对话框如图 3-6-24 所示。

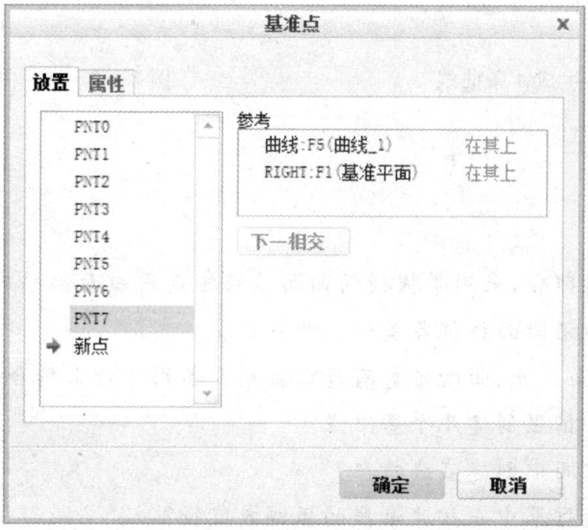

图 3-6-24　“基准点”对话框

(4)注意选两个“参考”时，选了一个参考后，要按住 Ctrl 键，选另一个参考，松开 Ctrl 键。一个点做好后，点左窗口中的“新点”做下一个点。

(5)产生 4 条曲线：选择如图 3-6-21 所示“基准”→“曲线”→“通过点的曲线”，打开操控板后点“放置”，在下面“在曲面上放置曲线”前点击☑，再“单击此处添加项”，选取“PNT0”点和“PNT4”点，连成一条曲线，再单击去除下方的“在曲面上放置曲线”点击☑完成。其他曲线也照此分别操作，结果如图 3-6-25 所示。

(6)生成曲面：点击主工具栏中的“边界混合”→“操控板”→“曲线”→“第一方向”，然后按住 Ctrl 键选第一方向曲线(圆和波纹曲线)；再点“第二方向”，按住 Ctrl 键，选 4 根直线，“操控板”下滑面板如图 3-6-26 所示，点击☑，完成灯罩模型创建。

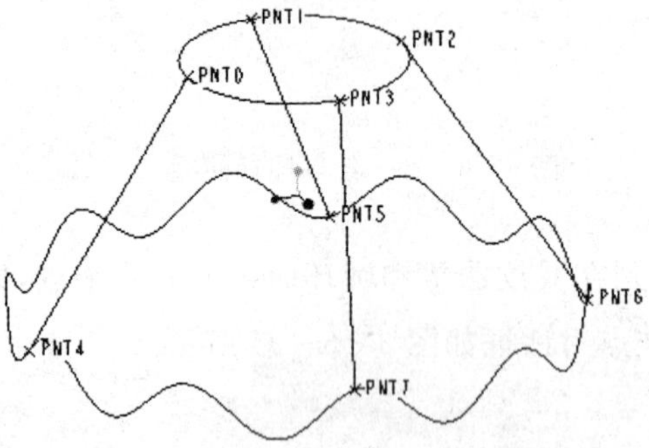

图 3-6-25　生成 4 条曲线

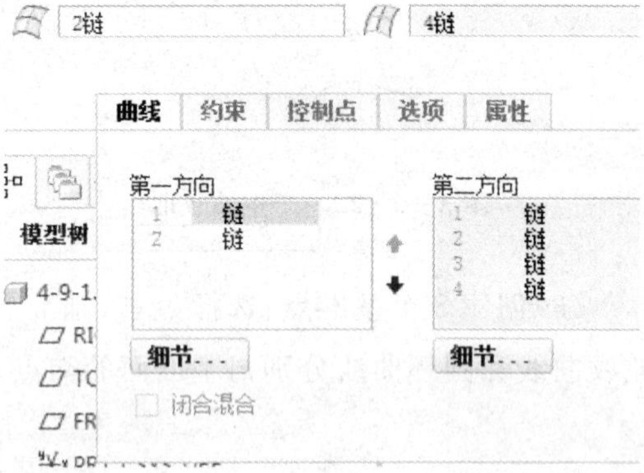

图 3-6-26　曲面操控板设置

思考题

1. 创建旋钮凸起部分，采用带拔模的曲面偏移还是用曲面偏移后拔模？
2. 拉伸曲面与扫描曲面特征各有什么特点？
3. 曲面偏移、曲面合并、曲面修剪有什么区别？各用于什么场合？
4. 如何在一个特征里创建几个基准点？
5. 如何在三维空间中创建直线特征？
6. 如何修改曲面灯罩中正弦波浪线的振幅或直径？
7. 做曲面合并或特征镜像时为什么按钮是灰的？

第 4 章

3D 典型实体造型

- 支架创建
- 下箱体零件创建
- 带轮及轴承零件设计
- 齿轮设计
- 手机外壳设计
- 矿泉水瓶设计
- 自由形体设计
- 榨汁机设计
- 摄像头设计
- 望远镜设计
- 三维装配实例
  ——齿轮箱(部分)

4.1 支架创建

创建支架零件，如图 4-1-1 所示。

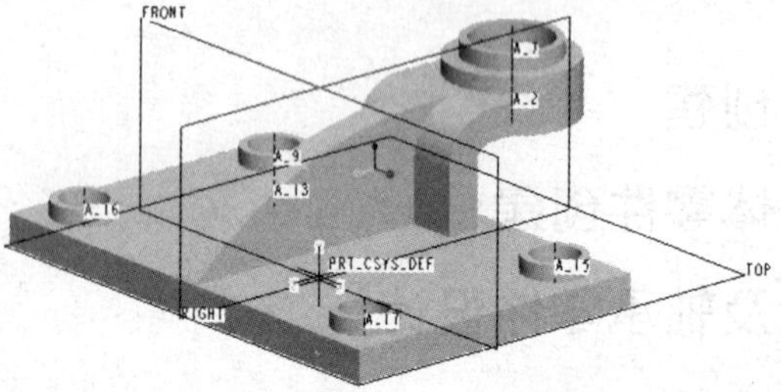

图 4-1-1 支架模型图

1. 新建零件

(新建)→选“零件”→输入名称“4-1”→不使用缺省模板→确定(如图 4-1-2 所示)→选取“mmns_part_solid”，确定。

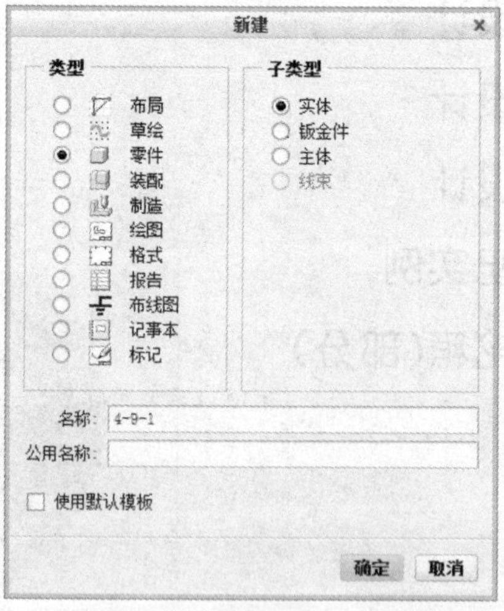

图 4-1-2 定义模型名称

2. 创建支架底板

点击，出现操控板(如图 4-1-3 所示)，点击“放置”→“定义”，选择草绘平面如 TOP 面，点击绘图区上方的草绘视图进入草绘器正向，绘制矩形截面，如图 4-1-4 所示，要对称于基准面，按✔，退出草绘。输入拉伸长度 20，在模型区单击，让模型生效，按☑，完成第一个特征的创建(如图 4-1-5 所示)。

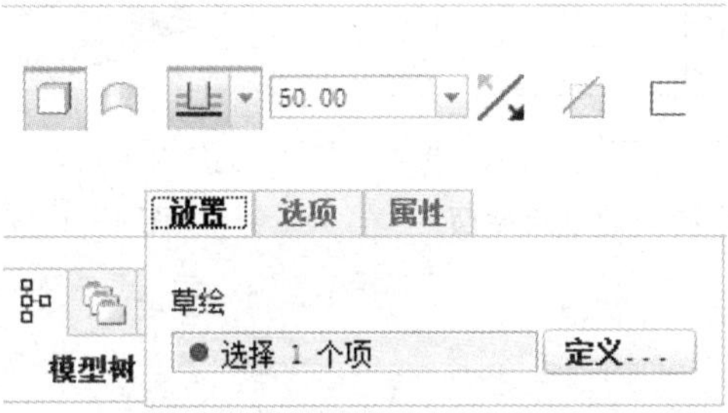

图 4-1-3 拉伸操控板

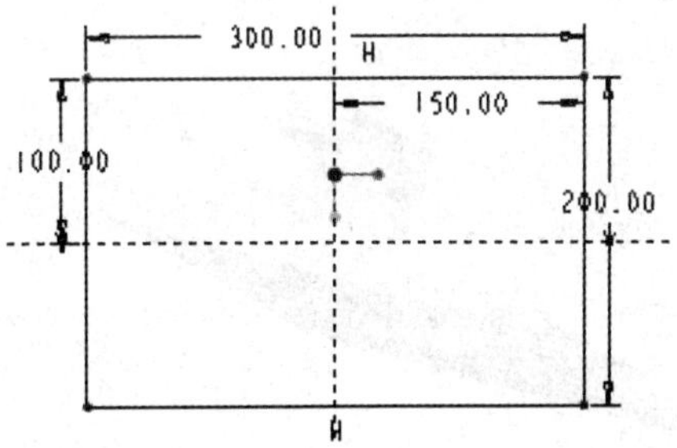

图 4-1-4 特征一的草绘形状

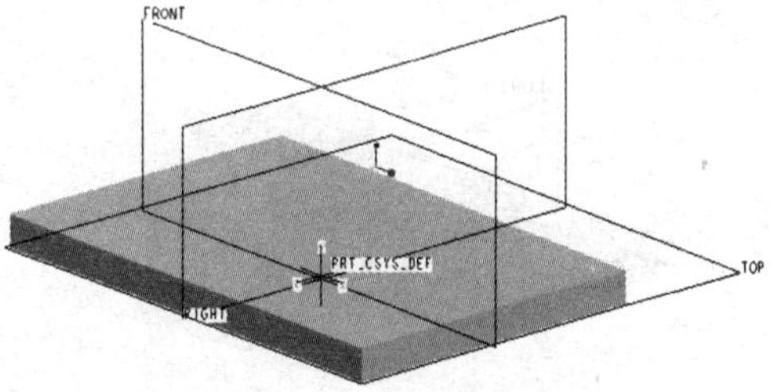

图 4-1-5 完成创建的第一个特征

3. 创建第二个特征

点击，打开操控板，点击“放置”→“定义”，选择草绘平面如 RIGHT 面，接受系统默认的草绘方向和尺寸参照，进入草绘模式绘制(如图 4-1-6 所示)，最下面的短边用投影来创建，单击✔退出草绘。选，输入拉伸深度 80，在模型区单击，让模型生效，按☑，完成第二个特征的创建(如图 4-1-7 所示)。

要注意的是深度选项有盲孔、对称、到下一个、穿透、穿至和到选定共 6 种。

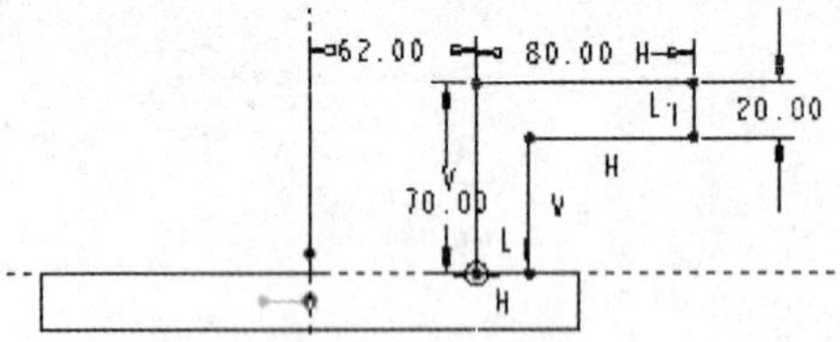

图 4-1-6 第二个特征的草绘截面

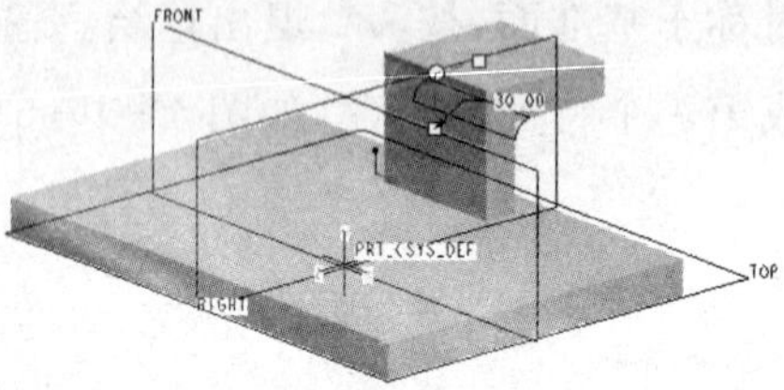

图 4-1-7 完成创建的第二个特征

4. 倒圆角

单击工作区的右侧"工程特征"工具中的 倒圆角 (倒圆角)按钮,根据系统的提示选择如图 4-1-8 所示的边,圆角半径值改为 30,再选择如图 4-1-9 所示的边,输入圆角半径值 10,最后按 ☑,生成如图 4-1-10 所示的实体特征。

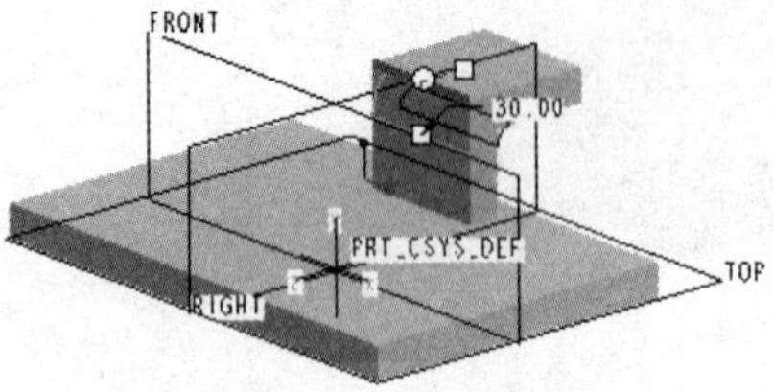

图 4-1-8 倒圆角 1

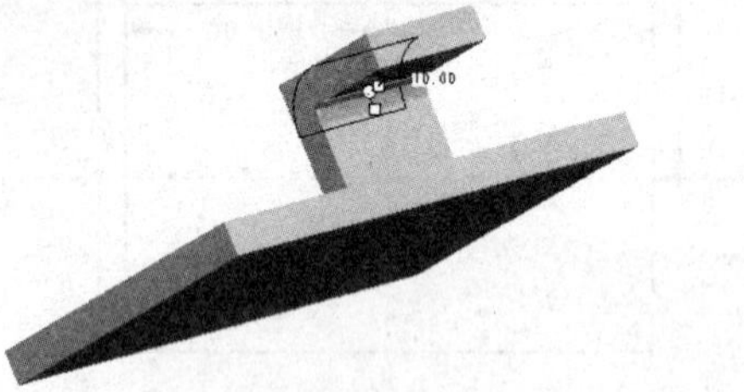

图 4-1-9 倒圆角 2

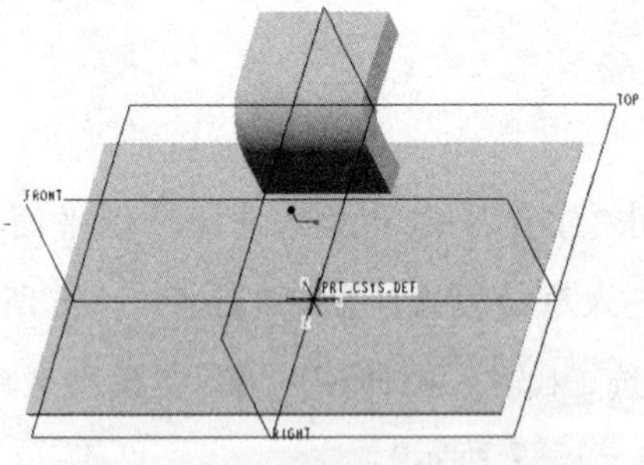

图 4-1-10 倒圆角完成的特征

5. 创建去除材料特征

点击，在“操控板”中选取（实体）、（切通）以及（去除材料）选项。选择支架最上表面为草绘平面，默认参照，绘制如图 4－1－11 所示的草图（使用草绘器中相切约束，圆与边相切），完成后单击，按，生成如图 4－1－12 所示的实体特征。

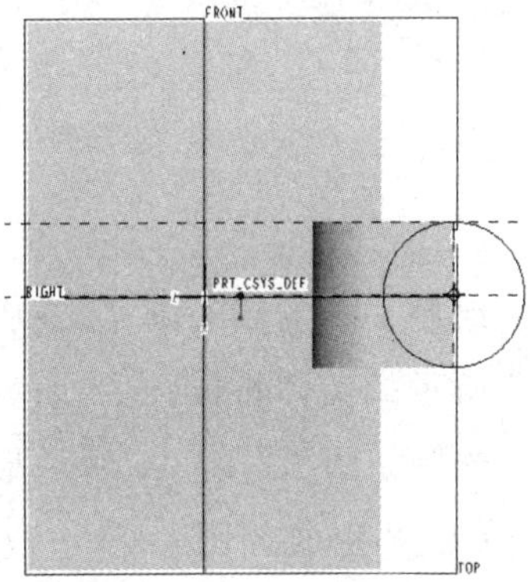

图 4－1－11　剪切草图

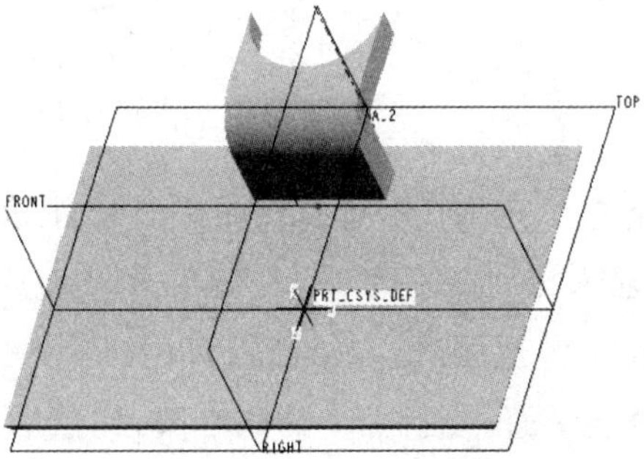

图 4－1－12　剪切完成的特征

6. 创建圆柱特征

点击，选取，选择弯头下平面为草绘平面，绘制如图 4－1－13 所示的草图（同心圆）。完成后。在“操控面板”上单击“选项”按钮，输入两侧的拉伸深度（如图 4－1－14 所示），最后按生成实体特征（如图 4－1－15 所示）。

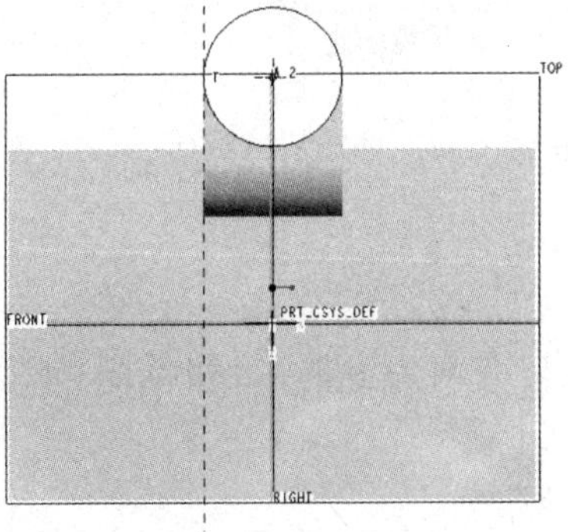

图 4－1－13　拉伸草图

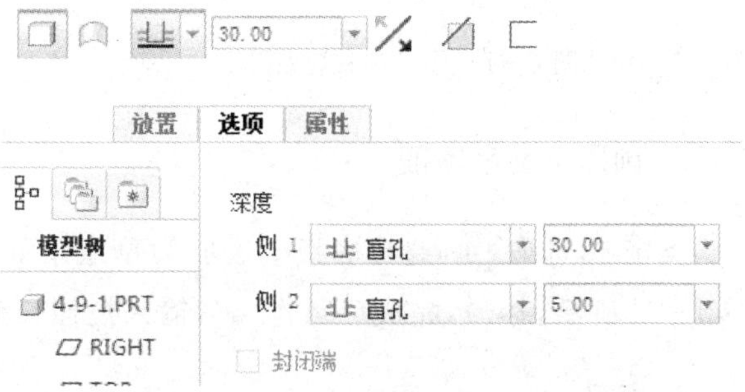

图 4－1－14　“两侧拉伸”深度

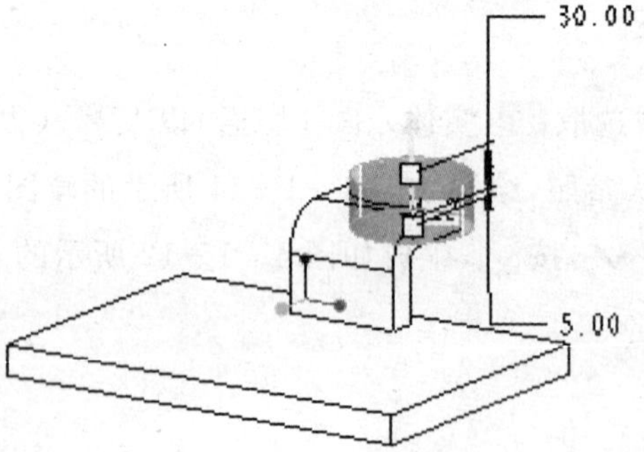

图 4-1-15 “两侧拉伸”特征

点击，选取，选择图 4-1-15 上表面为草绘平面，绘制 $\phi60$ 的同心圆，完成后点击。输入拉伸深度为 10，最后单击生成如图 4-1-16 所示的实体特征。

点击，选取、(切通)以及(去除材料)选项。选择如图 4-1-16 所示最上表面为草绘平面，绘制 $\phi50$ 的同心圆，完成后点击，最后单击生成如图 4-1-17 所示的实体模型。

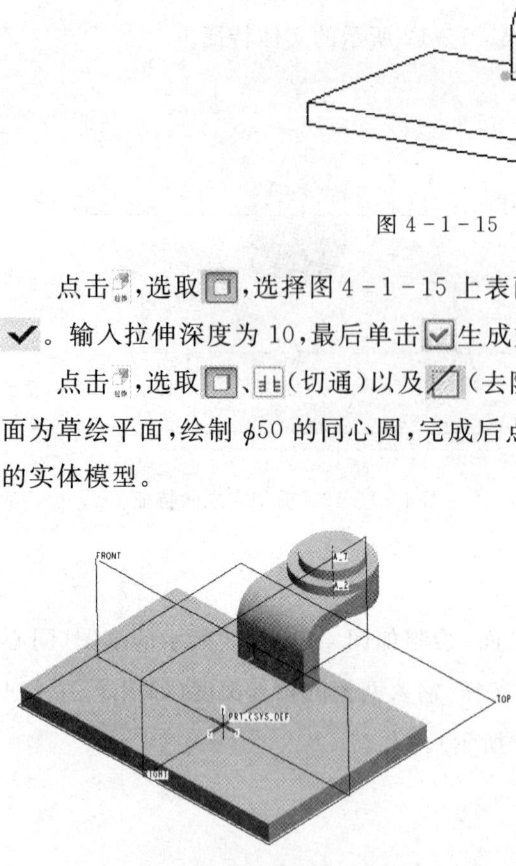

图 4-1-16 圆柱特征

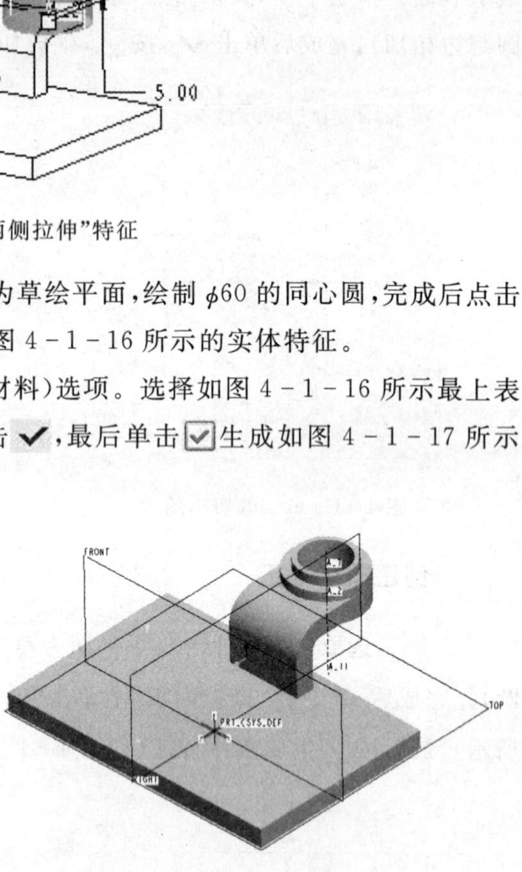

图 4-1-17 圆柱切减特征

7. 创建小圆台特征

点击，选取，选择底板上表面为草绘平面，选择两基准面为参照，绘制草图(如图 4-1-18所示，$\phi40$)，完成后点击，输入拉伸长度 10，按。

8. 打孔

点击，选取、(切通)以及(去除材料)选项。选择小凸台最上表面为草绘平面，绘制 $\phi 30$ 的同心圆，完成后点击✔，最后单击☑生成如图 4－1－19 所示的实体模型。

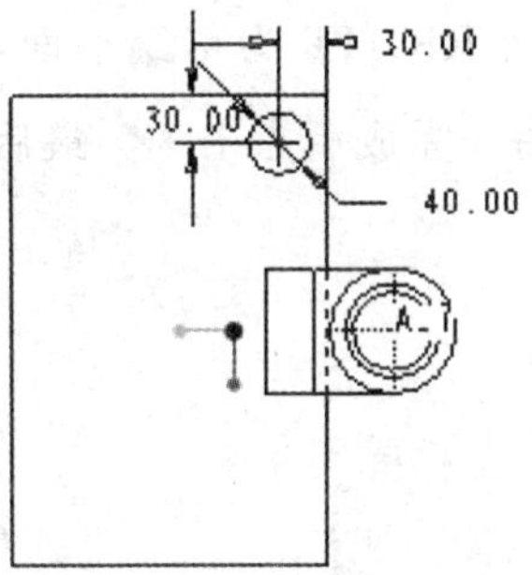

图 4－1－18　圆台草图

图 4－1－19　小圆柱体及其剪切特征

9. 阵列

在模型树中按住 Ctrl 键选择步骤 7、步骤 8 生成的两特征，选择“阵列”图标下的“几何阵列”，在操控板中“单击此处添加项”，选第一方向参照，输入尺寸增量和阵列数量，如图 4－1－20 所示，第一个阵列参照为 FRONT 面，输入尺寸增量 140（如图 4－1－21 所示）。在“操控板”中单击添加第二方向，参照为 RIGHT 面，输入尺寸增量 240，两个方向上阵列数目都是 2，单击☑按钮，生成如图 4－1－22 所示的实体模型。

图 4－1－20　阵列操控板

图 4－1－21　阵列尺寸

图 4－1－22　阵列特征

10. 最后一个特征

点击，选取以及（对称拉伸）选项。选择基准平面 RIGHT 为草绘平面，进入草绘模式，选择如图 4-1-23 所示两边为尺寸参考，绘制草图。完成后点击，最后单击按钮生成最终支架模型，如图 4-1-1 所示。

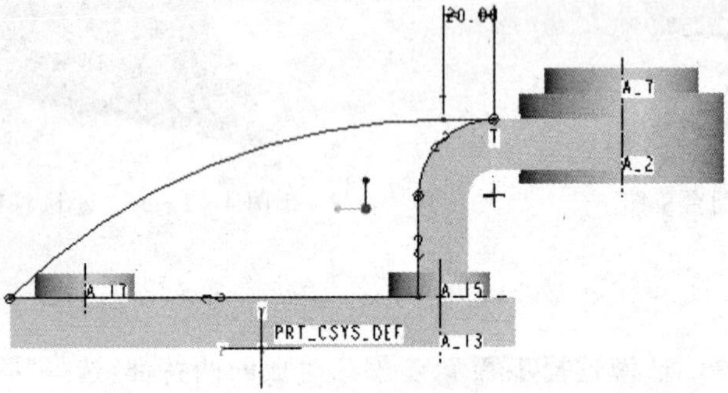

图 4-1-23 拉伸草图

思考题

1. 新建零件时，为什么不能忘记选项"mmns_part_solid"？
2. 举例说明草绘时如何使用 投影 通过投影边创建图元。
3. 修改尺寸或定义了参数后如何让模型重新生效？
4. 拉伸特征创建时怎么选择拉伸类型？
5. 如何修改已经创建好的特征？
6. 如何将绘图区背景色改为白色？
7. 在哪里能看到创建模型的过程？

4.2 下箱体零件创建

创建如图 4-2-1 所示齿轮箱下箱体零件。

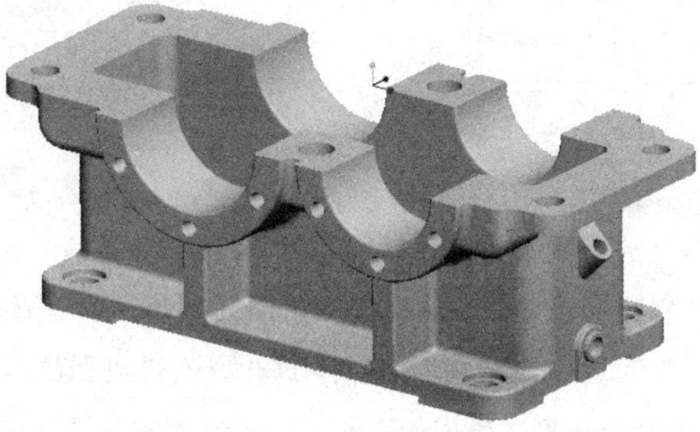

图 4-2-1 下箱体零件

1. 新建零件(文件名称为“4-2.prt”)

新建方法同第 4.1 节(请保存好,第 4.11 节将要用到该文件)。

2. 创建下箱体底座毛坯

点击“拉伸”,选择草绘平面如 FRONT 面,进入草绘模式,绘制如图 4-2-2 所示的矩形(一定要对称于基准面,先画 1/4 再用两次镜像),并进行尺寸修改、倒圆角。完成后单击 ✔,退出草绘器,在“深度值”输入框中输入拉伸距离“20”,单击 ☑ 完成特征的创建。

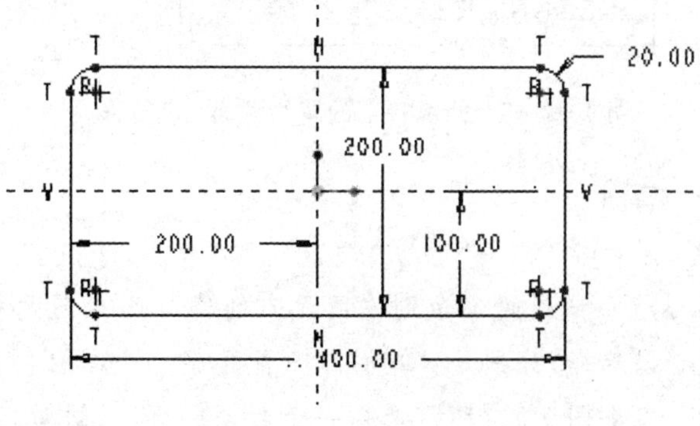

图 4-2-2 截面绘制

3. 内腔和凸缘特征的创建

(1)点击“拉伸”![]，选择下箱体底板的上表面作为草绘平面，接受系统默认的草绘方向和参照平面，绘制草图(两个封闭环，外环的宽度边与底板的宽度边重合，如图 4-2-3 所示)，输入深度“120”，生成如图 4-2-4 所示的内腔特征。

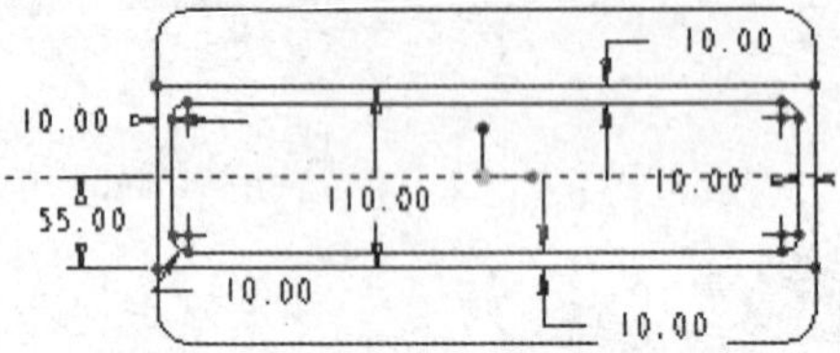

图 4-2-3 内腔特征的草绘截面

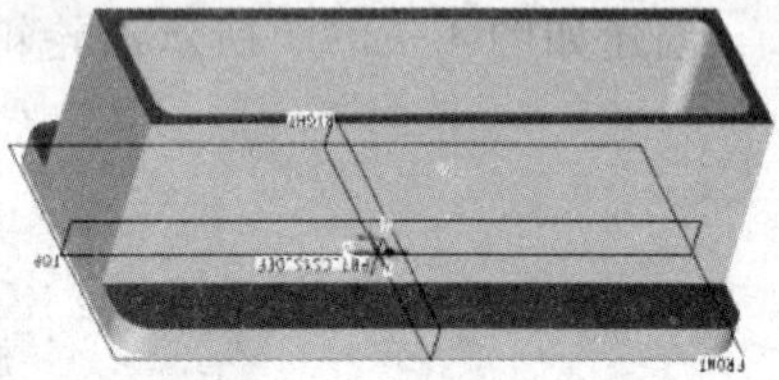

图 4-2-4 完成后的内腔特征

(2)用相同的方法创建凸缘特征。选择内腔顶面为草绘平面，凸缘特征的草绘截面如图 4-2-5 所示，拉伸深度 15。绘制截面时，可用□ ▾(通过边创建图元)的功能创建与内腔特征中的内圈线相重合的线型。生成如图 4-2-6 所示的凸缘特征。

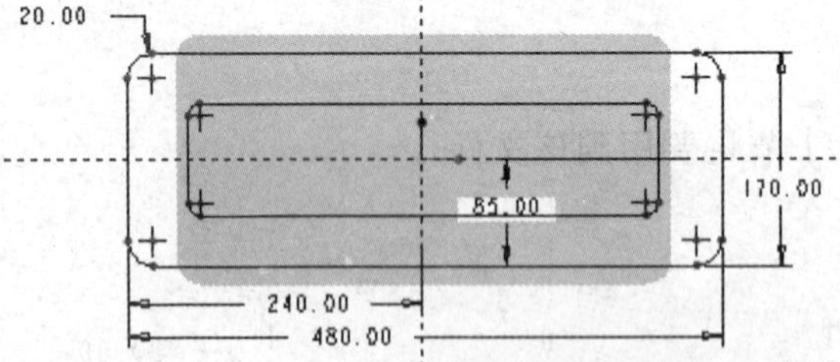

图 4-2-5 凸缘特征的草绘截面

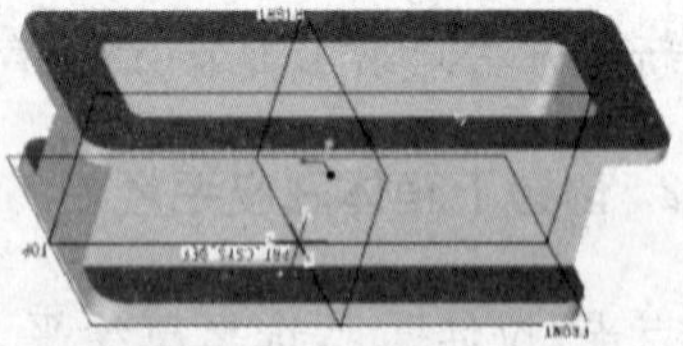

图 4-2-6 完成的上凸缘特征

通过投影边创建图元来创建与已知图元相重合的图元，有三种类型可以选择，分别是：“单一”(只能选择一个单独的图元进行创建)、“链”(可选择多个图元)、“环”(选择一个封闭的环)。进草绘器后，首先画中心线，有对称图元，尽量用镜像工具，这样有利于三维空间中特征的镜像。

4. 轴承凸台及轴承孔特征的创建

(1)点击“拉伸”，选择内腔外侧面为草绘平面，绘制截面(如图4-2-7所示)，完成截面绘制后输入拉伸深度“50”，生成如图4-2-8所示形体。圆的中心一定要在上分剖面上，两圆之间的距离即为齿轮中心距，要注意中心线与齿轮内壁之间的距离，圆的直径取决于轴承端盖的大小，两个端盖不能相碰。

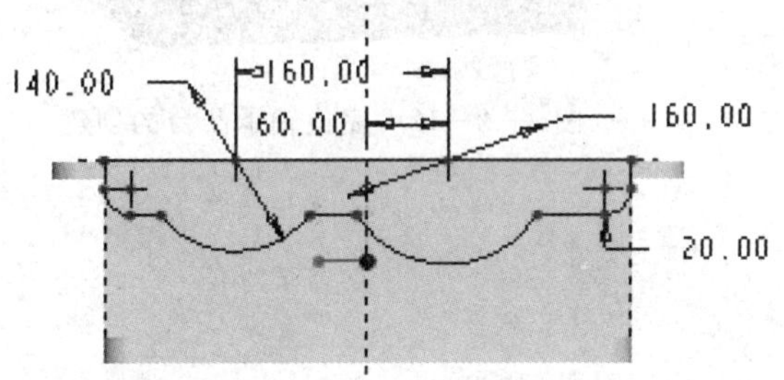

图4-2-7　轴承座拉伸特征草绘截面

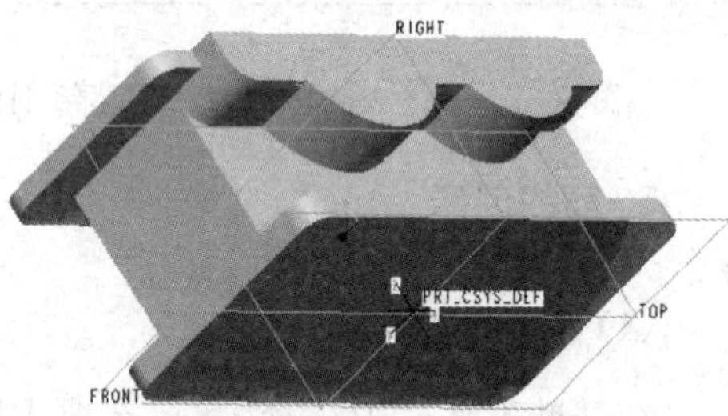

图4-2-8　完成的拉伸特征

(2)点击“拉伸”，选取选项，选择上一个拉伸特征的外表面作为草绘平面，草绘截面的尺寸如图4-2-9所示(同心圆)，拉伸深度选择，拉伸切减至内腔内侧表面，最后生成去除材料后的实体，如图4-2-10所示。

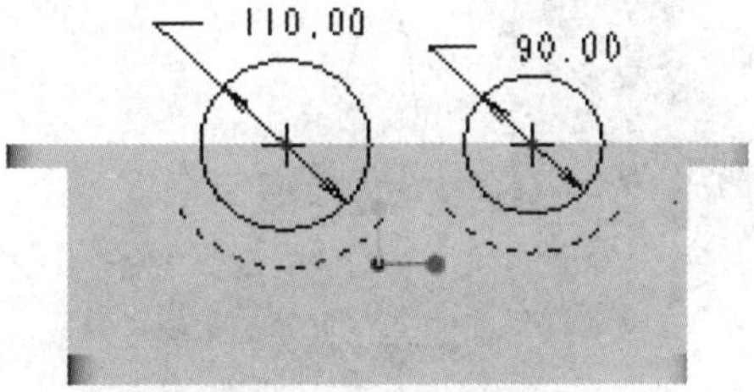

图4-2-9　去除材料的草绘截面

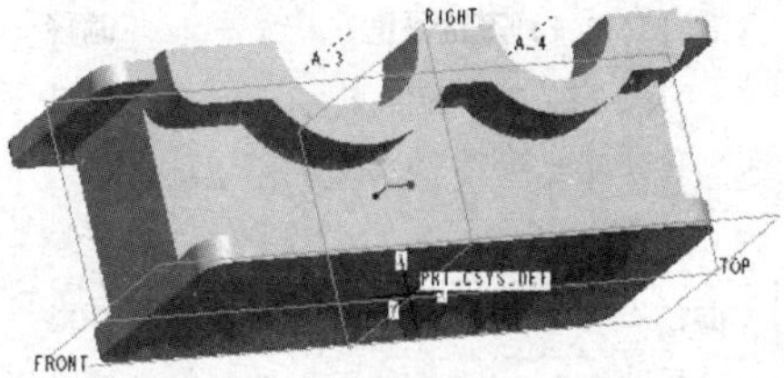

图4-2-10　轴承孔创建

(3)点击“拉伸”，选取选项，选择图4-2-10轴承座凸台外表面为草绘平面，绘制如图4-2-11所示的草图，系统将提示选择去除材料的拉伸方向，选择图4-2-11所示的方向，在系统的提示下输入拉伸深度“5”完成去除材料特征的创建，如图4-2-12所示。

(4)完成箱体一侧的轴承座特征的创建后，按住Ctrl键，选择刚才建好的轴承座凸台三个特征(可以在工作区进行选择也可以在模型树里进行选择),以 TOP 面为镜像面,用镜像(按钮)复制的方法创建另一侧的轴承座。

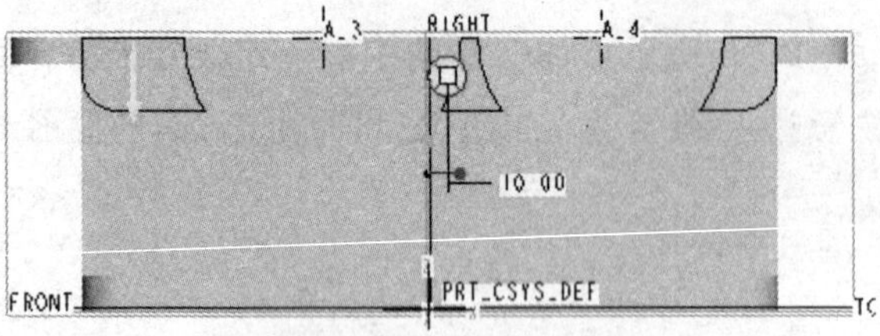

图 4-2-11 去除中间材料的草绘剖面图

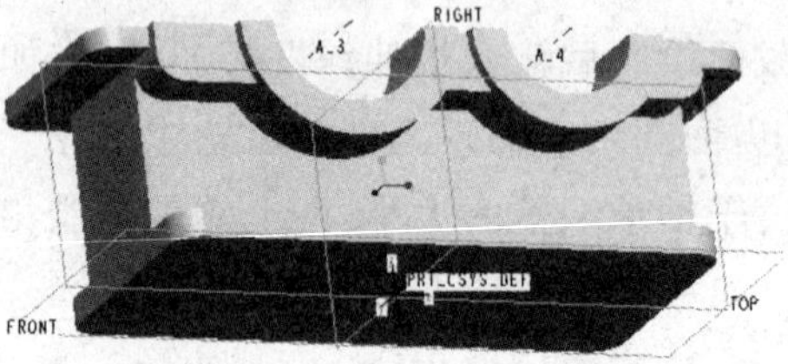

图 4-2-12 完成轴承凸台的创建

5. 筋的创建

(1)创建基准平面

在基准工具栏中选择,选取 RIGHT 面为第一个参照,按住 Ctrl 键,再选取 A_3 轴(小轴承孔)作为第二个参照,旋转角度填 0(如图 4-2-13 所示),单击"确定"按钮,完成基准平面 DTM1 的创建,如图 4-2-14 所示。

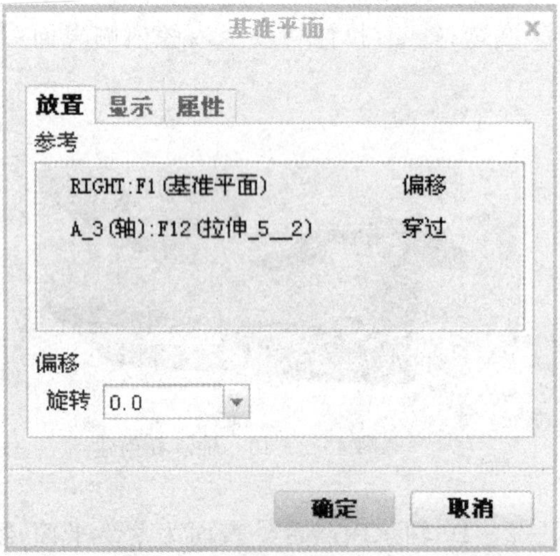

图 4-2-13 创建基准平面对话框

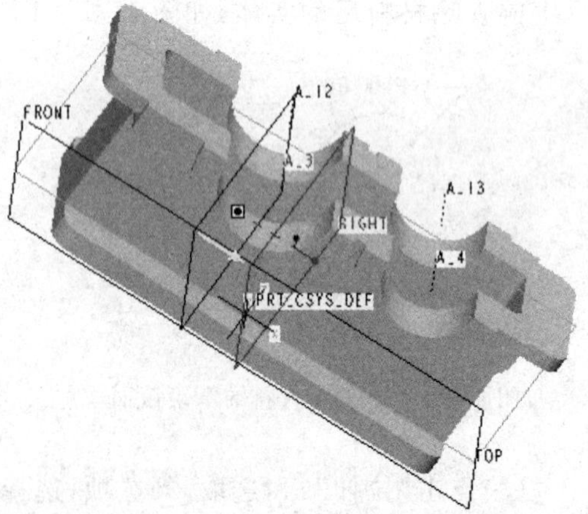

图 4-2-14 完成基准平面的创建

(2)创建筋特征

点击(筋工具),然后单击"放置"→"定义",选择 DTM1 为草绘平面,接受系统默认的草绘方向，绘制如图 4－2－15 所示的筋剖面（不封闭），完成后按，在“厚度”一栏中输入筋板的厚度“20”，最后单击按钮，完成筋的创建。

用相同的方法（先建筋所在的基准面）依次创建其余的 3 个筋特征，完成后如图 4－2－16 所示。也可以用镜像创建另外一边的筋。

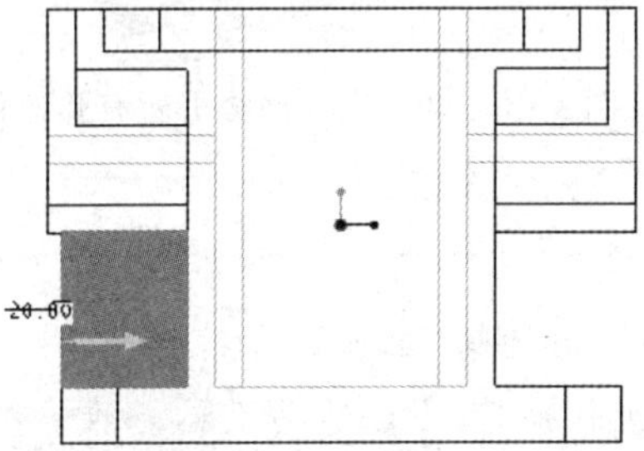

图 4－2－15　绘制开放的筋剖面

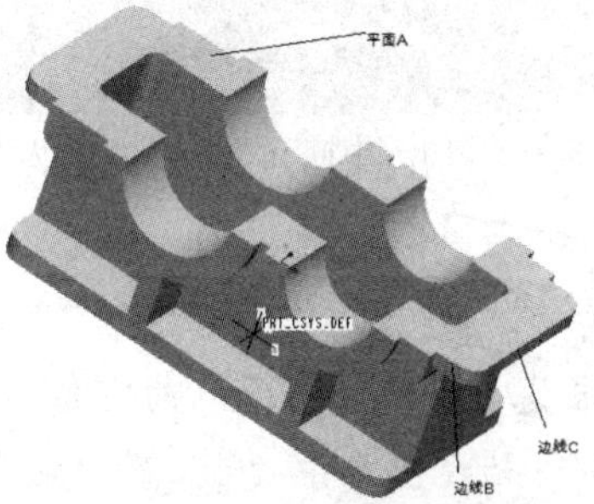

图 4－2－16　完成筋特征的创建

6. 孔的创建

（1）创建凸缘上的孔

点击（孔工具），接受默认，孔直径为“20”，点击图 4－2－17 中“放置”选项则要打孔的面（凸缘上表面），次参照类型选“线性”，再选择纵向对称面和轴承中心（选第二次参照时要按住 Ctrl 键），其间距离自定（取整）。钻孔深度选择，参照平面选择凸缘的下表面，单击按钮，完成如图 4－2－18 所示的第一个孔特征的创建。

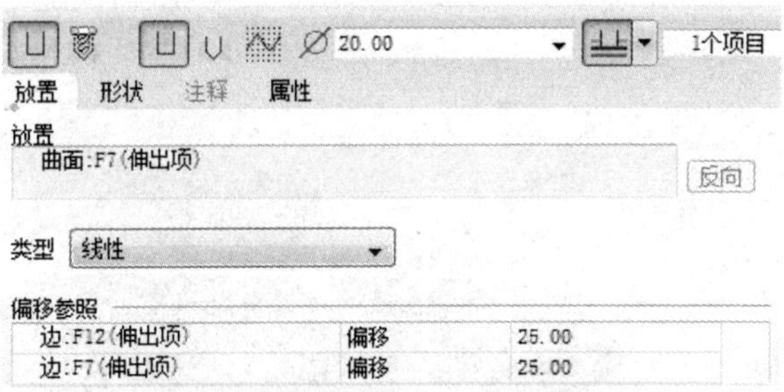

图 4－2－17　钻孔的“操控板”选项

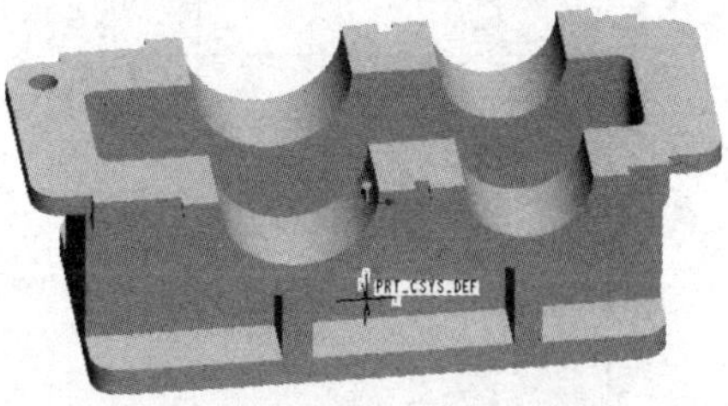

图 4－2－18　完成第一个孔的创建

用相同的方法创建凸缘上中间部分的孔。放置参照选择及尺寸如图 4－2－19 所示。

凸缘上其他 4 个孔特征可以用“复制”中的“镜像”等方法创建或同上法创建，结果如

图 4-2-20 所示。

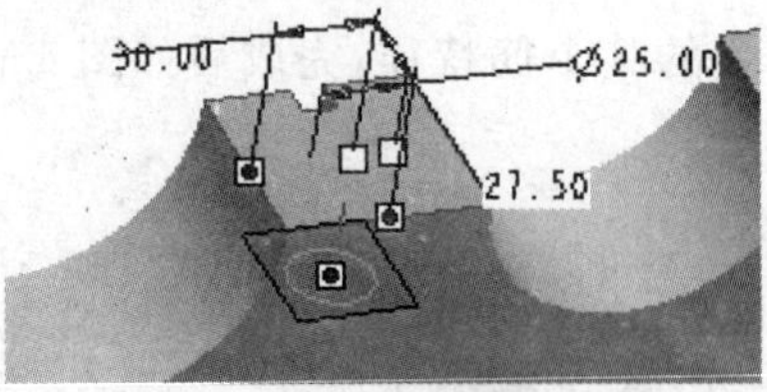

图 4-2-19 中间孔的放置参照及尺寸

图 4-2-20 完成凸缘上所有孔的创建

凸缘上通孔的定位即图 4-2-17 中次参照的选择，应该选择齿轮箱的轴线所在中心面，而不应选凸缘边，因为凸缘边不加工，不能作为孔的基准。这也有利于孔的镜像。

(2)创建底板上的沉孔

点击 (孔工具)，接受默认项 ，选择底板的上表面为孔的放置面，使用“草绘”定义钻孔的轮廓，并单击 打孔操控板最上一行的“使用草绘定义钻孔的轮廓”，点旁边的“激活草绘器”以创建截面。绘制图 4-2-21 所示的剖面，注意不要忘记画孔的中心线。剖面绘制完成后单击 按钮退出草绘器，按照前面的方法选择孔的放置参照并修改参照尺寸(如图 4-2-22 所示)，单击 按钮完成底板上第一个孔的创建，如图 4-2-23 所示。

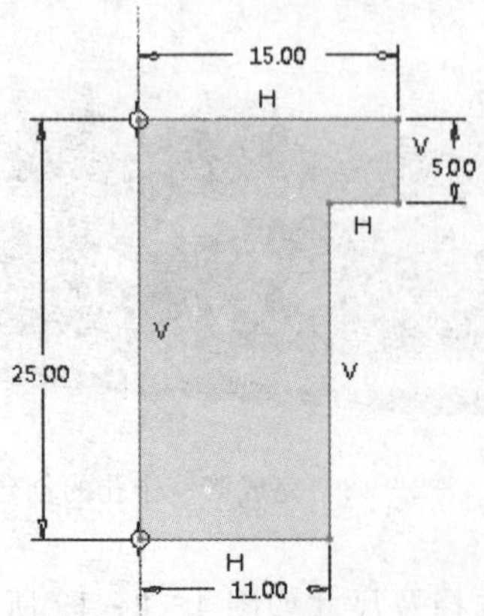

图 4-2-21 底座上孔的形状

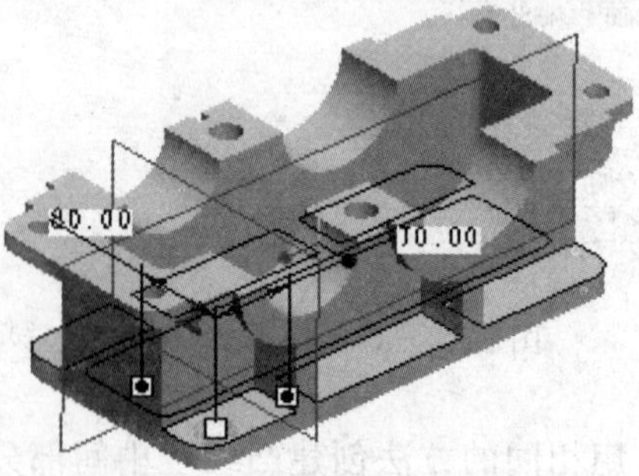

图 4-2-22 底座孔的放置参照

底板上其他沉孔的创建可用“镜像”命令来完成，如图 4-2-24 所示。

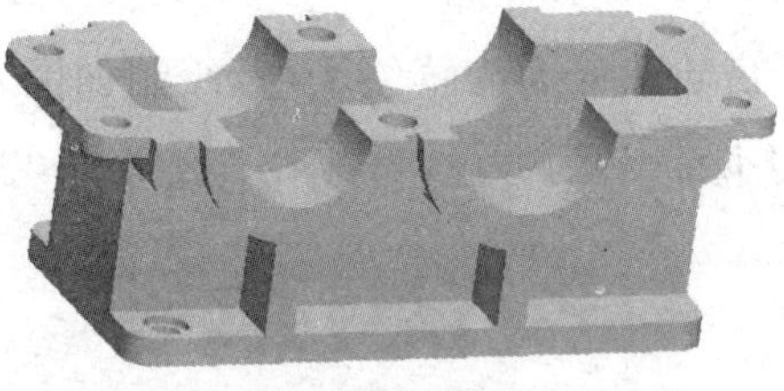

图 4-2-23　完成底板上第一个沉孔的创建

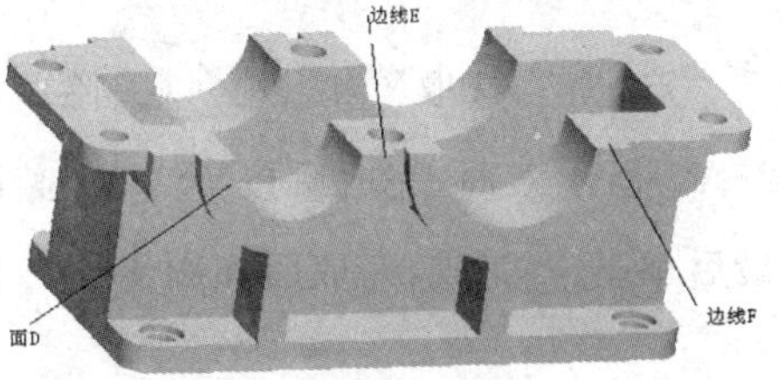

图 4-2-24　完成底板上所有沉孔的创建

(3)创建轴承座上的螺纹孔

点击（孔工具），选择（创建螺纹孔）并使用 ISO 国际标准。孔的放置面选择轴承孔凸台端面，次参照类型选“径向”。第一个参照选取轴承孔轴线，偏距为轴承孔半径与外凸台半径的平均值；第二个参照选取下箱体分剖面，偏角 30 度（注意方向）。螺钉尺寸在图标后的“尺寸值”输入框中选择“M12×1.75”，指定深度孔类型为，输入深度值为 30，单击按钮，完成第一个（最下面的）螺纹孔的创建。

在同一个轴承座凸台端面上的第二个螺纹孔（如图 4-2-25 所示）与第一个孔的尺寸相同，只不过位置不同，可以用旋转移动复制来创建，旋转角度“60”。第三个孔可利用第一个孔镜像得到。

另一个大轴承孔凸台端面上的三个螺纹孔创建方法同上，完成后如图 4-2-26 所示。齿轮箱另一边的螺纹孔用镜像做。

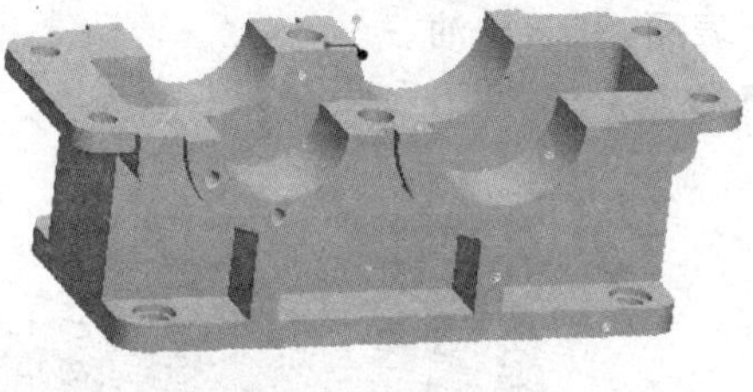

图 4-2-25　轴承座上第二个孔的创建

图 4-2-26　轴承座上所有螺纹孔的创建

TIPS

注意输入旋转角度值的范围为 0°～360°，可正可负，负值则旋转方向相反。创建第一个螺纹孔时，次参照类型选径向，好处是方便做旋转复制和旋转阵列，两个次参照为轴承孔轴线和 DTM2 面，这种创建方法一定要很熟练。

7. 底板去除材料特征的创建

点击，选取以及（去除材料）选项，选择齿轮箱底面为草绘平面，绘制如图 4-2-27 所示截面，完成后按✔，在"操控面板"选择去除材料的方向，修改拉伸距离为"5"，最后单击完成，完成后如图 4-2-28 所示。

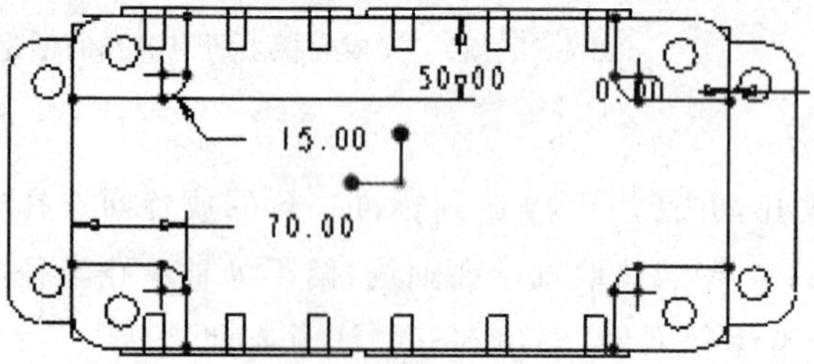

图 4-2-27 底板去除材料截面

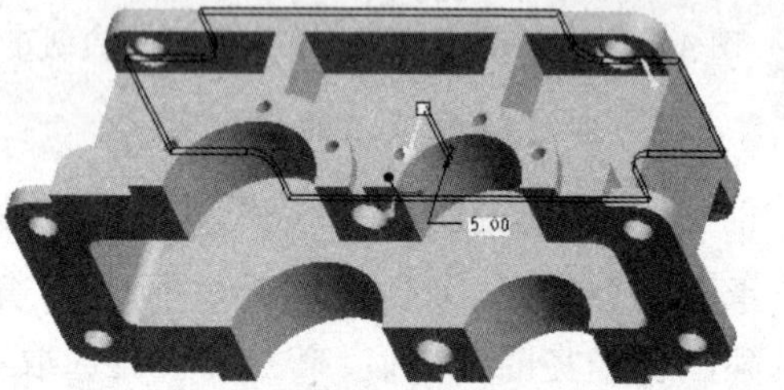

图 4-2-28 完成底板去除材料特征的创新

8. 创建放油孔和油尺凸台

(1)放油孔

以放油孔所在箱体外侧面为草绘面，画如图 4-2-29 所示草图形状，往外拉伸 5mm，再在此面上拉伸圆柱体长 5mm，最后在此圆柱体外表面打螺纹孔，深度超过箱体内壁，如图 4-2-30 所示。注意螺纹孔中心要接近内箱体下表面，利于放油。

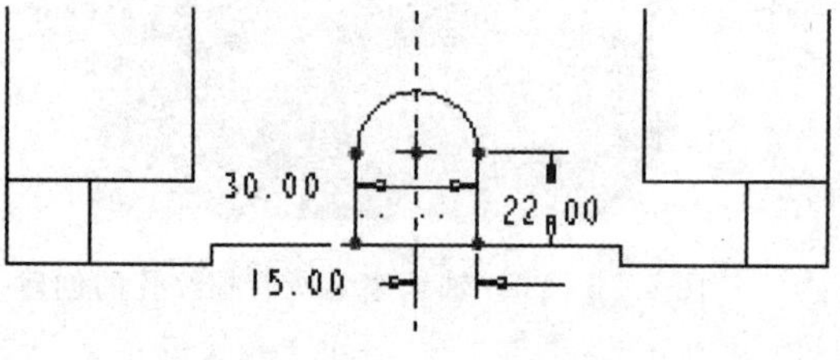

图 4-2-29 放油孔草绘

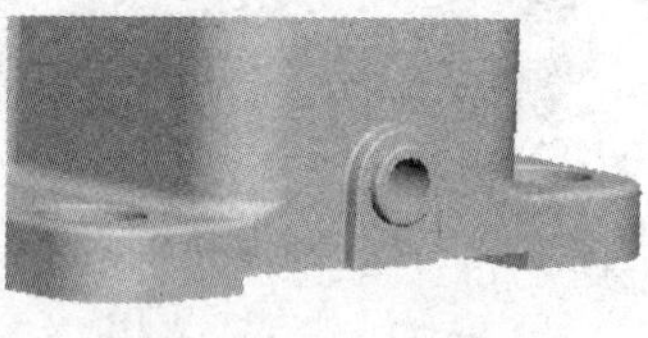

图 4-2-30 放油孔

(2)油尺凸台

首先创建基准面 DTM3，如图 4-2-31 所示，通过轴承孔中心线以及与水平面夹角 45°（方向相反，则改为−45°），创建基准面 DTM4，平行于 DTM3，上移 42。创建基准轴如

A53,DTM4 与油箱外侧面相交。以 DTM4 为草绘面画凸台上表面形状(以轴 A53 为界,用草绘器约束中"重合"工具使短直边与轴 A53 重合),拉伸至油箱外侧面,最后以 DTM4 为草绘面画同心圆,拉伸减切至油箱内侧面,如图 4-2-32 所示。

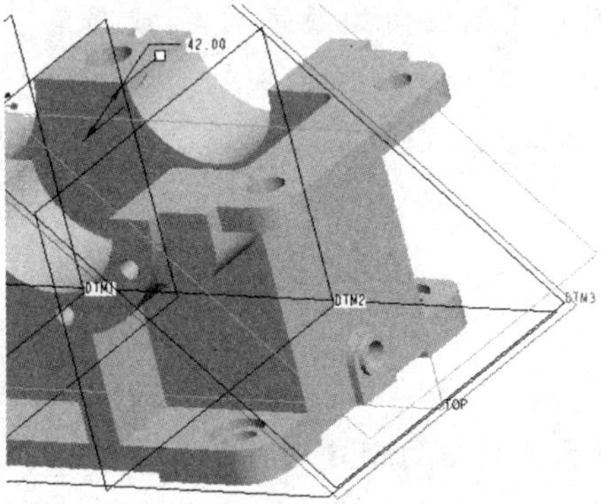

图 4-2-31　油尺凸台基准面

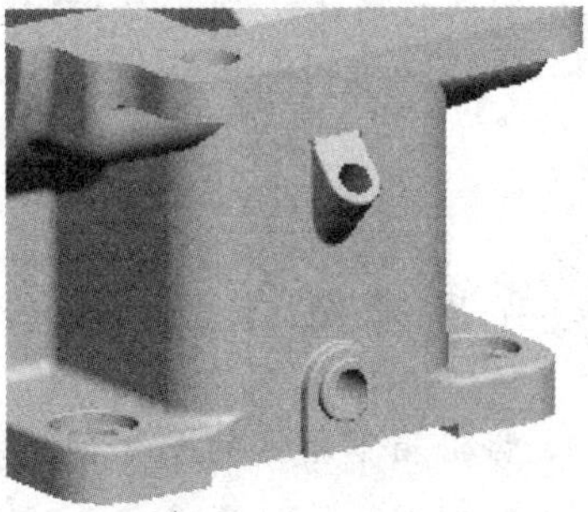

图 4-2-32　油尺凸台

9. 圆角的创建

点击 (倒圆角工具),根据提示,先选取如图 4-2-33 中的边线 1,在"半径输入值"对话框中输入"20",单击 按钮完成第一个圆角的创建。

继续按照上述的方法进行圆角特征的创建。分别选取图 4-2-34 边线 2、边线 3 进行倒圆角操作,半径分别为"15""10"。选择实体的其余各边(或链)进行倒圆角操作,最后生成的实体如图 4-2-34 所示。

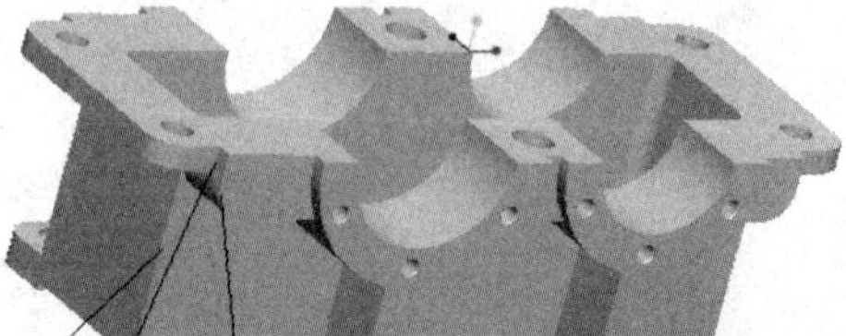

图 4-2-33　圆角边线

图 4-2-34　倒圆角结果

TIPS

注意创建圆角特征时，可在同一步骤中将圆角半径相同的特征归为一个特征，这样可以简化特征的操作步骤，且便于以后的修改。创建圆角半径经常会遇到无法生成特征的错误，其原因可能是倒圆角的顺序不当，或圆角创建时发生干涉所致，一般在最后创建圆角。

思考题

1. 齿轮箱下箱体的总体创建思路是什么？有无更简洁的创建思路？
2. 绘制图 4-2-2、图 4-2-3、图 4-2-5 时，为什么要用镜像画并要对称于基准面？
3. 如何在绘图区中掩去螺纹标注？
4. 拉伸油尺凸台所用草绘面如何创建？如何改变油尺的高度位置或倾斜角？
5. 拉伸油尺凸台时，以斜基准面为草绘面进入草绘器后，缺少参照怎么办？
6. 创建好一边筋后，镜像创建另外一边的筋时，有时为什么会失败？
7. 创建凸缘上的孔时，为什么要以齿轮箱对称面及轴承孔轴线为定位基准？
8. 确定放油孔和油尺凸台位置时，要满足什么工艺要求？
9. 轴承座半圆凸台和轴承孔的中心线为什么要与分箱面重合？
10. 轴承座上螺钉孔的次参照即定位参照为什么要选“径向”？

4.3 带轮及轴承零件设计

1. 带轮设计(如图 4-3-1 所示)

(1)新建零件

文件名称为“4-3-1.prt”。

(2)创建轮毂实体特征

点击，以 TOP 面为草绘平面，画截面草图为一个圆环如图 4-3-2 所示，按，退出草绘。在拉伸深度选项选择对称拉伸按钮。输入拉伸长度“80”，按按钮，完成轮毂实体特征创建。

图 4-3-1 带轮零件实体图

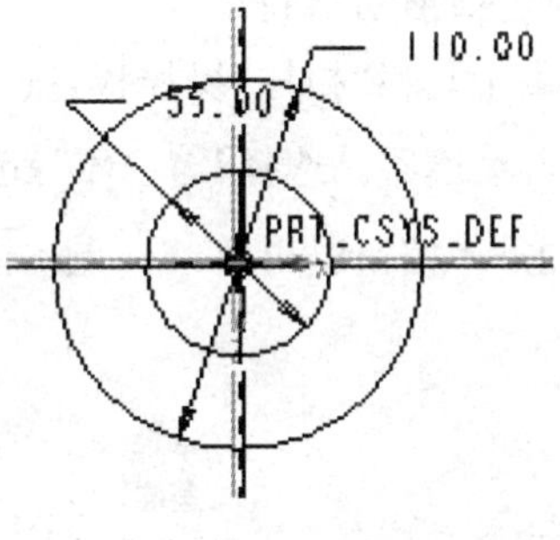

图 4-3-2 轮毂截面草图

(3)创建辐板特征

点击，以 TOP 面为草绘平面，画截面草图(如图 4-3-3 所示)，在草绘工具中选择(通过边创建图元)，在类型中选择“环”，选择轮毂的外圆，再绘制同心圆直径为 $\phi300$，按，退出草绘。在拉伸深度选项选择对称拉伸按钮。输入拉伸长度“60”，按按钮，完成辐板实体特征创建。

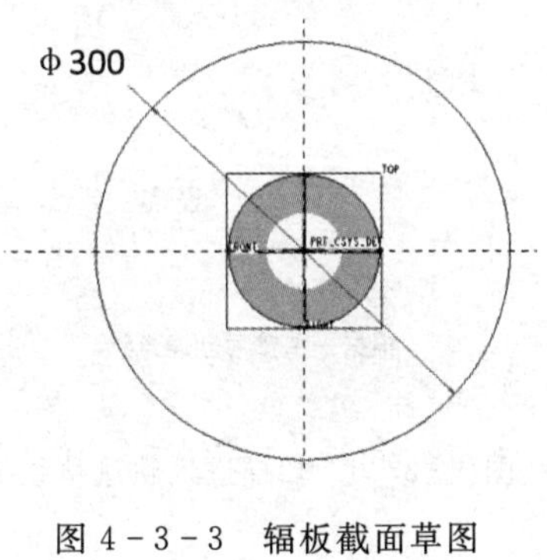

图 4-3-3 辐板截面草图

(4)创建轮槽特征

① 创建基准平面

单击 ,弹出“基准平面”对话框(如图 4-3-4 所示)。选取辐板上表面为参考平面。在“平移”中输入“-11.5”,单击“确定”按钮,生成如图 4-3-5 所示的基准平面 DTM1。

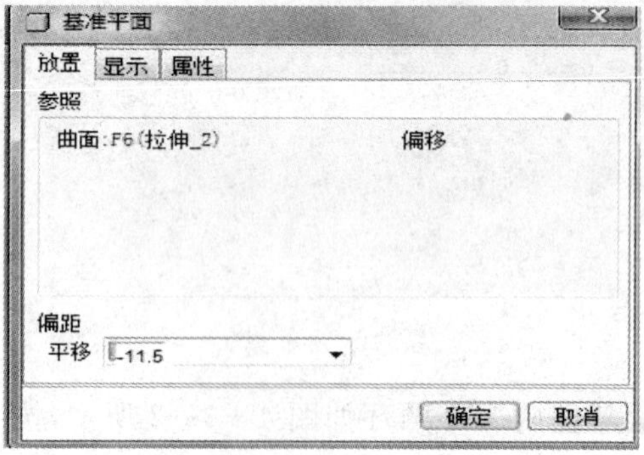

图 4-3-4　基准平面对话框

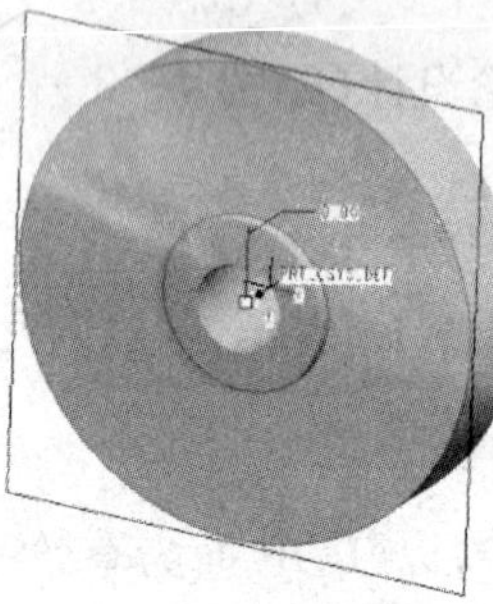

图 4-3-5　生成的基准面

② 创建扫描切口特征

打开主工具栏“扫描”操控板,按下“移除材料”,点击右端“基准”→“草绘”(如图 4-3-6 所示),进入草绘器。选择 、“环”,选择辐板的外圆。完成后的截面图如图 4-3-7 所示。完成后单击 ✔ 按钮退出草绘。点击图 4-3-8 所示的“创建或编辑扫描截面”进入草绘器。

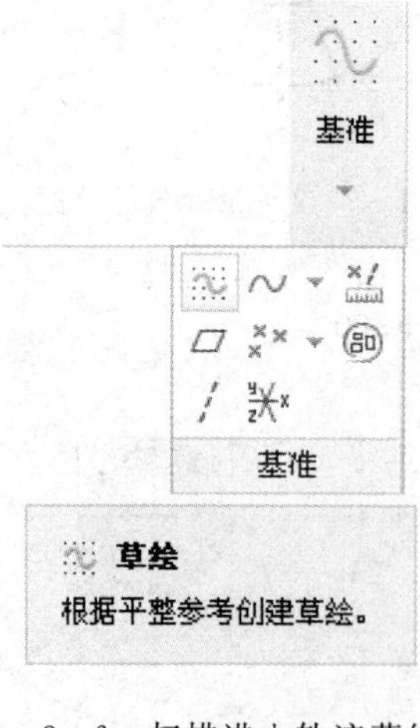

图 4-3-6　扫描进入轨迹草绘处

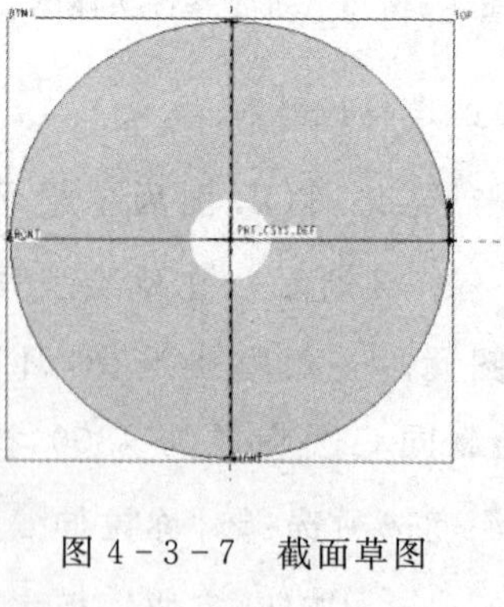

图 4-3-7　截面草图

绘制如图 4－3－9 所示的截面草图，放大后的截面草图如图 4－3－10 所示。完成后单击✔按钮，退出草绘。接受默认的方向。点击“确认”按钮，生成的轮槽实体特征如图 4－3－11 所示。

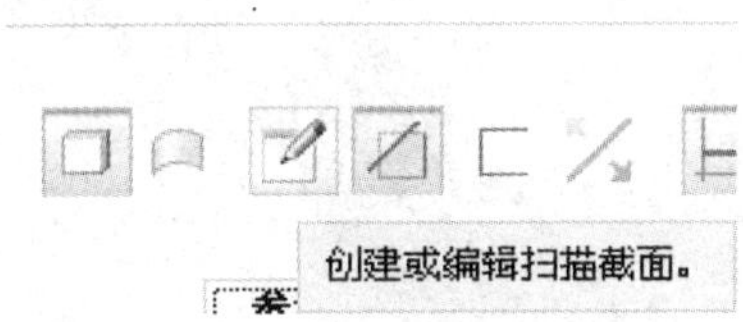

图 4－3－8　创建或编辑扫描截面

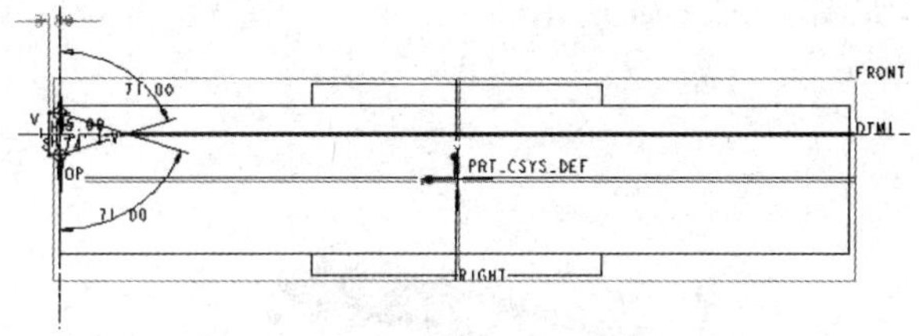

图 4－3－9　截面草图

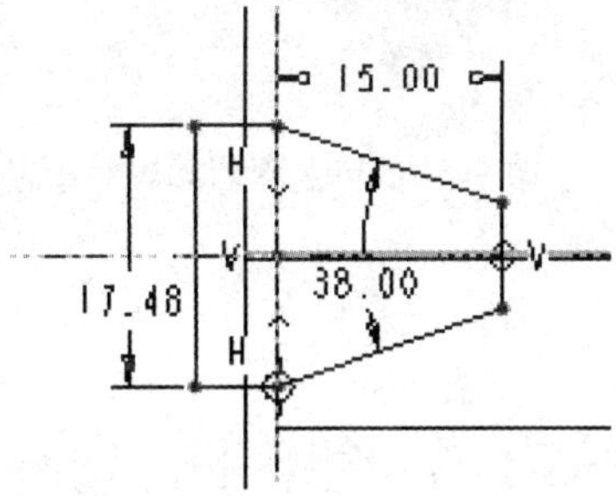

图 4－3－10　局部放大后的截面草图

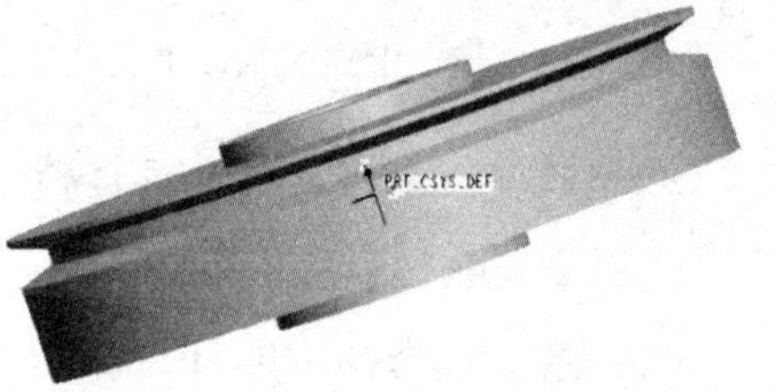

图 4－3－11　扫描后的轮槽特征

③ 用平移复制命令创建第二个轮槽特征

选中该特征，选择主工具栏中“复制”再点其下方的“选择性粘贴”，“选择性粘贴”窗口勾选“从属副本”和“对副本应用移动”，确定。在第一栏中选“移动”，接受默认选项，单击“完成”按钮，选取已创建的第一个轮槽特征，单击“完成”按钮。

在“移动复制”窗口中打开“交换”，根据提示选取 DTM1 面为方向参考，选取“平移”，单击“正向”后，在消息输入框中输入“16”(如图 4－3－12 所示)。

在弹出的菜单中单击✔按钮。生成第二个轮槽特征如图 4－3－13 所示。

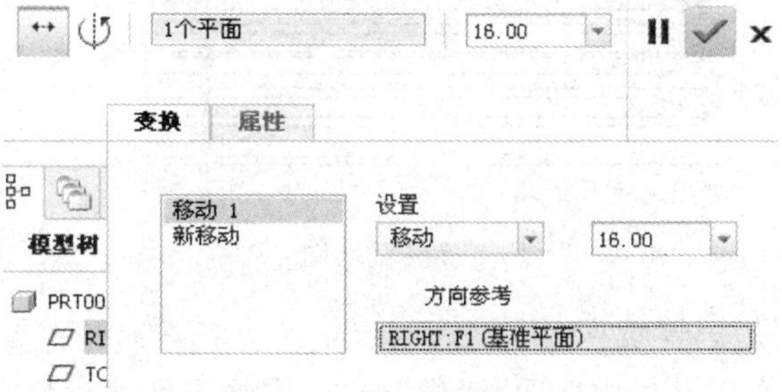

图 4－3－12　移动复制操控板

④ 阵列出所有的轮槽特征

在左侧的模型树中，选择刚刚创建的复制特征，单击阵列工具按钮，选择轴向尺寸为方向尺寸，增量为 19。输入要阵列的特征数“2”，单击按钮，完成所有轮槽特征的创建，如图 4-3-14 所示。

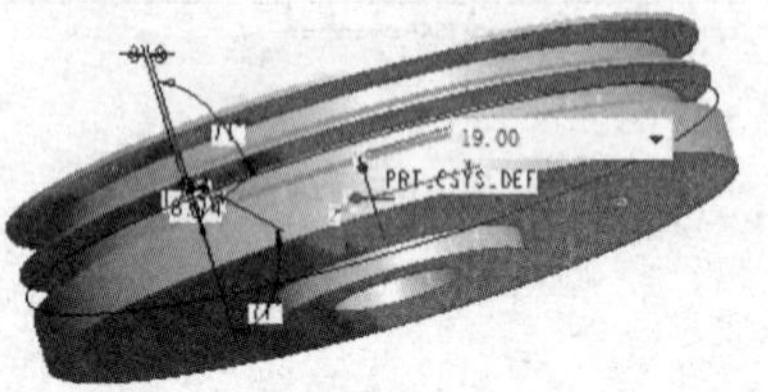

图 4-3-13　生成的第二个轮槽特征

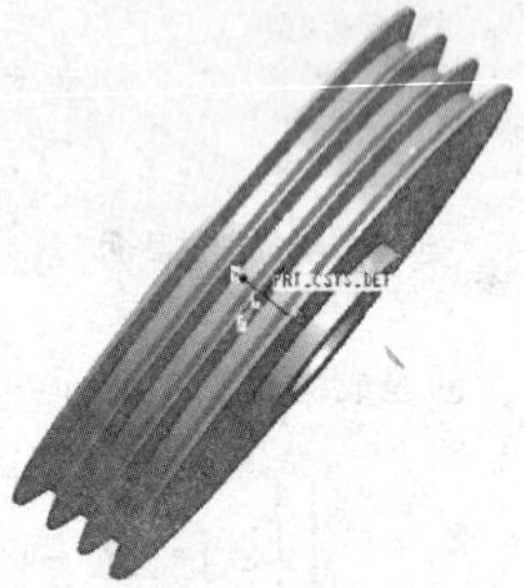

图 4-3-14　阵列轮槽特征

(5)创建辐板上的旋转去除材料特征

① 创建去除材料特征

单击、，选择 RIGHT 面为草绘平面，进入草绘模式。绘制如图 4-3-15 所示的截面图。完成后单击按钮，退出草绘。接受默认的方向，单击按钮，生成如图 4-3-16 所示的特征。

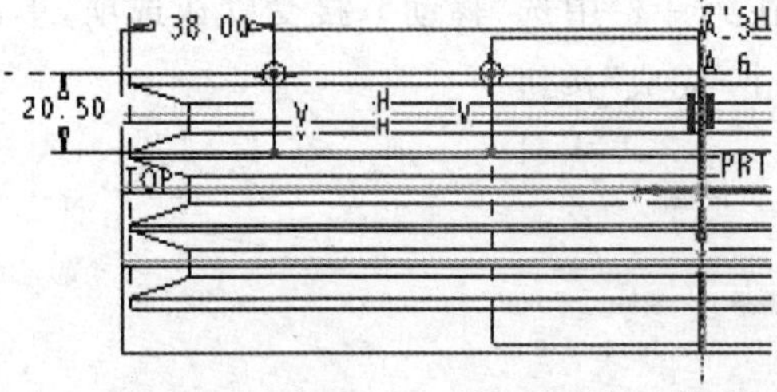

图 4-3-15　旋转截面图

图 4-3-16　旋转切减生成的实体特征

② 镜像特征

在工具栏中选取“镜像”选项，在绘图区选对称面，单击选项。完成另一侧的实体剪切特征。

(6)创建拔模特征

① 轮缘内孔面拔模

单击(拔模工具)按钮,选取轮缘内孔面作为拔模面,选取图 4-3-17 所示的面作为拔模枢轴,输入拔模角度值“8”,单击按钮完成。

② 轮毂拔模特征

同理,选取如图 4-3-18 所示的面为拔模面。选取轮辐外表面为拔模枢轴,输入拔模角度值“8”,单击按钮完成。

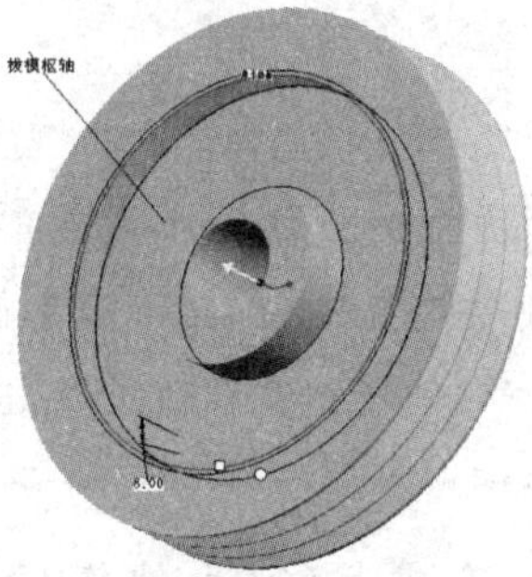

图 4-3-17　拔模枢轴

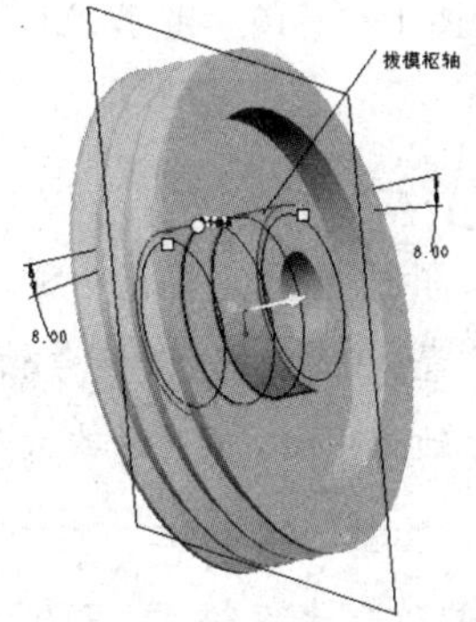

图 4-3-18　轮毂拔模面

TIPS

(1)拔模枢轴指的是在拔模过程中大小不变的面,用于制定拔模角的旋转轴。如果拔模枢轴与拔模面相交,则相交处即为旋转轴。

(2)拔模方向指的是用来测量拔模角度的方向,箭头垂直于参考面。

(3)如果拔模角度很小,拔模的方向不确定可以先输入一个较大值的角度试一下。如果方向与要求的相反,可以单击方向变换按钮。

③ 镜像复制

选取刚做好的两个拔模特征,用镜像工具得到另一侧的拔模特征。

(7)创建轮辐孔特征

单击(孔工具),接受默认项(创建简单孔),输入孔直径为“35”。单击如图 4-3-19 中的“放置”,选取如图 4-3-20 所示的面放置孔,类型选取“直径”。

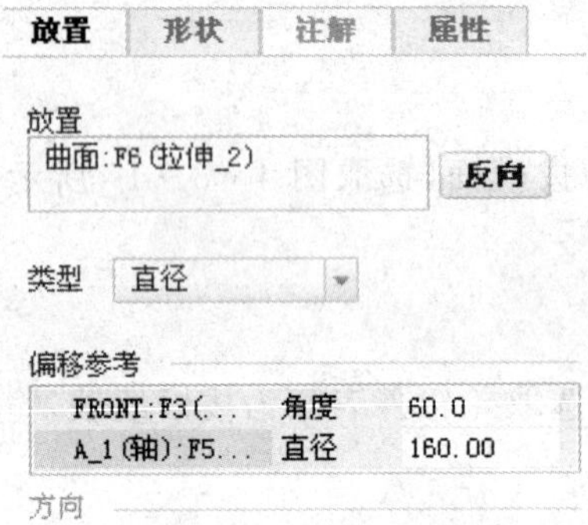

图 4-3-19 孔"操控板"

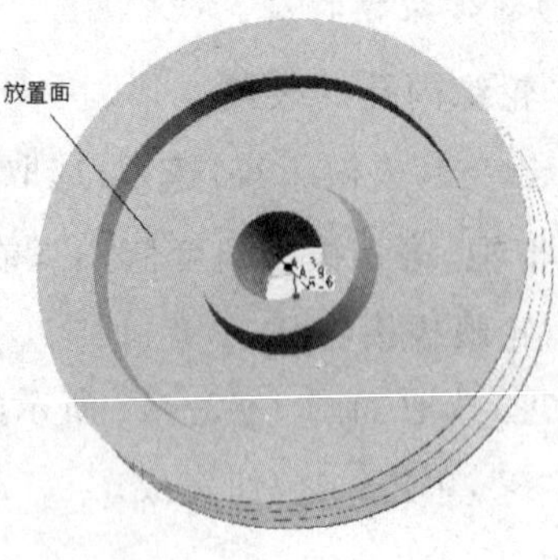

图 4-3-20 孔放置面

孔的放置类型有4种。(1)线性:用两个不同方向的线性尺寸决定孔的放置位置。(2)径向:以参考轴为中心,以半径的大小决定孔的位置。(3)直径:以参考轴为中心,以直径的大小决定孔的放置位置。(4)创建和参考轴同轴孔。

单击"偏移参考",选取"FRONT"面为角度参考面,度数为60度,按住Ctrl键选取中心轴为直径参考轴,在输入框中输入"160",单击☑,创建第一个孔特征。

用旋转复制命令创建第二个孔的特征。创建过程中选择A_1轴的正方向作为旋转所需要的方向,定义旋转角度为"90",完成后的第二个孔特征,如图4-3-21所示。用阵列命令创建其他的孔特征,选择上一步创建的孔,选择"阵列"按钮,在尺寸输入框中输入"90"在阵列数目中输入值"3",完成如图4-3-22所示的实体特征。

图 4-3-21 通过复制完成第二个孔的特征

图 4-3-22 阵列后的实体特征

(8)创建倒角及倒圆角特征

根据需要进行,这里从略。

2. 轴承设计

(1)新建文件

文件名称为“4-3-2.prt”,请保存好,第 4.11 节将要用到该文件。

(2)创建旋转轴

单击“基准轴”按钮,按住 Ctrl 键,选择 RIGHT 面和 TOP 面,将两面的交线作为基准轴(如图 4-3-23 所示)。单击“确定”按钮,创建基准轴 A_1。

(3)创建滚动体

单击(旋转工具)按钮。点击“位置”→“定义”,选择 TOP 面为草绘平面,绘制如图 4-3-24所示的草绘截面,单击退出草绘模式。生成一个滚珠(直径 $\phi15$)特征。

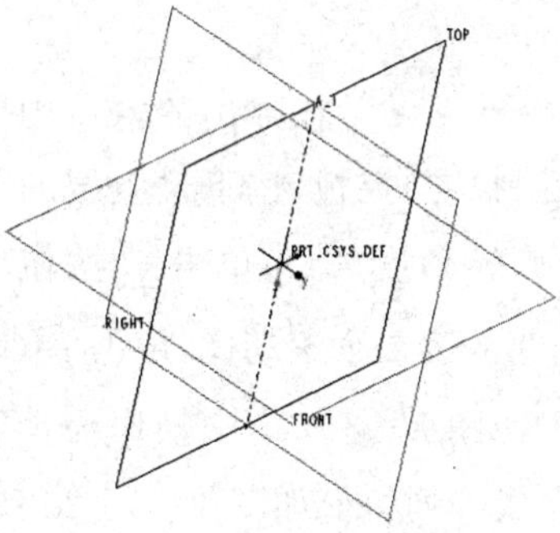

图 4-3-23 基准轴对话框

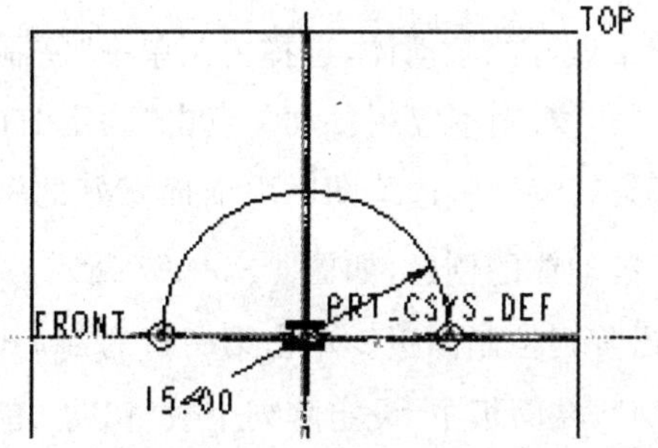

图 4-3-24 草绘平面

在草绘器中,一定要用主工具栏中的“中心线”按钮创建中心线,来确定滚动体的位置,并以此为中心轴旋转生成球体。

(4)创建滚动轴承的内外圈

单击(旋转工具)按钮。点击“位置”→“定义”,选择 TOP 面为草绘平面,绘制如图 4-3-25 所示的草绘截面(注意画中心线),单击退出草绘模式,生成特征如图 4-3-26 所示。

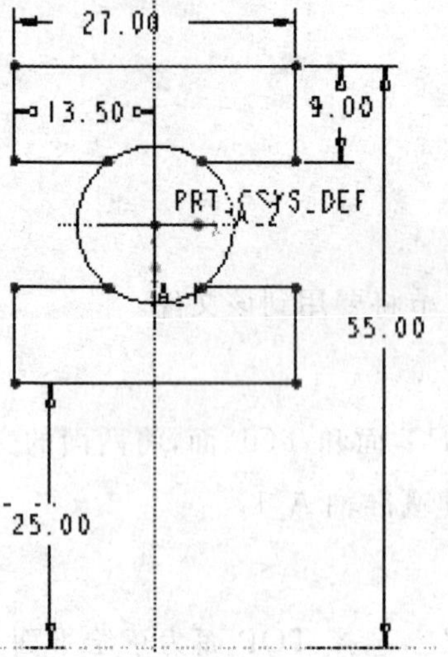

图 4-3-25 草绘截面

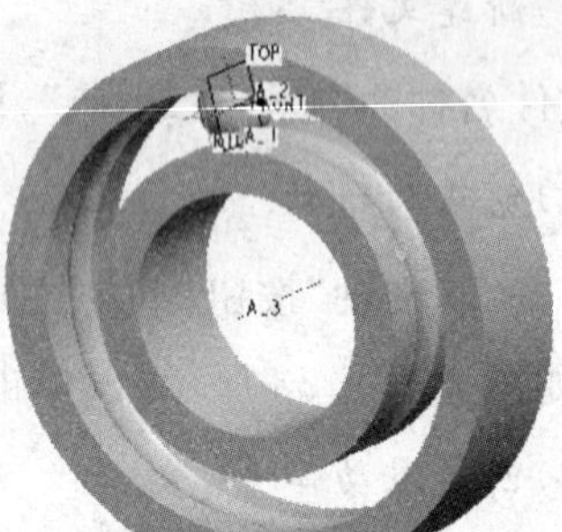

图 4-3-26 旋转特征

(5)创建其他滚动体

选中做好的滚动体,选择主菜单中“复制”,再点“选择性粘贴”,在弹出的窗口中勾选“从属副本”和“对副本应用移动”,点击“确定”打开“移动(复制)”操控板,按下最上层的“相对选定参考旋转特征”,选绘图区中前面做好的轴 A_1,输入旋转角度“24”,单击按钮,完成了第二个滚动体的创建,如图 4-3-27 所示。选中刚才创建的第二个滚动体,单击(阵列)按钮,弹出阵列控制面板。单击第一行的“rotation”按钮,选择图 4-3-27 中轴作为参照,增量设为“24”,在面板中,设定阵列个数“15”。单击按钮完成阵列特征如图 4-3-28 所示。

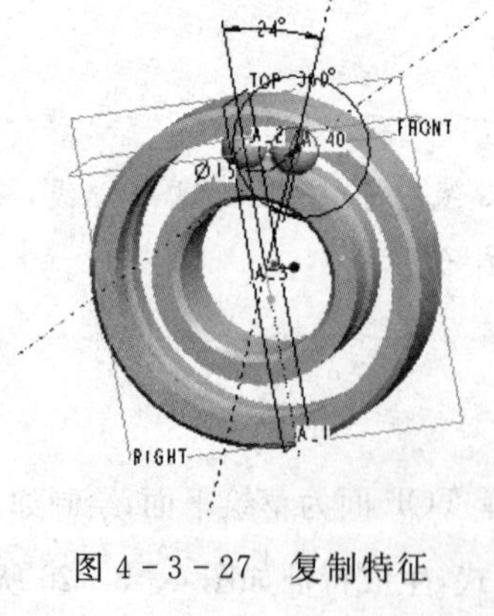

图 4-3-27 复制特征

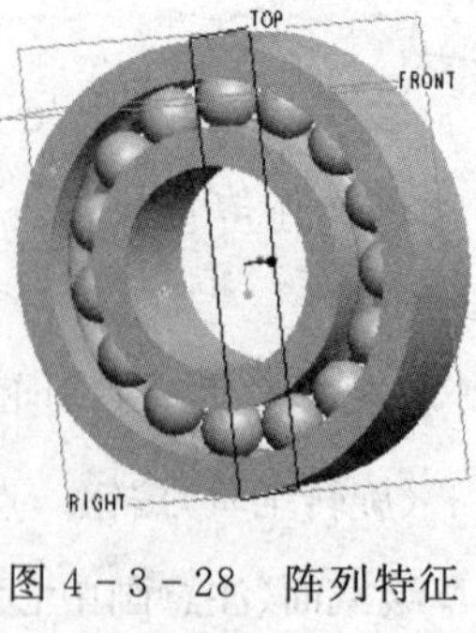

图 4-3-28 阵列特征

(6)保持架创建

单击(旋转工具)按钮。点击“位置”→“定义”,选择TOP面为草绘平面,绘制如图4-3-29所示的草绘截面(注意画中心线),单击退出草绘模式。

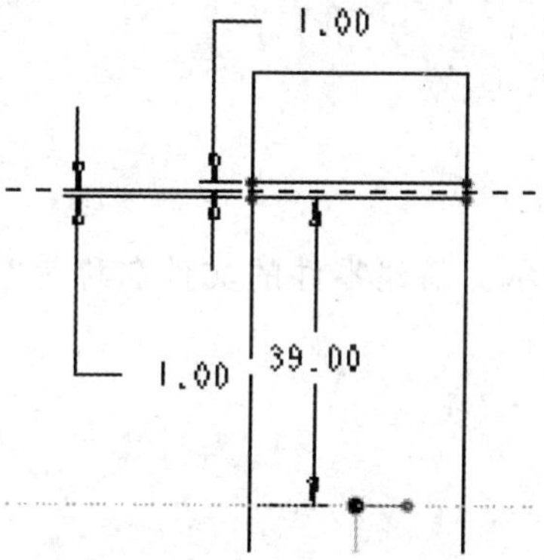

图4-3-29 保持架断面

(7)创建倒角

单击(倒角工具)按钮,倒角值输入“2”,按住Ctrl键依次选择要倒角的边线,单击按钮。

思考题

1. 皮带轮除了轮辐上的孔、内孔键槽及倒圆倒角以外,可以用旋转方法一次性做出来吗?

2. 皮带轮内孔键槽怎么创建?其键槽尺寸怎么定?

3. 旋转复制与平行复制有什么不同?

4. 圆柱面拔模时,拔模枢轴含义是什么?拔模枢轴选圆柱面的上端面或下端面有什么不同?

5. 拔模特征做好后,要修改拔模方向怎么办?

6. 轴承是由几个零件装配而成的?创建好几个特征形成的轴承与创建好几个零件后装配而成的轴承有什么区别?

4.4 齿轮设计

1. 新建零件

齿轮零件如图 4-4-1 所示。新建零件的文件名称为“4-4.prt”(请保存好,第 4.11 节将要用该文件)。

2. 创建齿轮基本圆

(1)创建 4 个齿轮基本圆

单击模型下工具栏中 ,选择 FRONT 面作为草绘平面,其余接受默认设置。绘制 4 个同心圆(如图 4-4-2 所示),不考虑直径,画好退出。

图 4-4-1 齿轮模型

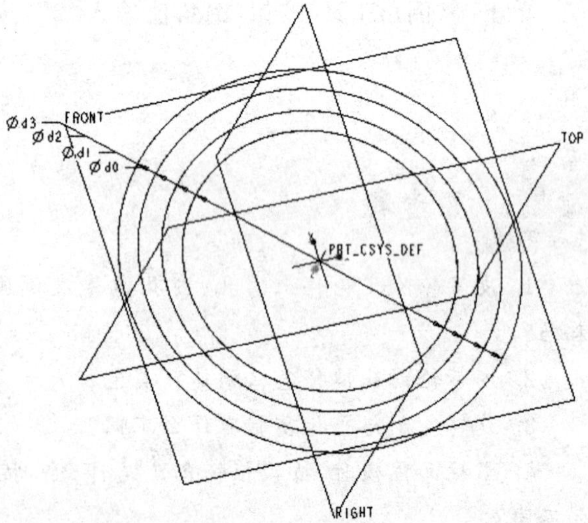

图 4-4-2 齿轮基本圆

(2)添加齿轮参数

选择菜单“工具”→“参数”选项,弹出“参数”对话框。单击 按钮,将齿轮的各参数

(m、z、alfa、ha、c)按照图 4-4-3 所示依次添加到参数列表中，并按照图中所示设置参数的类型、数值及指定方式等。单击“确定”按钮，完成参数的添加。

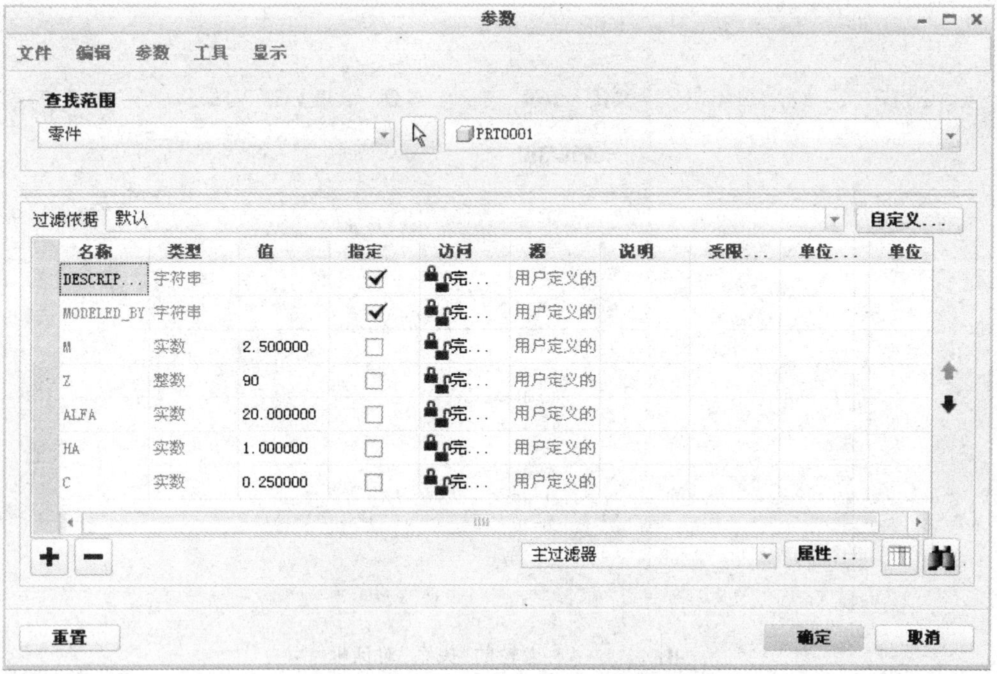

图 4-4-3 齿轮“参数”对话框

添加参数前要退出 4 个圆的草绘，图 4-4-3 中第一部分参数如模数 m 等 5 个参数为齿轮的基本参数，其数值由用户定义；第二部分 4 个参数 D、DB、DA、DF(即齿轮的分度圆、基圆、齿顶圆、齿根圆尺寸)由齿轮基本参数之间的关系确定，不需输入。

(3)添加参数关系式来确定齿轮的基本圆尺寸

选择主菜单“工具”→“关系”选项，弹出“关系”对话框。按照图 4-4-4 所示，在文本输入栏中输入各关系式(关系式赋值时，要注意将计算的结果赋给你画的 4 个圆对应的符号，比如图中显示最大的圆即齿顶圆符号是 d3，则赋值 da 给 d3，千万不能赋错)。其中，各关系式由回车键分开。

图 4-4-4 中赋值时一定要注意所画的 4 个圆的尺寸符号。要知道尺寸符号,只要在关系式打开时,点一下绘图区的圆,尺寸就显示出来了。如显示数值,点“工具”菜单下的“切换尺寸”。

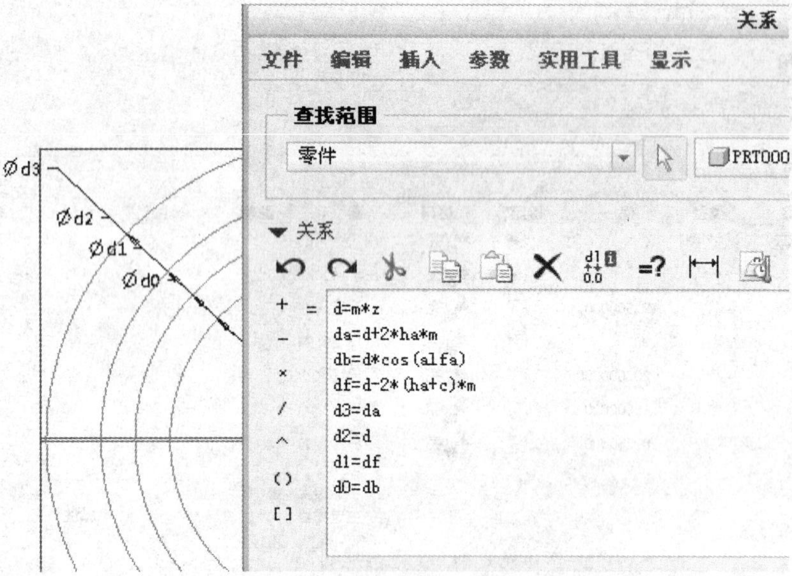

图 4-4-4 齿轮的“关系”对话框

单击确认按钮,再单击模型再生按钮,生成的四个同心圆如图 4-4-5 所示。

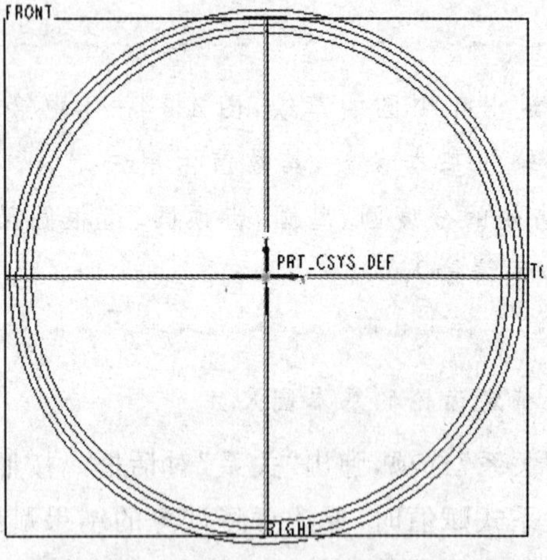

图 4-4-5 定义好了的齿轮基本圆

3. 创建齿轮齿槽轮廓曲线

(1)单击“模型”主菜单,打开“基准”下拉菜单选择(曲线)中的“来自方程的曲线”按钮,打开操控版,选择“柱坐标”,点开“参考”,选取坐标系,再点击“方程”打开“方程”窗口,如图 4-4-6 所示。将渐开线的柱坐标方程添加到该窗口中,写好后检查,保存,点确定按钮,完成齿槽轮廓一侧渐开线的创建,其局部放大视图如图 4-4-7 所示。

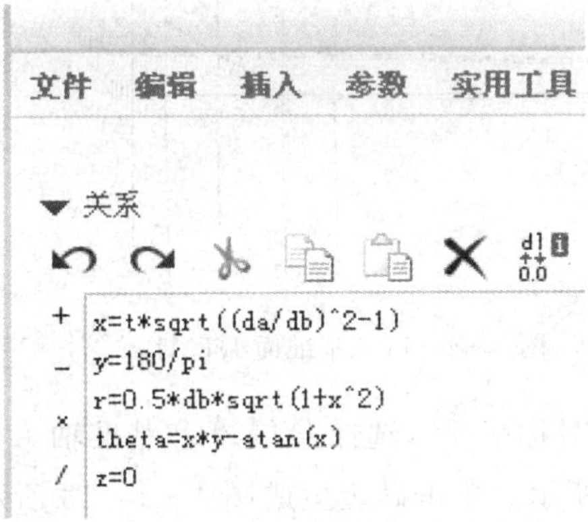

图 4-4-6 方程窗口

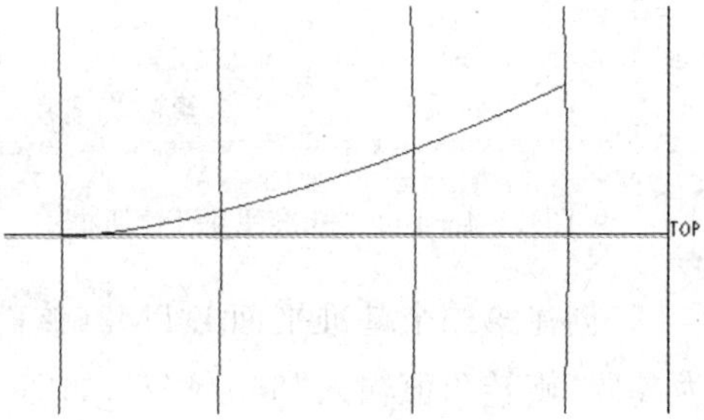

图 4-4-7 生成的一侧渐开线

(2)单击基准轴按钮,出现“基准轴”对话框(如图 4-4-8 所示),按住 Ctrl 键选择 TOP 面和 RIGHT 面作为参照。单击“确定”按钮,创建基准轴 A_1。

(3)单击基准点按钮,弹出“基准点”对话框。按 Ctrl 键,选择渐开线和分度圆曲线,单击“确定”按钮,生成基准点 PNT0,如图 4-4-9 所示。

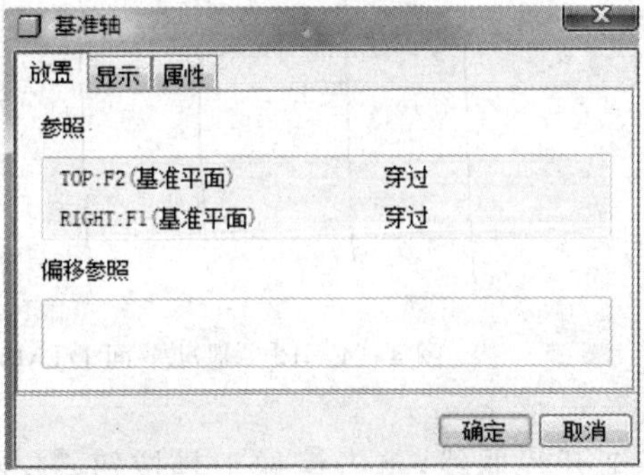

图 4-4-8 “基准轴”对话框

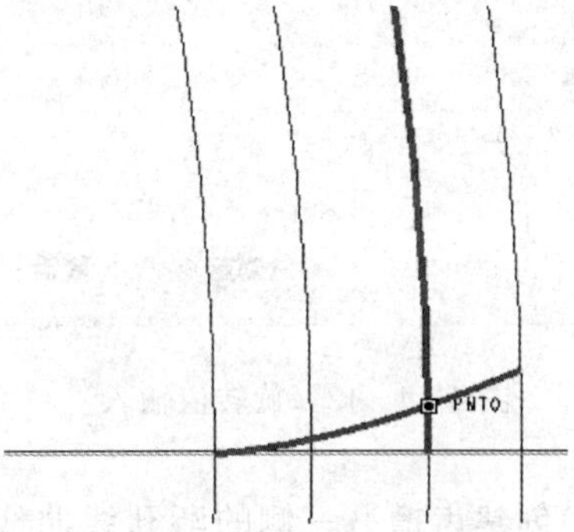

图 4-4-9 基准点 PNT0

(4)单击基准平面按钮，弹出“基准平面”对话框(如图 4-4-10 所示)。选择基准轴 A_1 和基准点 PNT0 作为参照，生成如图 4-4-11 所示基准面 DTM1。

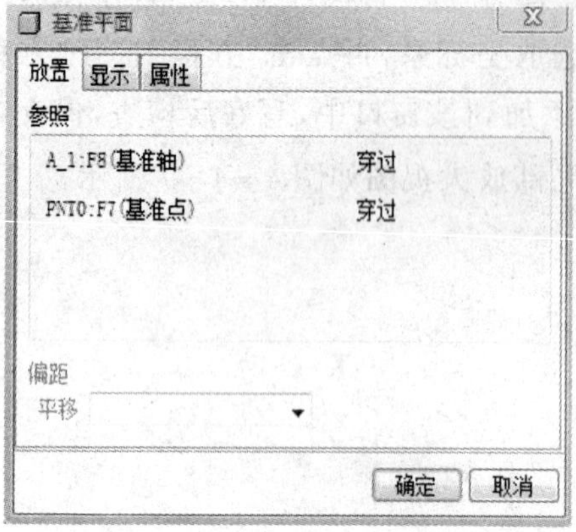

图 4-4-10 “基准平面”对话框

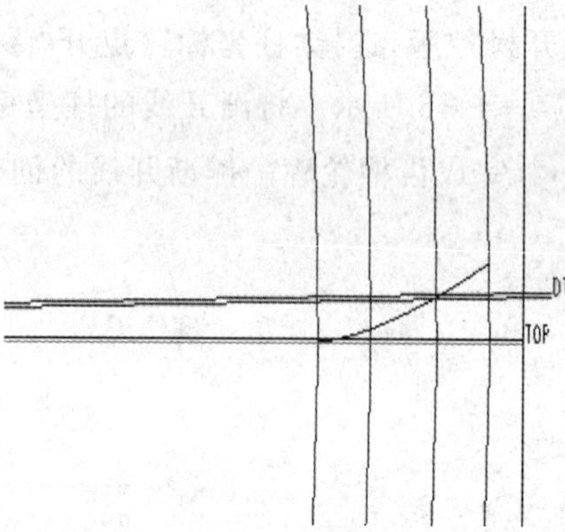

图 4-4-11 基准面 DTM1

(5)创建第二个基准平面 DTM2(该面为齿槽的对称平面)，选择 DTM1 和基准轴 A_1 作为参照，旋转角值输入“360/4/z”，如图 4-4-12 所示。单击确定生成图 4-4-13 所示的基准平面。

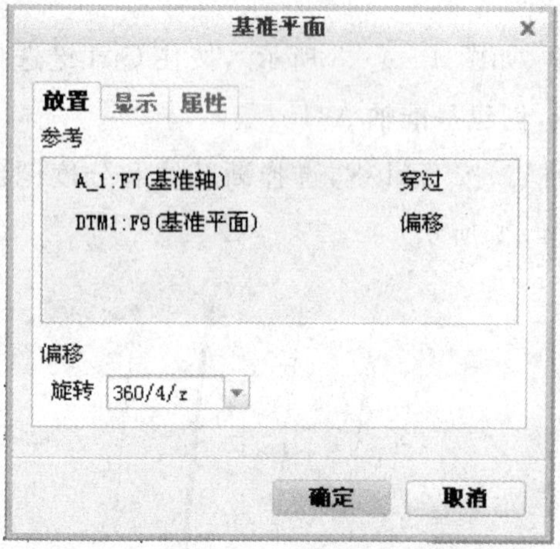

图 4-4-12 旋转值输入

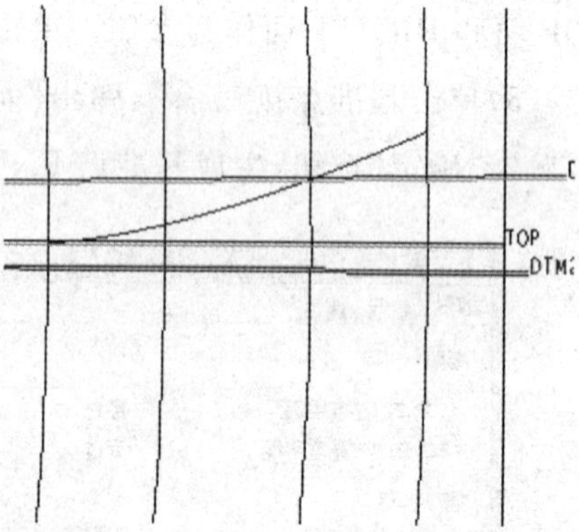

图 4-4-13 基准平面 DTM2

(6)创建齿槽另一侧的渐开线曲线。选择渐开线曲线，单击镜像工具按钮，弹出镜像工具控制面板，选择 DTM2 作为镜像平面，单击确定按钮，生成镜像特征(如图 4-4-

14 所示)。

(7)创建完整的齿槽轮廓曲线单击 (草绘工具),选择 FRONT 为草绘平面,单击"草绘"进入草绘模式,通过边创建图元 绘制如图 4－4－15 所示的剖截面,注意齿根圆的位置,齿根与渐开线交叉处要倒角。

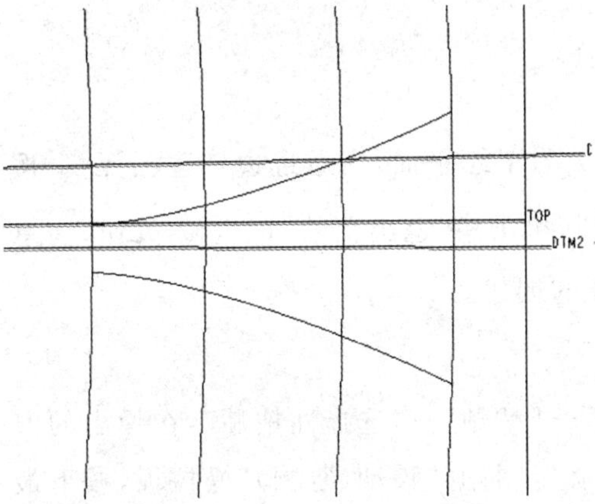

图 4－4－14 镜像特征

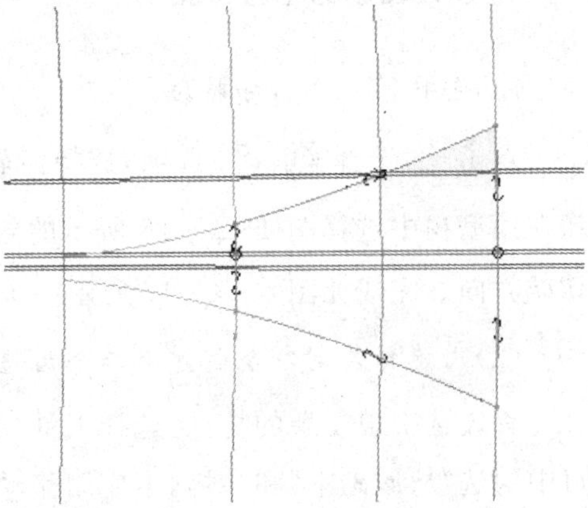

图 4－4－15 齿槽轮廓曲线的剖面图

使用通过边创建图元 、动态修建 两个工具绘制剖截面中的曲线部分。修改齿根圆角尺寸时输入关系式"d/400",并根据系统的提示确认增加这个尺寸关系。

4. 创建齿轮的基本实体

(1)创建过齿顶圆的圆柱形实体特征

点击 ,选择 FRONT 面为草绘平面,用通过边创建图元 按钮中的"环"绘制圆,与齿轮的齿顶圆重合,单击 退出草绘,在操控板中选择实体的拉伸深度选项 ,并输入值"60"(齿宽)。单击 按钮完成齿轮基本实体特征的创建,如图 4－4－16 所示。

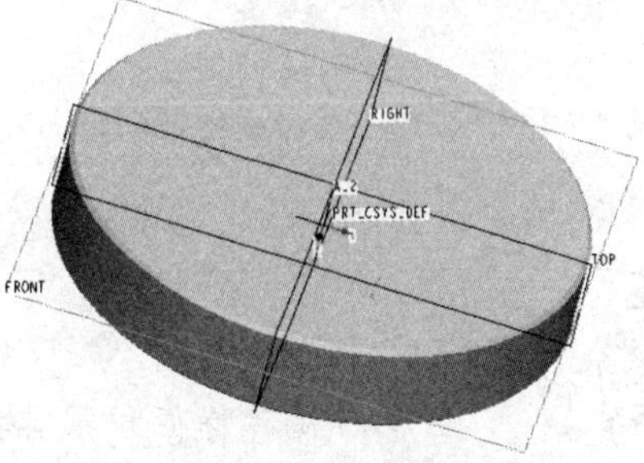

图 4－4－16 齿轮基体

(2)创建基本实体上的倒角特征

点击(倒角工具)按钮，在工作区中依次选择基本实体的两圆周边线，输入倒角参数，单击按钮。

5. 创建齿轮的轮齿特征

(1)创建第一个齿槽特征

点击，选择、选项，选择齿轮基体端面为草绘平面，用通过边创建图元按钮在模型树中选择图 4－4－16 所示的封闭环特征，单击退出草绘，单击按钮，注意切减方向。完成如图 4－4－17 所示一个齿槽特征的创建。

(2)用旋转复制命令创建第二个齿槽特征

首先选中被复杂的特征，选择工具栏中“复制”→“粘贴”→“选择性粘贴”，在弹出的窗口中勾选“从属副本”和“对副本应用移动”，点击“确定”打开“移动(复制)”操控板，按下最上层的“相对选定参考旋转特征”，选绘图区中前面做好的轴 A_1，输入旋转角度“360/z”，点击退出，完成第二个齿槽特征的创建(如图 4－4－18 所示)。

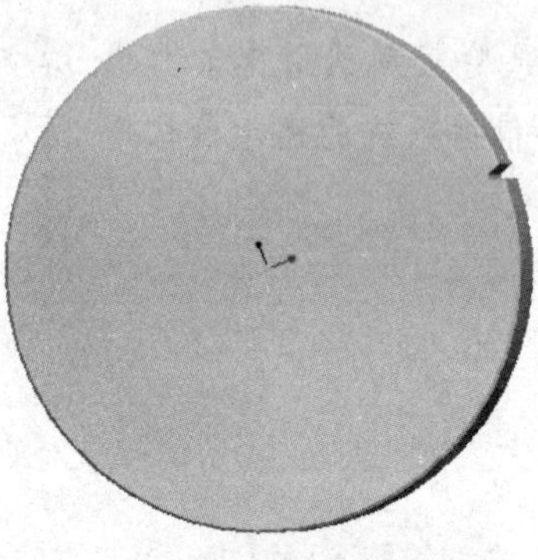

图 4－4－17　第一个齿槽特征创建

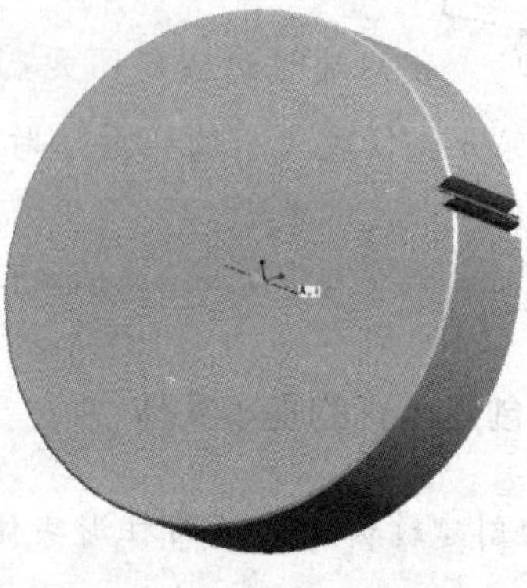

图 4－4－18　完成第二个齿槽特征的创建

生成的旋转特征和原有特征之间具有角度尺寸可以用于阵列。

(3)阵列出所有的齿槽特征

在左侧的模型树中,选择刚刚创建的复制特征,单击阵列工具按钮,“几何阵列”,打开阵列操控版,选择“rotation”,如图 4-4-19 所示,在绘图区中选择旋转轴 A_1,在操控板中输入阵列数“89”(即齿轮的齿数减 1),该方向阵列的间距 360/z(图中显示为 4). 单击按钮,完成所有齿槽特征的创建,即生成所有的轮齿特征,如图 4-4-20 所示。

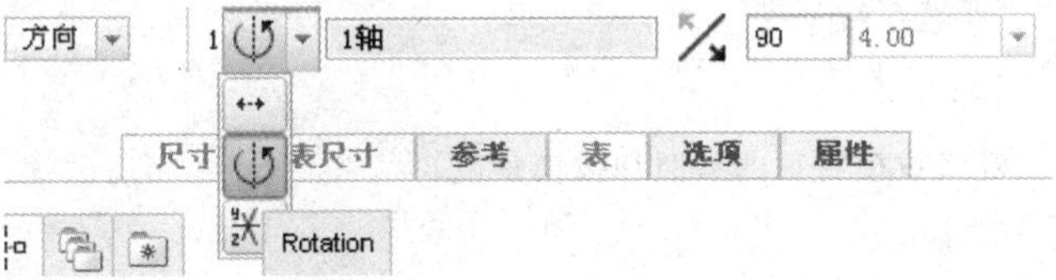

图 4-4-19 旋转阵列

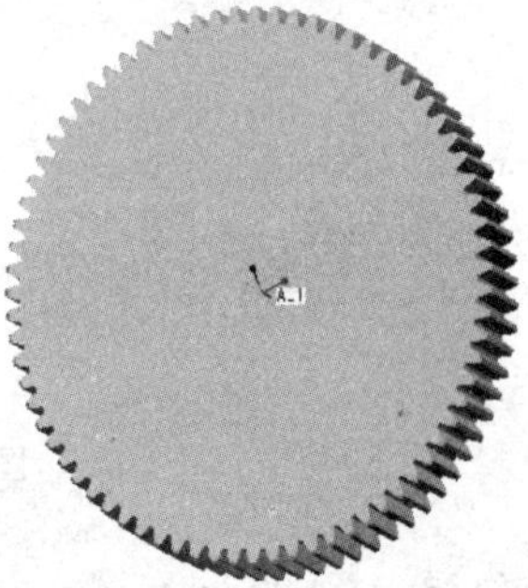

图 4-4-20 所有齿槽特征

6. 创建齿轮的辅助特征

(1)创建齿轮的腹板特征

点击,选择、选项,选择齿轮顶面为草绘平面,绘制 ϕ190 的同心圆。单击退出草绘,输入拉伸深度值“15”,按,完成实体一侧去除材料的特征创建,如图 4-4-21 所示。选择该切减特征,以 FRONT 面为对称面镜像,完成齿轮辐板创建。

图 4-4-21 完成实体一侧去除材料特征的创建

(2)创建齿轮实体的拔模特征

点击(拔模工具)按钮,根据提示选取图 4-4-22 所示的内圆柱面作为拔模面,选取图 4-4-22 所示的面作为拔模枢轴,输入拔模角度值“10”,再定义拔模特征的拖动方向、拔模类型(添加或去除材料),注意喇叭口朝外。单击按钮,完成齿轮实体一侧拔模特征的创建。用相同的方法创建齿轮实体另一侧的拔模特征。

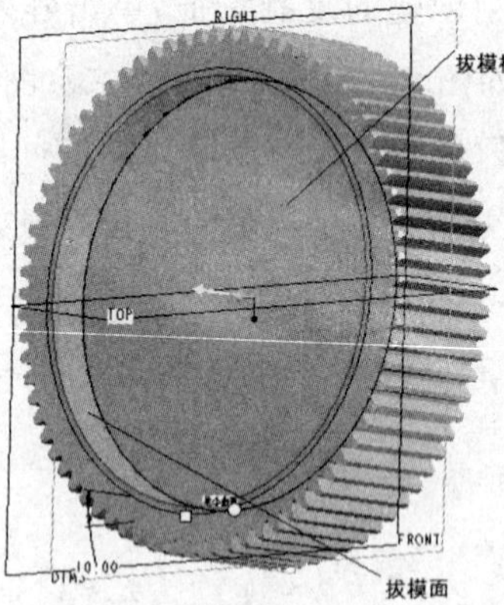

图 4-4-22　定义拔模特征的参照和拔模角度

(3)创建辐板上的孔特征

点击（孔工具），接受默认项（创建简单孔），输入孔直径为“30”。按照图 4-4-23 所示定义孔的放置参照的约束类型。单击按钮，完成第一个孔特征的创建。

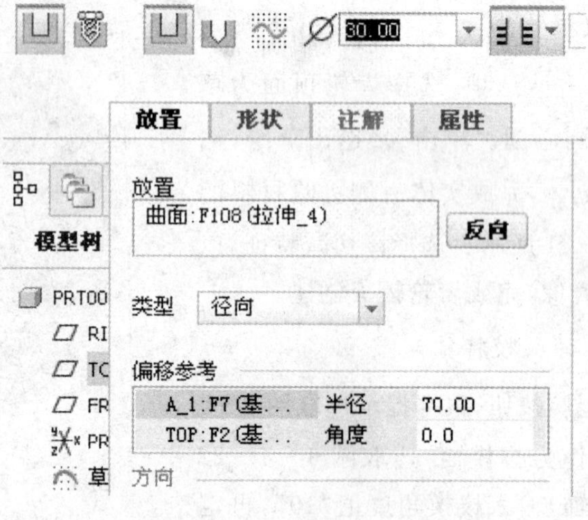

图 4-4-23　定义孔的放置参照及参照的约束类型

用旋转复制命令创建第二个孔的特征。创建过程中选择 A_1 轴的正方向作为旋转所需要的方向，定义旋转角度为“60”。完成后的第二个孔特征如图 4－4－24 所示。

用阵列命令创建辐板上其他的孔特征，如图 4－4－25 所示。

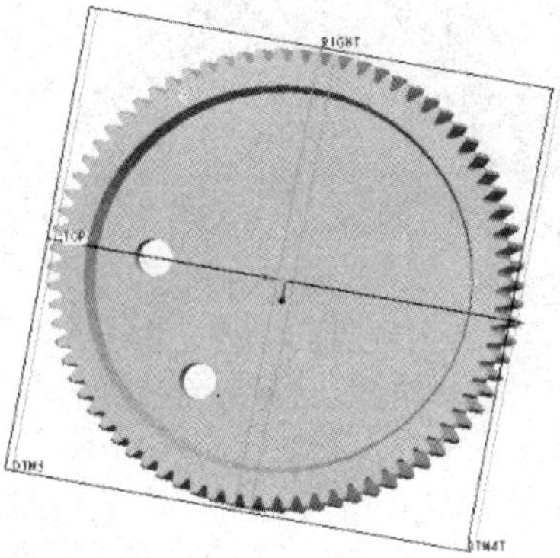

图 4－4－24　完成第二个孔特征的创建

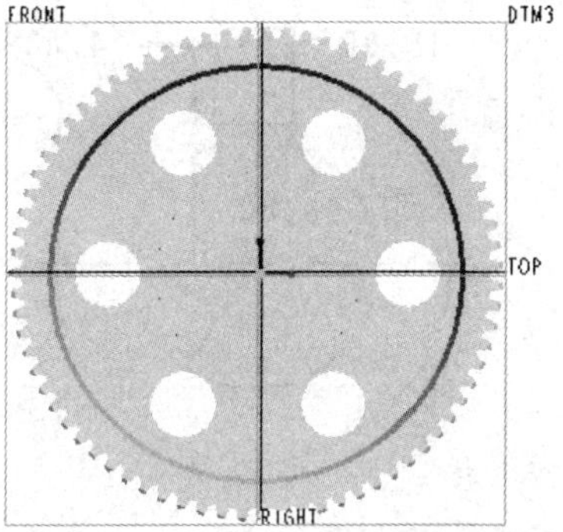

图 4－4－25　完成所有孔特征的创建

(4)创建内凸台

点击，选择选项，选择 FRONT 面为草绘平面，绘制 ϕ95 的同心圆，单击退出草绘，输入拉伸深度值“70”，单击按钮。按照第 6(2)步的方法创建内凸台拔模特征。如图 4－4－26 所示。

图 4－4－26　内凸台特征的创建

(5)创建轴孔特征

点击，选择、选项，选轮辐表面为草绘平面，绘制轴孔及键槽如图 4－4－27 所示，(键槽深度尺寸和宽度尺寸应根据内孔尺寸查找机械设计手册)单击，按，完成轴孔基体特征的创建，如图 4-4-28 所示。

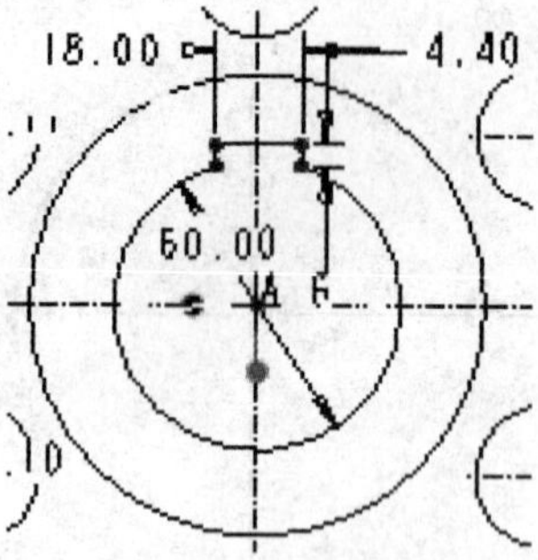

图 4-4-27　绘制轴孔特征的剖截面

图 4-4-28　完成轴孔特征的创建

(6)创建轴孔的倒角特征

点击(倒角工具)按钮，根据提示依次选择图 4-4-29 所示的加亮边线创建倒角集，输入倒角值“2”。单击按钮。注意也要创建背面此处的倒角，完成倒角特征的创建。

(7)创建倒圆角特征

点击(倒圆角工具)，依次选取图 4-4-30 所示的轮辐内斜面内外边线、轮箍凸台内边线，创建倒圆角集。对应边的边线的圆角半径为“2”，单击完成倒圆角特征的创建。注意也要创建背面此处的圆角。最后完成的齿轮实体模型如图 4-4-1 所示。

图 4-4-29　完成倒角特征的创建

图 4-4-30　完成倒圆角特征的创建

思考题

1. 创建齿轮分度圆等 4 个基本圆时为什么要选择 FRONT 面作为草绘平面?

2. 分度圆等四个圆的计算公式所得数值如何赋给草图中的四个同心圆? 如何获得草图中四个同心圆的尺寸符号?

3. 在用方程创建齿轮渐开线时如何选择坐标系? 找不到怎么办? 怎么创建?

4. 如何创建镜像渐开线要用到的镜像面? 要做哪三个特征?

5. 齿轮的一个齿槽轮廓或者一个齿轮廓是由哪四条线相围而成的?

6. 创建好齿轮的一个齿槽轮廓后,如何创建齿轮的所有轮齿实体特征?

7. 创建好齿轮的一个齿轮廓后,如何创建齿轮的所有轮齿实体特征?

8. 齿轮模型创建好后,如果要改变齿轮模数,可以直接修改模数并按“重新生成”来获得吗?

9. 齿轮模型创建好后,如果要改变齿轮齿数,可以直接修改齿数并按“重新生成”获得吗? 为什么?

10. 创建齿轮的辐板特征时,还可以用什么方法代替本文的拉伸切减和拔模?

4.5 手机外壳设计

1. 创建基准曲线

(1)新建→选“零件”→输入名称“4－5”。

(2)点击，以 RIGHT 面为草绘平面，按图 4－5－1 所示设置参考平面后，进入草绘平面内绘制如图 4－5－2 所示的剖面图(3 条曲线)，按完成操作。

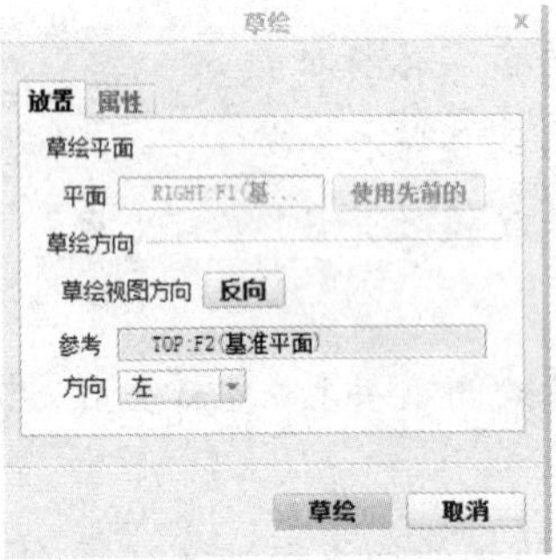

图 4－5－1　草绘基准设置

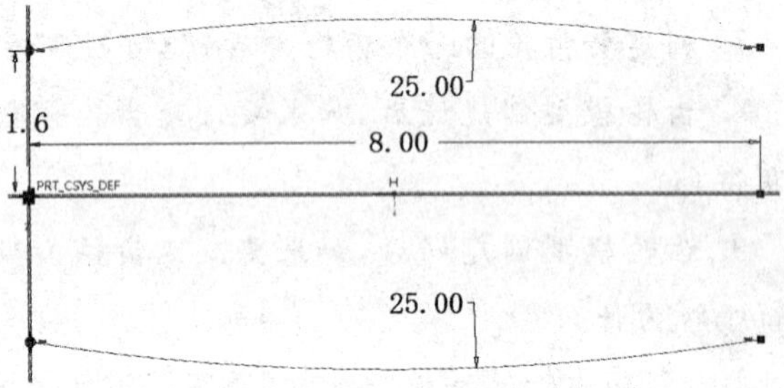

图 4－5－2　草绘剖面

(3)单击按钮，选取 FRONT 面进草绘平面，按照图 4－5－3 所示设置参考平面后，进入草绘模式。绘制如图 4－5－4 所示的剖面图(1 条曲线)，按完成操作。创建的精准曲线如图 4－5－5 所示。

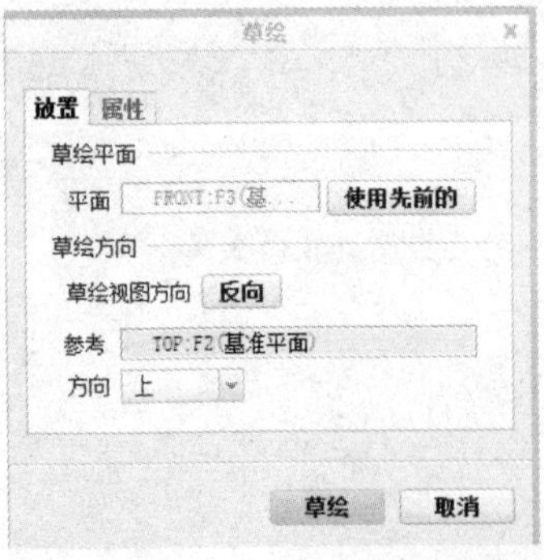

图 4－5－3　草绘基准设置

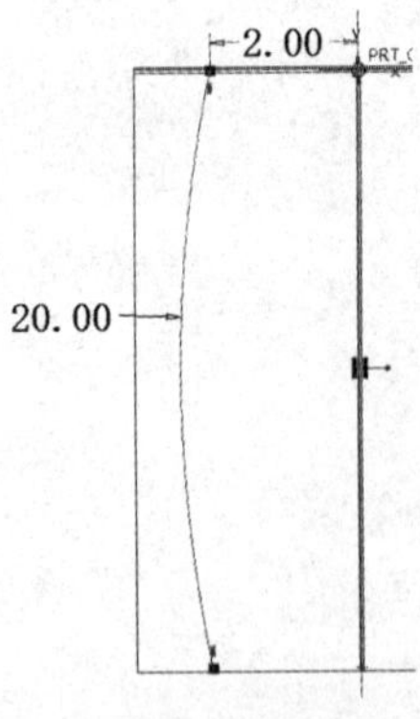

图 4－5－4　草绘图

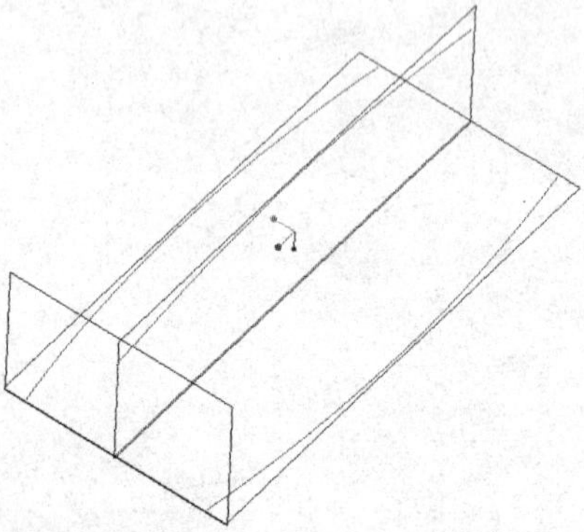

图 4－5－5　创建的基准曲线

2. 创建扫描特征

(1)在工具箱中点击扫描按钮，打开扫描面板，按下实体按钮。

(2)按住 Ctrl 键依次选择如图 4-5-6 所示的 4 条曲线作为扫描轨迹线。随后在图板上单击参考按钮，打开参数面板，相应参照选项如图 4-5-7 所示。

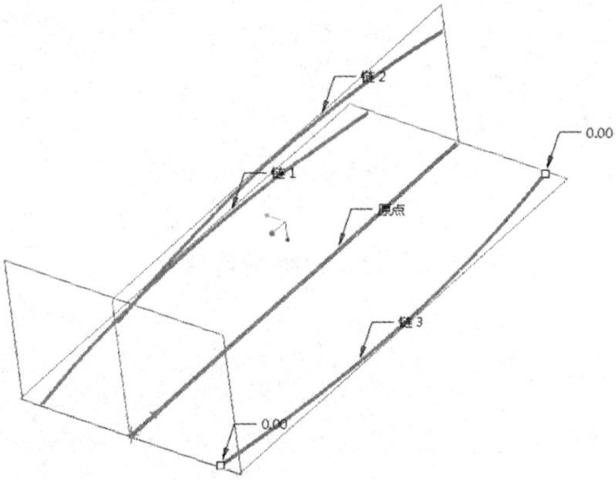

图 4-5-6 选取扫描轨迹

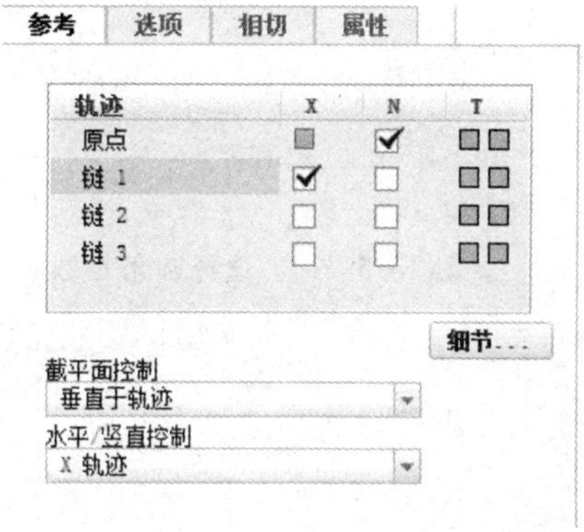

图 4-5-7 参照选择

(3)在图标板上单击按钮，进入草绘模式，在草绘平面内绘制如图 4-5-8 所示的剖面图，完成后退出草图模式。扫描后特征如图 4-5-9 所示。

图 4-5-8 草绘剖面

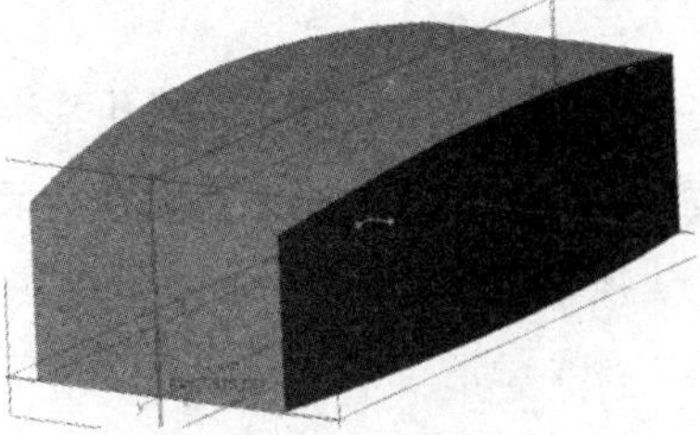

图 4-5-9 扫描特征

3. 创建倒圆角特征

(1)在工具箱单击圆角按钮，按住 Ctrl 键选取如图 4-5-10 所示的边线作为圆角放置参照，输入圆角半径“0.2”，创建圆角特征。

(2)按住 Ctrl 键选取如图 4-5-11 所示的边线作为圆角放置参照，输入圆角半径“0.5”，创建圆角特征。

(3)按住 Ctrl 键选取如图 4-5-12 所示的边线作为圆角放置参照，输入圆角半径“1”，创建圆角特征。

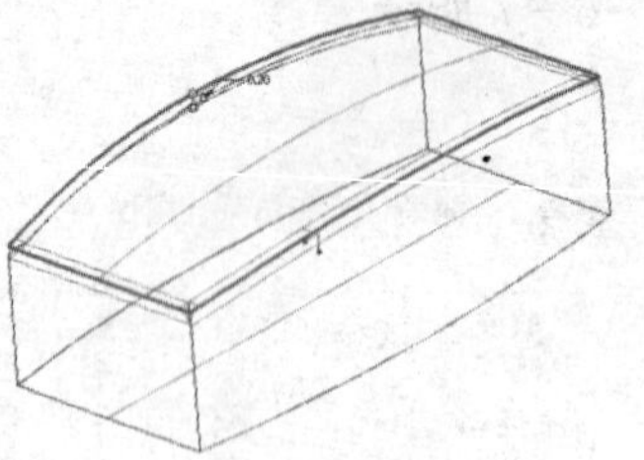

图 4-5-10 选择圆角参数 1

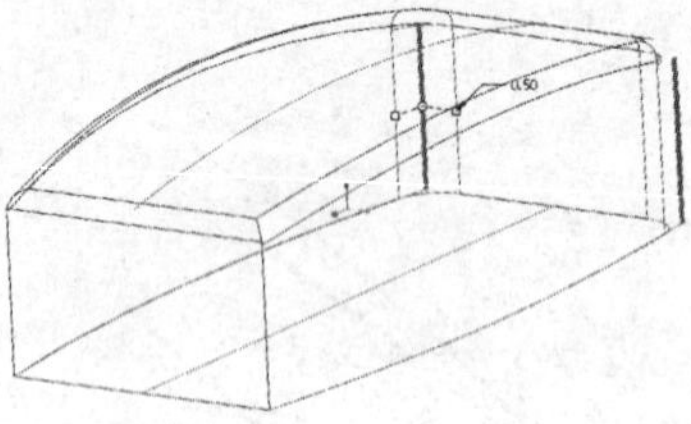

图 4-5-11 选择圆角参数 2

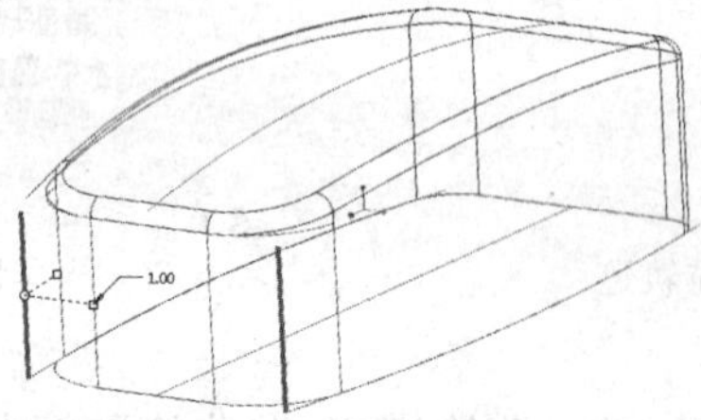

图 4-5-12 选择圆角参数 3

4. 创建基准平面

(1)在工具箱中单击平面按钮，打开基准平面对话框。

(2)按照如图 4-5-13 所示参数设置，平移基准平面 TOP，创建基准平面 DTM1，如图 4-5-14 所示。

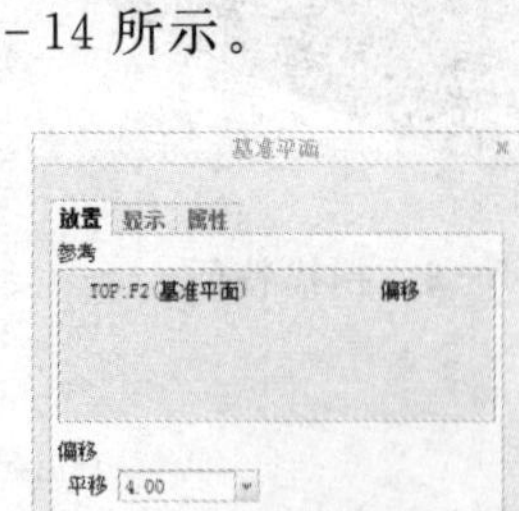

图 4-5-13 基准平面设置

图 4-5-14 创建基准平面 DTM1

5. 创建拉伸特征

(1)在工具箱中点击按钮，选取基准平面 DTM1 作为草绘平面，接受草绘对话框中其他参数设置后，进入二维草绘模式。

(2)在草绘平面内绘制如图 4－5－15 所示的剖面图，完成后退出草绘模式。

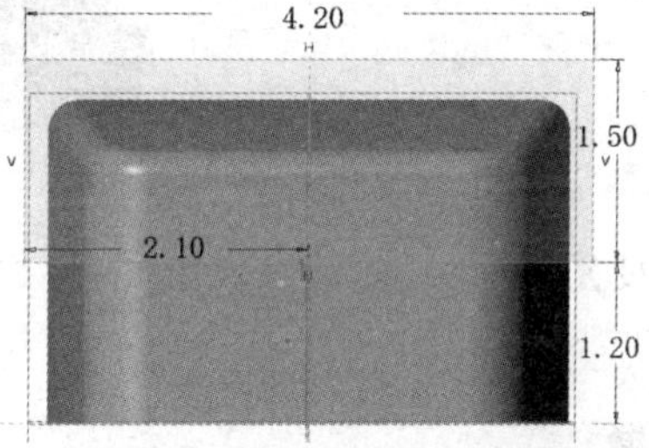

图 4－5－15　绘制拉伸剖面图

(3)按照图 4－5－16 所示设置参数，调整移除材料的方向，创建拉伸特征如图 4－5－17 所示。

图 4－5－16　设置特征参数

图 4－5－17　创建拉伸特征

6. 创建壳特征

(1)在工具箱中点击 壳 按钮，打开壳工具。

(2)选取模型底面作为要移除的表面，设置壳厚度为“0.05”，创建壳特征如图 4－5－18 所示。

图 4－5－18　创建壳特征

7. 创建基准平面

(1)在工具箱中单击按钮，打开基准平面对话框。

(2)按照如图 4-5-19 所示参数设置，平移基准平面 RIGHT，数值为“2.5”，创建基准平面 DTM2，如图 4-5-20 所示。

图 4-5-19 基准平面设置

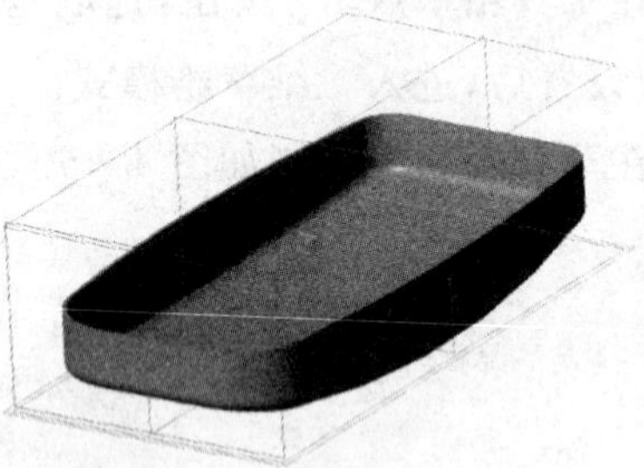

图 4-5-20 创建基准平面 DTM2

8. 创建手机显示屏和按键

(1)在工具箱中点击拉伸按钮，选取基准平面 DTM2 作为草绘平面，接受草绘对话框中其他参数设置后，进入二维草绘模式。

(2)在草绘平面里绘制如图 4-5-21 所示的剖面图(具体参数如图 4-5-22 至图 4-5-25 所示)，完成后退出草绘模式。

(3)按照图 4-5-26 所示设置特征参数，单击 按钮，调整拉伸方向，创建最终手机外壳图 4-5-27 所示。

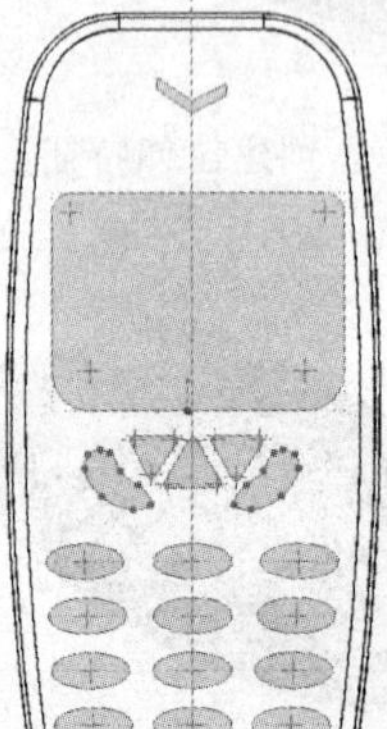

图 4-5-21 绘制剖面图

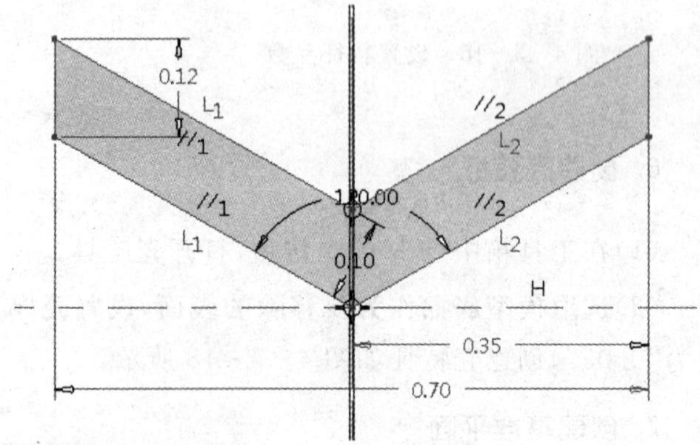

图 4-5-22 草绘截面(1)

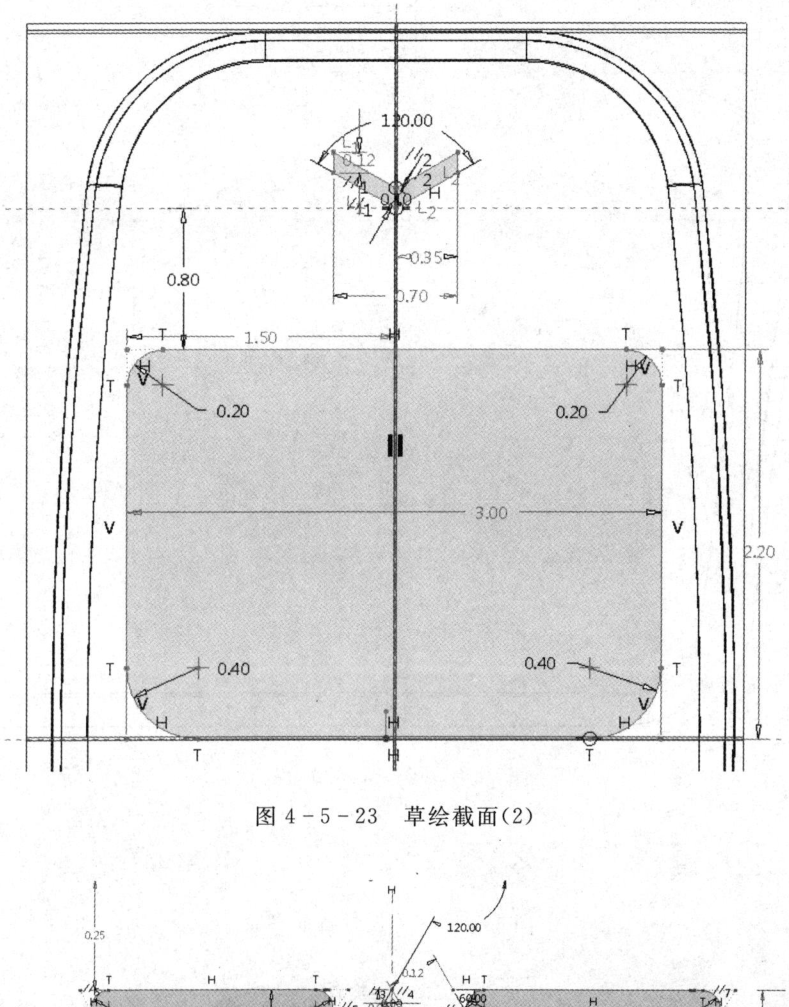

图 4-5-23 草绘截面(2)

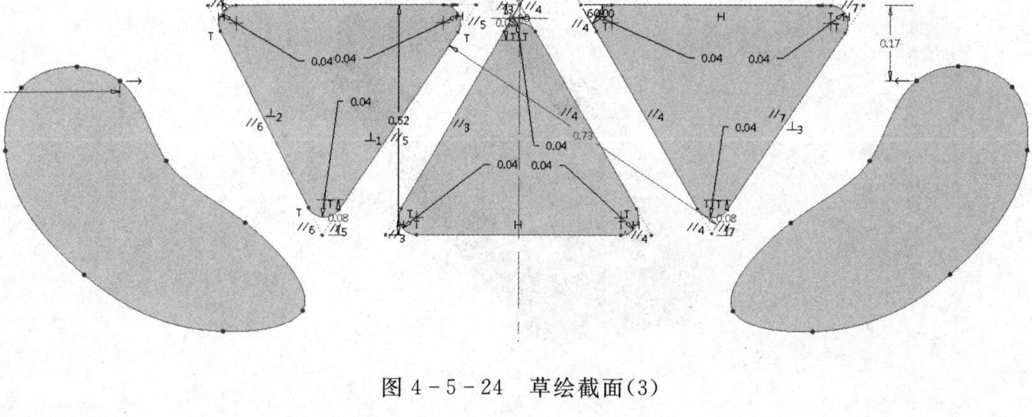

图 4-5-24 草绘截面(3)

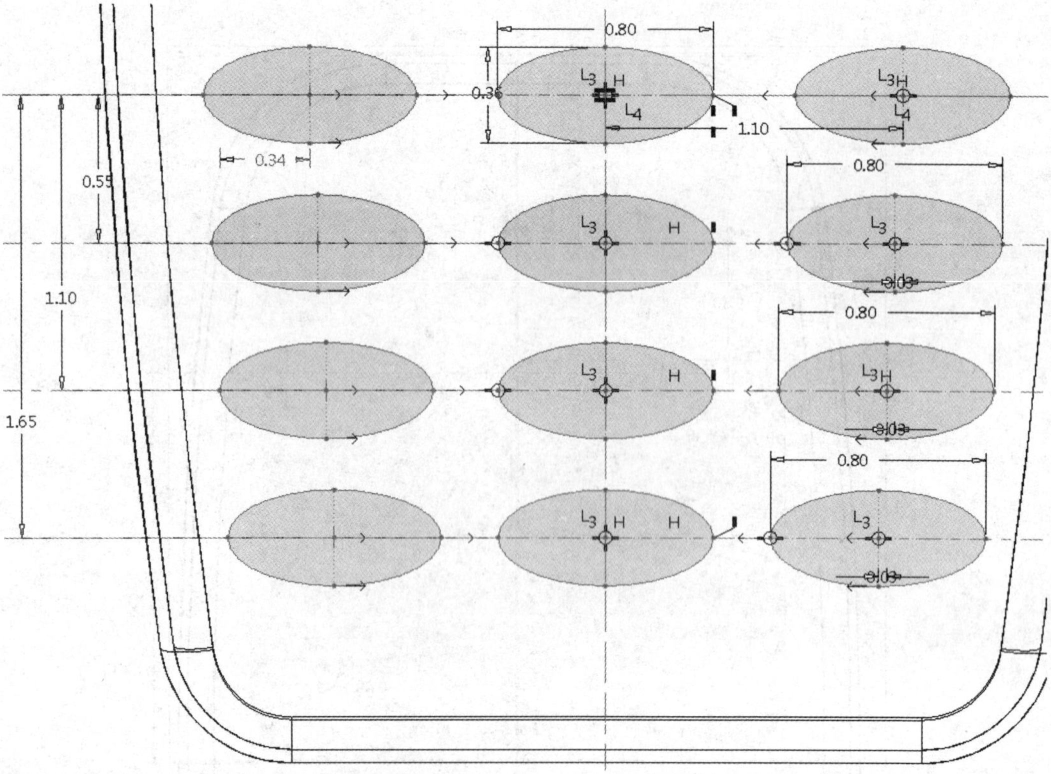

图 4-5-25 草绘截面(4)

图 4-5-26 设置特征参数

图 4-5-27 手机外壳

思考题

1. 扫描所创建的特征有什么特点?
2. 扫描选取轨迹线有什么要求? 轨迹线的选取顺序是否可以交叉选择?
3. 手机上盖选择抽壳命令,其与实体切减命令有什么区别?
4. 手机上盖的剪切除了使用拉伸剪切命令还可以使用什么命令?

4.6 矿泉水瓶设计

1. 创建新零件及曲面偏移

(1)新建一名称为“4-6.prt”的零件文件。单击“拉伸”按钮，选取FRONT平面为草绘平面绘制一直径为40的圆，并设置拉伸深度为120，创建拉伸实体特征，效果如图4-6-1所示。

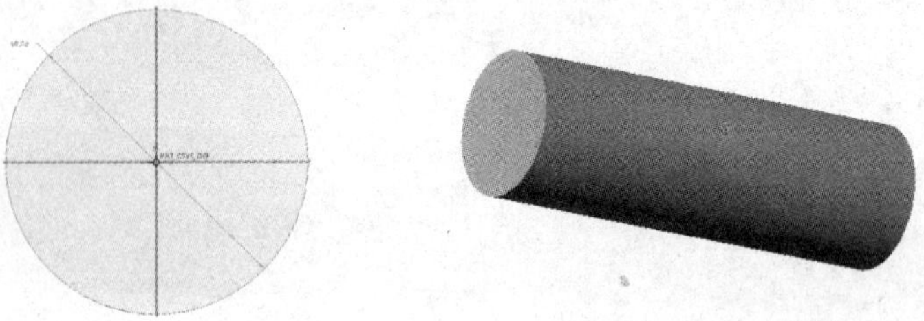

图4-6-1　创建拉伸实体特征

(2)选取如图4-6-2所示的表面，并单击“偏移”按钮 偏移，然后在打开的“偏移”操控面板中选择“标准偏移”选项，并指定偏移方向向内，偏移距离为1，创建偏移曲面特征。

图4-6-2　创建偏移曲面特征

2. 拉伸切减

(1)利用“基准平面”创建距离TOP平面为40的基准平面，效果如图4-6-3所示。

(2)单击“拉伸”按钮，选取上步创建的基准平面为草绘平面，绘制如图4-6-4所示的草图截面。然后设置拉伸深度为拉伸至指定曲面，并选取第2步创建的偏移曲面为拉伸终止面。接着单击“去除材料”按钮，创建拉伸剪切实体特征。

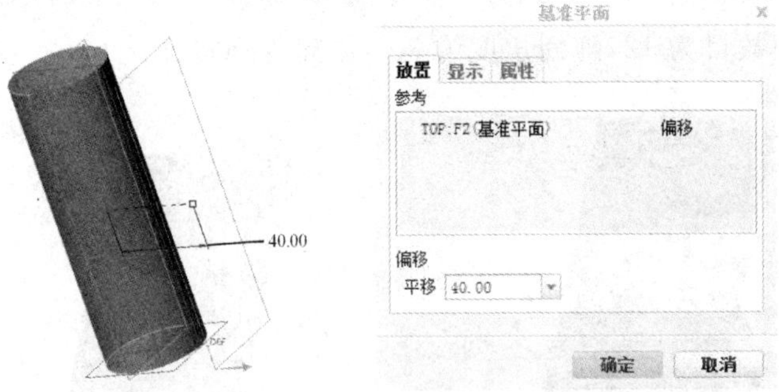

图 4-6-3　创建基准平面

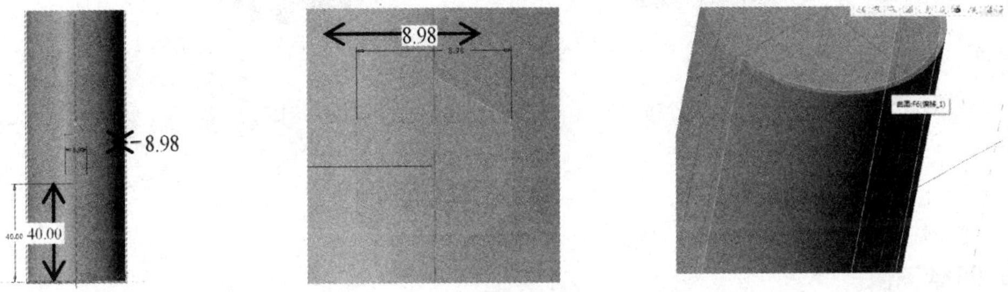

图 4-6-4　创建拉伸剪切实体特征

3. 倒圆角及阵列

(1)利用“倒圆角”工具，选取如图 4-6-5 所示凹槽的 6 条竖直棱边，创建半径为 0.5 的倒角特征。继续利用“倒圆角”工具为凹槽上下两条边，创建半径分别为 0.5 和 0.4 的倒圆角特征。

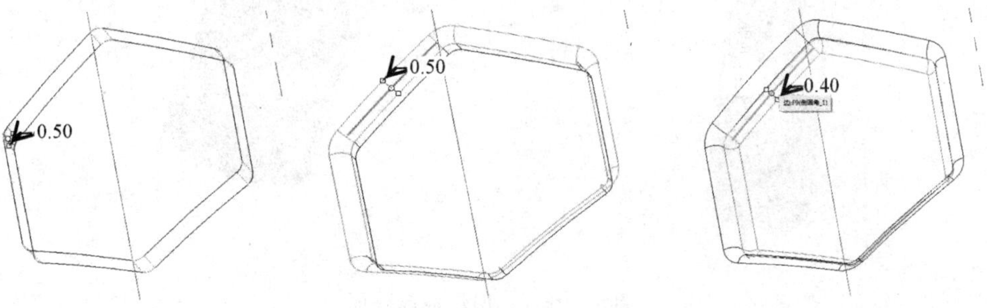

图 4-6-5　创建倒圆角特征

(2)将以上创建的拉伸剪切特征和倒圆角特征创建为组。然后选取该组，并单击“阵列”按钮 。接着设置阵列方式为轴阵列，并选取如图 4-6-6 所示的轴线为阵列中心轴。最后设置阵列数目为 12，阵列角度为 30°，创建阵列特征。

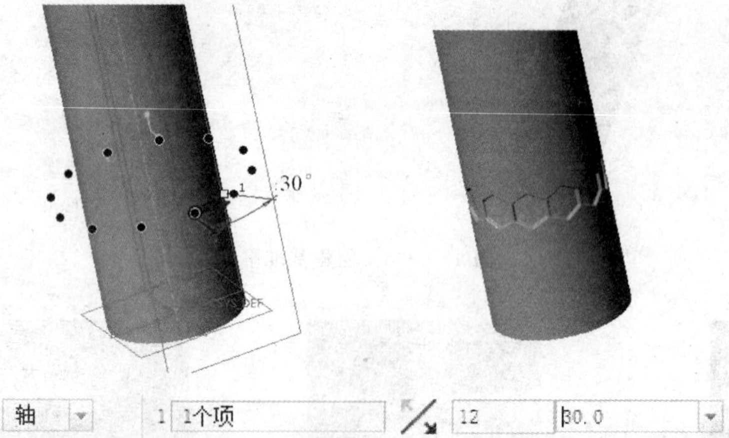

图 4-6-6 创建阵列特征

4. 凹槽镜像

利用“基准平面”工具 创建距离 FRONT 平面距离为 31 的基准平面。然后选择上步创建的阵列特征，并单击“镜像”按钮 镜像。接着指定该基准平面为镜像平面，创建镜像特征，效果如图 4-6-7 所示。

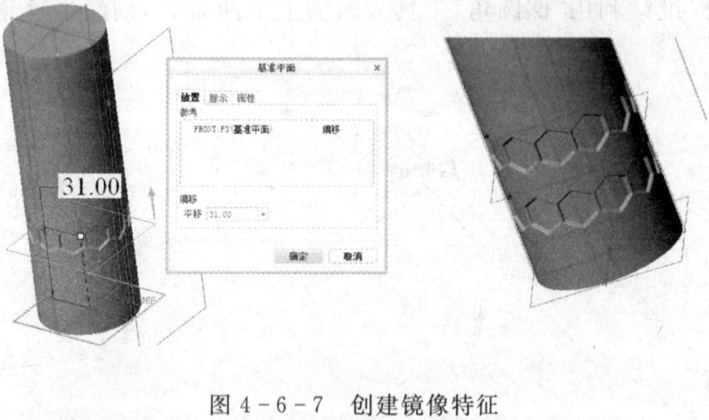

图 4-6-7 创建镜像特征

5. 拉伸切减

创建穿过如图 4－6－8 所示两条边的基准平面。然后利用“拉伸”工具选取该基准平面为草绘平面，绘制草图截面。接着设置“侧 1”深度为拉伸至第 2 步创建的偏移曲面；“侧 2”深度为穿透所有。最后单击“去除材料”按钮，创建拉伸剪切实体特征。

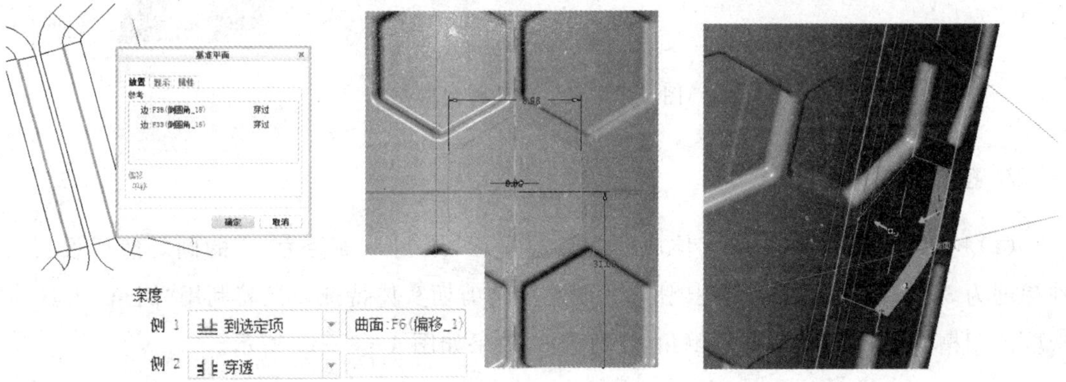

图 4－6－8　创建拉伸剪切实体特征

6. 倒圆角并阵列

(1)利用“倒圆角”工具选取如图 4－6－9 所示凹槽的 6 条竖直棱边，创建半径为 0.5 的倒角特征。继续利用“倒圆角”工具为凹槽上下两条边，创建半径分别为 0.5 和 0.4 的倒圆角特征。

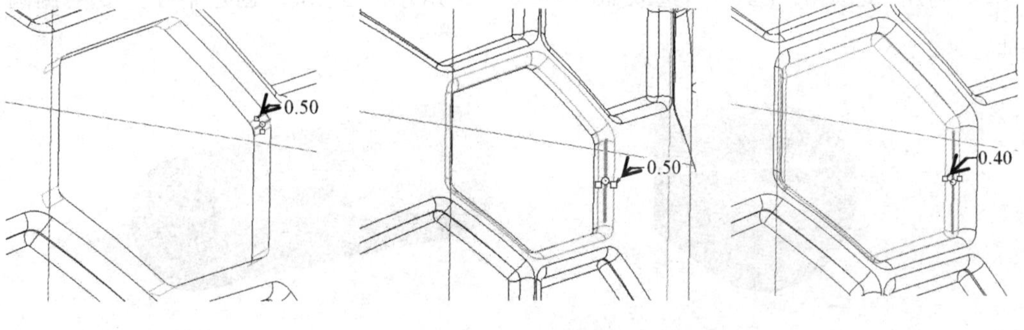

图 4－6－9　创建倒圆角特征

(2)将以上创建的拉伸剪切特征和倒圆角特征创建为组。然后选取该组,并单击“阵列”按钮。接着设置阵列方式为轴阵列,并选取如图 4-6-10 所示的轴线为阵列中心轴。最后设置阵列数目为 12,阵列角度为 30°,创建阵列特征。

图 4-6-10 创建阵列特征

7. 拉伸切减并倒圆角

(1)利用“拉伸”工具选取实体底面为草绘平面,绘制一直径为 25 的圆。然后设置拉伸深度为 3,并单击“去除材料”按钮,创建拉伸剪切实体特征。接着利用“倒角”工具选取该凹槽底边,添加 DXD 的倒角,D 值为 3,效果如图 4-6-11 所示。

图 4-6-11 创建拉伸剪切实体特征

(2)利用“倒圆角”工具,选取如图 4-6-12 所示的三条边,创建半径为 3 的倒圆角特征。

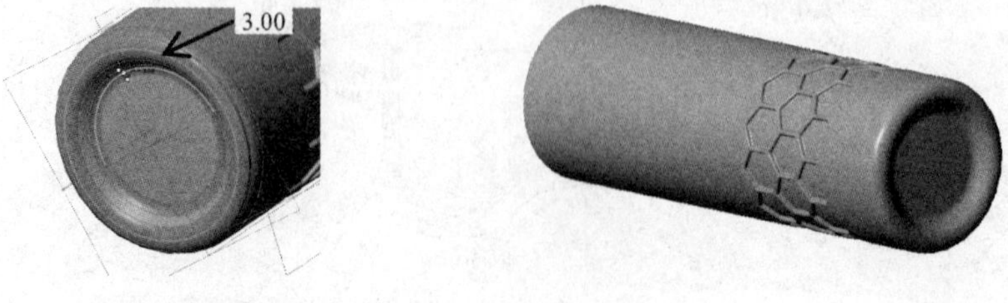

图 4-6-12 创建倒圆角特征

8. 旋转特征并倒圆角

(1)利用“旋转”工具选取 RIGHT 平面作为草绘平面，如图 4－6－13 所示绘制直径为 2 的圆。然后设置旋转角度为 360°，创建旋转实体特征。

(2)利用“旋转”工具选取 RIGHT 平面作为草绘平面，如图 4－6－14 所示绘制直径为 3 的圆。旋转角度为 360°，并单击按钮，创建旋转剪切特征。

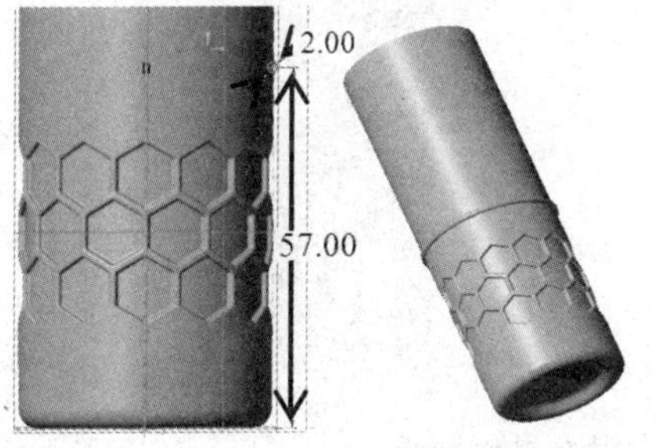

图 4－6－13　创建旋转实体特征

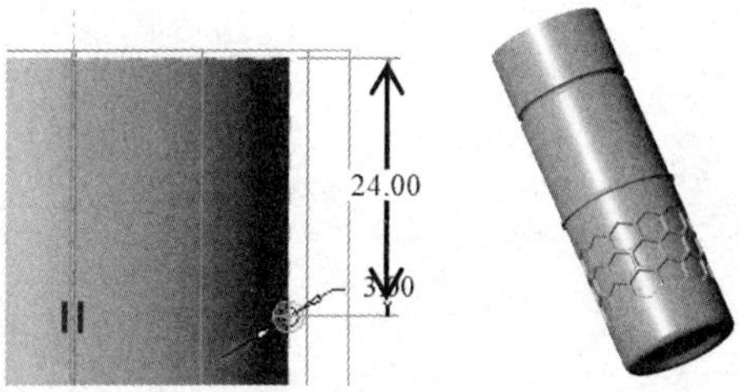

图 4－6－14　创建旋转剪切实体特征

(3)利用“倒圆角”工具按住 Ctrl 键选取如图 4－6－15 所示四条边为倒角对象，并设置倒角半径为 1，创建倒圆角特征。

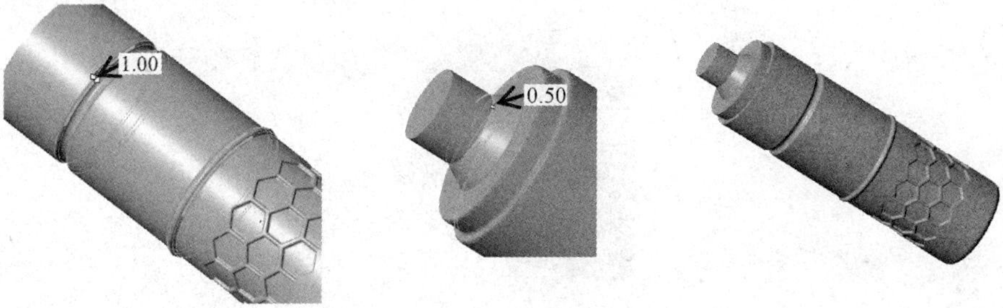

图 4－6－15　创建倒圆角特征

9. 旋转特征并倒圆角

利用“旋转”工具选取 RIGHT 平面为草绘平面，绘制草图截面，旋转角度为 360°，创建旋转实体特征。再利用“倒圆角”工具选取如图 4－6－16 所示的 5 条边，添加半径为 0.5 的倒圆角。

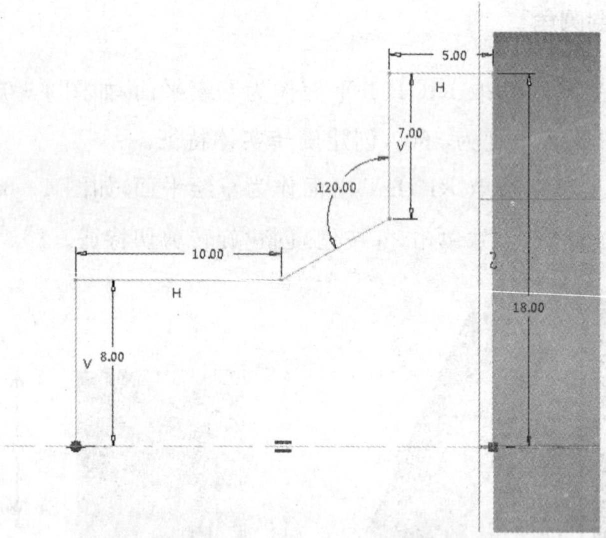

图 4-6-16　创建旋转实体特征并倒圆角

10. 抽壳

利用"壳特征"工具 选取瓶口端面为要移除的面，并设置移除后的壁厚为 0.5，创建抽壳特征，效果如图 4-6-17 所示。

图 4-6-17　创建抽壳特征

11. 螺旋扫描

选择"螺旋扫描"工具 ，如图 4-6-18 所示在 RIGHT 平面上定义螺旋扫描轮廓与旋转轴，并定义螺旋间距值为 2，使用右手定则。按照图示绘制螺旋截面，创建螺旋扫描实体特征。

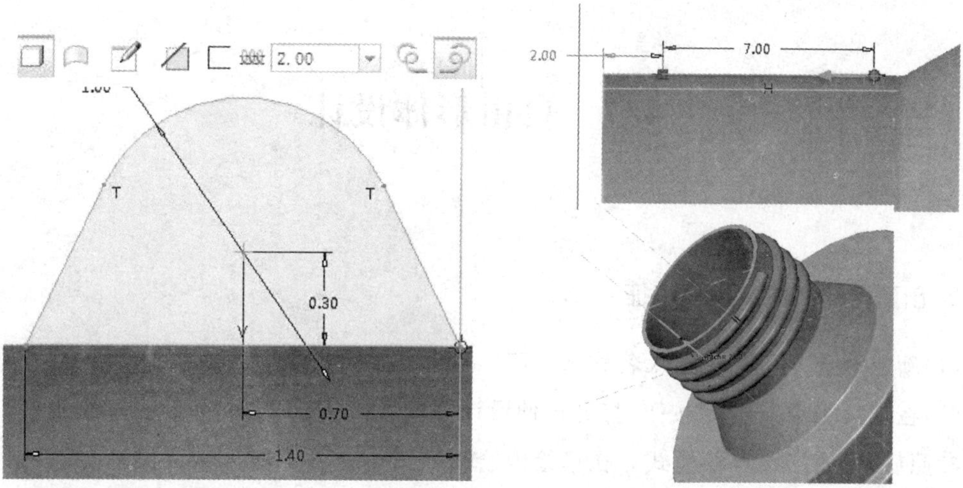

图 4－6－18　创建瓶口螺纹

思考题

1. 以轴为中心的阵列命令中基准轴如何创建？
2. 总结复杂曲面产品造型设计的思想和建模过程。

4.7 自由形体设计

1. 创建拉伸实体及拔模特征

(1)新建→选“零件”→输入名称“4-7”。

(2)在工具箱中点击按钮,打开拉伸设计图标后,选取 FRONT 面为草绘平面,接受缺省参照后,进入二维草绘模式。在草绘内绘制如图 4-7-1 所示剖面图,完成后退出草绘模式。特征参数设置“从草绘平面以指定深度值拉伸”,数值为“85”,最后得到的效果图如图 4-7-2 所示。

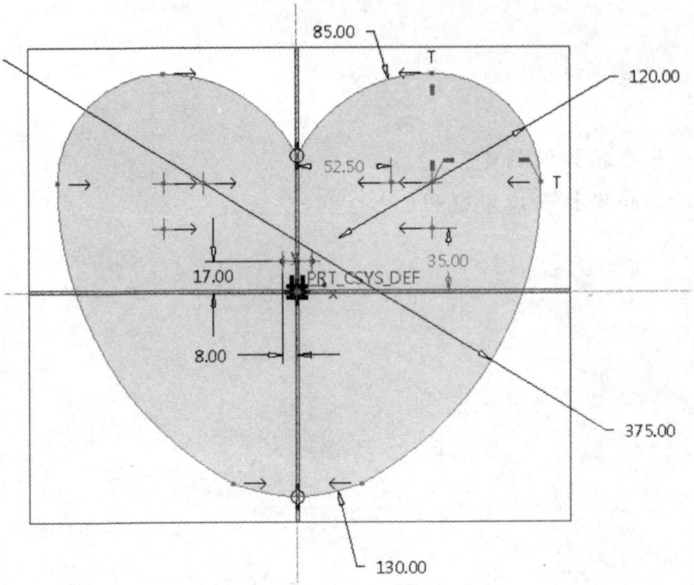

图 4-7-1 草绘剖面

图 4-7-2 创建拉伸特征

(3)在工具箱中点击拔模 按钮,打开“拔模工具”操控板,按住 Ctrl 键选择拉伸实体的侧面作为拔模面(如图 4-7-3 所示),然后选取实体的底面作为拔模枢轴,拔模斜度值为

"4",完成拔模特征创建。

(4)单击 圆角 按钮,按住 Ctrl 键选取如图 4-7-4 所示的边线作为圆角放置参照,输入圆角半径"6",创建圆角特征,创建后的圆角特征如图 4-7-5 所示。

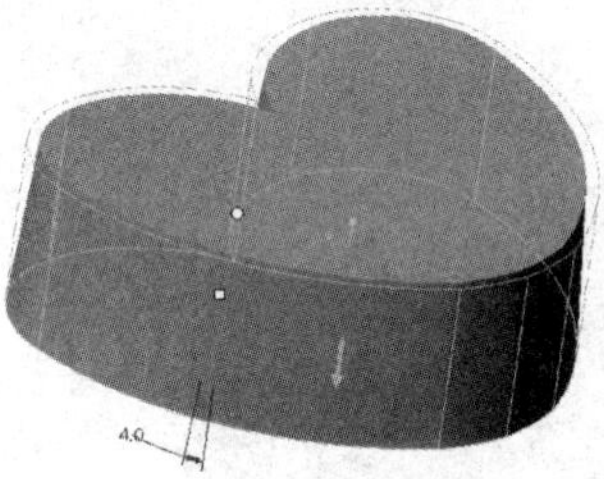

图 4-7-3 选择拔模面

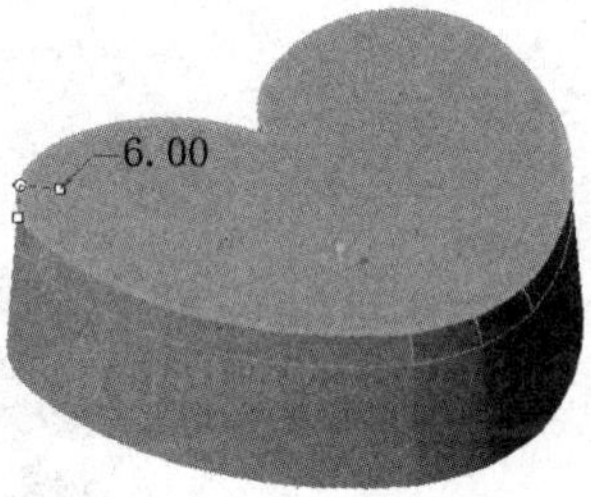

图 4-7-4 选择实体边

图 4-7-5 创建圆角特征图

(5)在工具箱中点击 按钮,打开拉伸设计图标后,选取 FRONT 面为草绘平面,接受缺省参照后,进入二维草绘模式。

(6)在草绘内绘制如图 4-7-6 所示剖面图,完成后退出草绘模式。

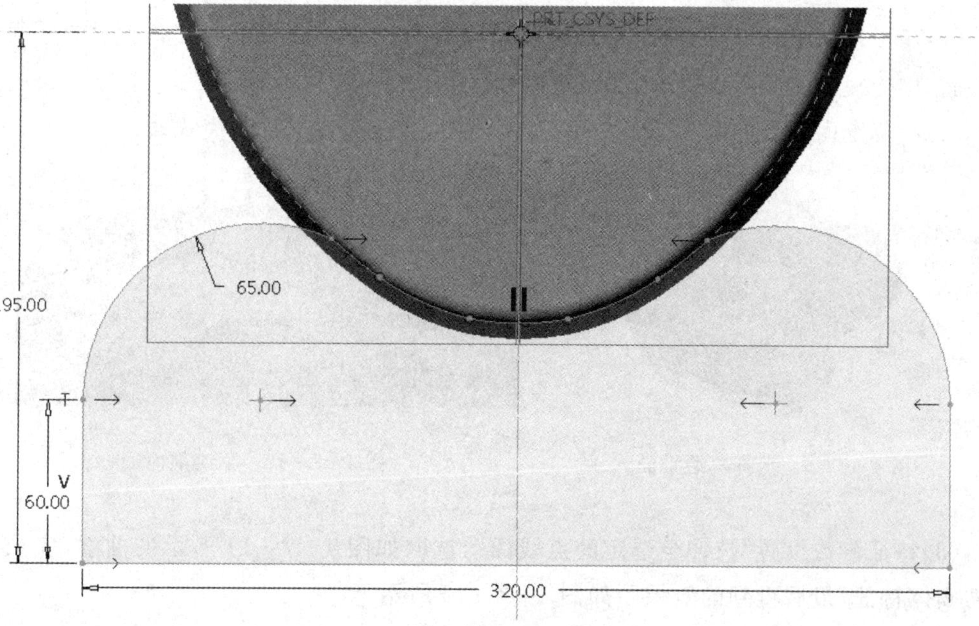

图 4-7-6 草绘剖面

(7)特征参数设置"从草绘平面以指定深度值拉伸"，数值为"120"，最后得到的效果图如图 4-7-7 所示。

(8)在工具箱中点击拔模按钮，打开"拔模工具操控板"，按住 Ctrl 键选择拉如图 4-7-8 所示侧面作为拔模面，然后选取实体的底面作为拔模枢轴，拔模斜度值为"4"，完成拔模特征创建。

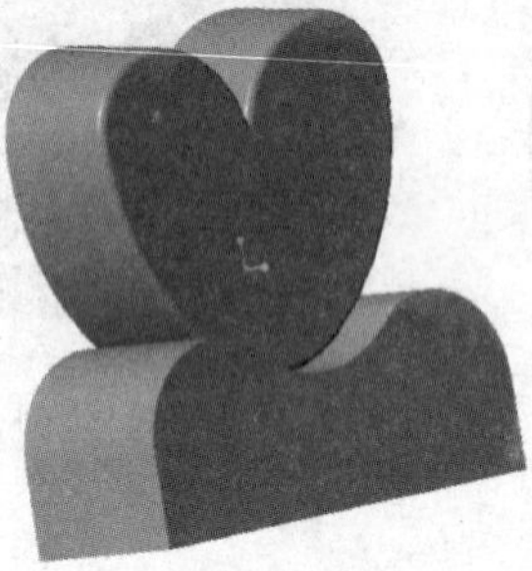

图 4-7-7　创建拉伸特征图

图 4-7-8　选择拔模面

2. 创建拉伸剪切实体特征

(1)在工具箱中点击按钮，打开拉伸设计图标后，选取如图 4-7-9 所示的平面为草绘平面，接受缺省参照后，进入二维草绘模式。

(2)在草绘内绘制如图 4-7-10 所示剖面图，完成后退出草绘模式。

图 4-7-9　选择草绘平面

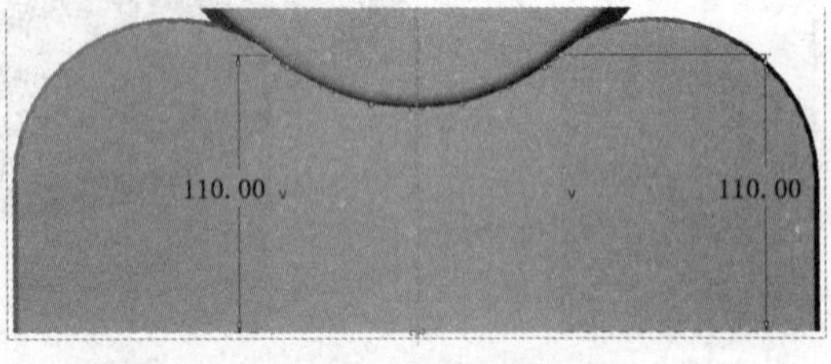

图 4-7-10　草绘剖面

(3)特征参数设置"拉伸至选定的点线面"，选取如图 4-7-11 所示的曲线，完成拉伸剪切实体特征，最后得到的效果图如图 4-7-12 所示。

(4)单击圆角按钮，按住 Ctrl 键选取如图 4-7-13 所示的边线作为圆角放置参照，输入圆角半径"30"，创建圆角特征。按住 Ctrl 键选取如图 4-7-14 所示的边线作为圆角放置参照，输入圆角半径“10”，创建圆角特征。

图 4-7-11　选择指定曲线

图 4-7-12　拉伸剪切特征

图 4-7-13　选择圆角参数 1

图 4-7-14　选择圆角参数 2

(5)单击 圆角 按钮，按住 Ctrl 键选取如图 4-7-15 所示的边线作为圆角放置参照，输入圆角半径“3”，创建圆角特征。在工具箱中点击 按钮，打开拉伸设计图标后，选取如图 4-7-16 所示的平面为草绘平面，接受缺省参照后，进入二维草绘模式。

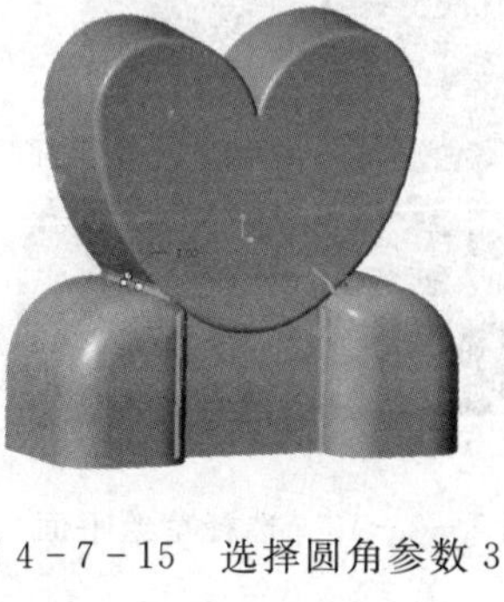

图 4-7-15　选择圆角参数 3

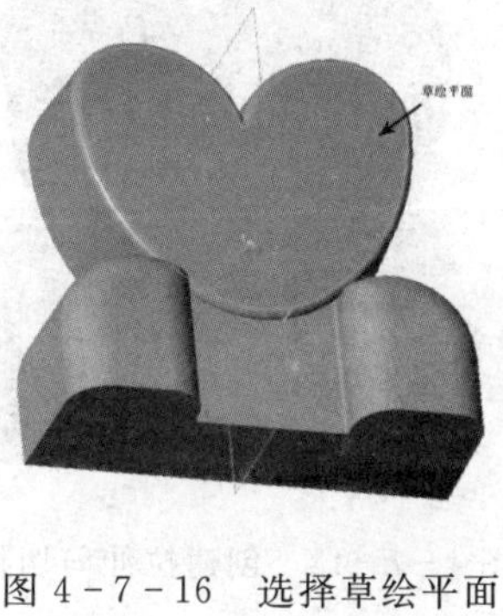

图 4-7-16　选择草绘平面

(6)在草绘内绘制如图 4-7-17 所示剖面图,完成后退出草绘模式。

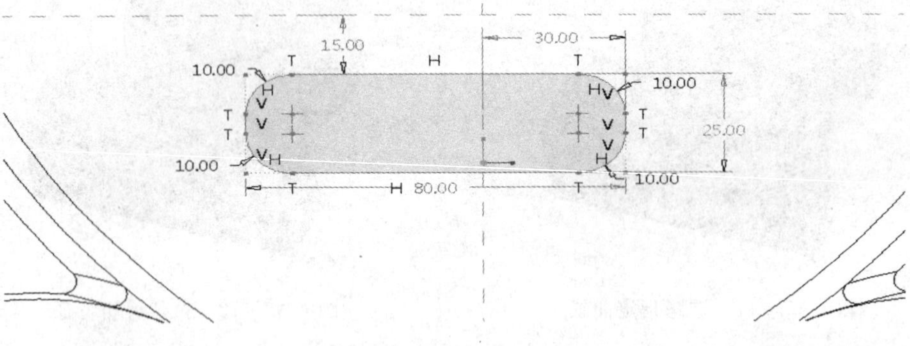

图 4-7-17 草绘剖面

(7)特征参数设置“从草绘平面以指定深度值拉伸”,数值为“30”,选择剪切材料特征,最后得到的效果图如图 4-7-18 所示。

(8)在工具箱中点击按钮,打开拉伸设计图标后,选择剪切材料特征,选取如图 4-7-19所示的平面为草绘平面,接受缺省参照后,进入二维草绘模式。在草绘内绘制如图 4-7-20所示剖面图,完成后退出草绘模式。

(9)特征参数设置“从草绘平面以指定深度值拉伸”,数值为“30”,选择剪切材料特征,最后得到的效果图如图 4-7-21 所示。

图 4-7-18 创建拉伸剪切特征图

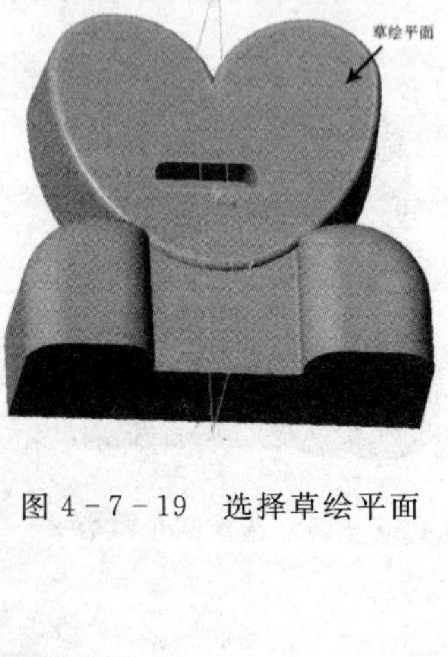

图 4-7-19 选择草绘平面

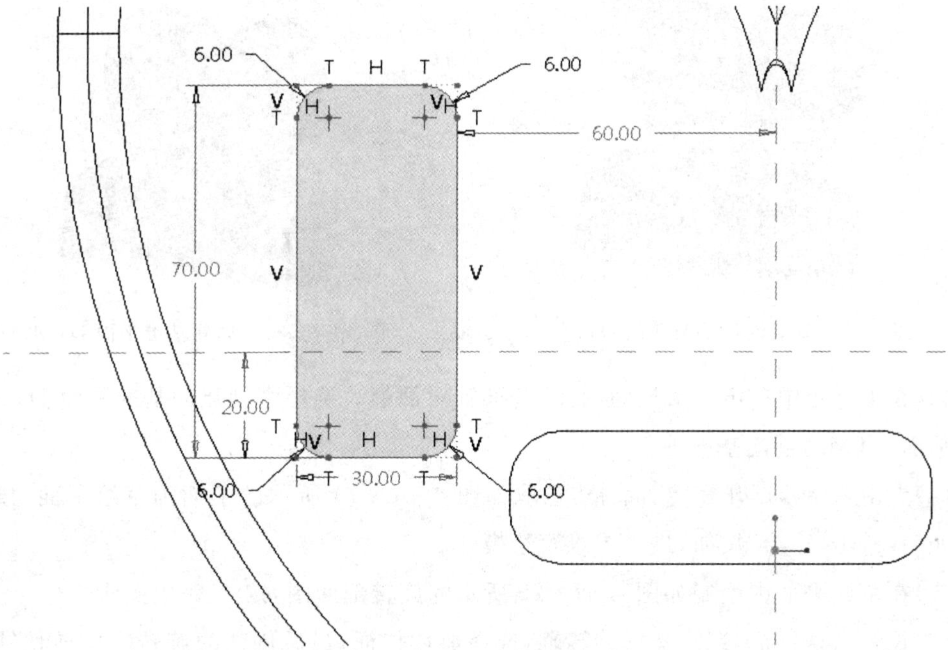

图 4-7-20 草绘剖面

图 4-7-21 创建拉伸剪切特征

3. 创建旋转减切特征

(1)在工具箱中单击▱按钮,打开基准平面对话框。平移基准平面 RIGHT,数值为"80",创建基准平面 DTM1,如图 4-7-22 所示。

(2)在工具箱中单击▱按钮,打开基准平面对话框。平移基准平面 TOP,数值为"75",创建基准平面 DTM2,如图 4-7-23 所示。

图 4-7-22　创建基准平面 DTM1

图 4-7-23　创建基准平面 DTM2

(3)在工具箱中单击 / 轴 按钮，打开基准轴对话框。选择刚创建的基准平面 DTM1 和基准平面 DTM2，创建基准轴。

(4)点击 旋转，打开旋转对话框，选取如图 4-7-24 所示的平面为草绘平面，接受缺省参照后，单击“草绘”按钮，进入二维草绘模式。

(5)在草绘平面内绘制如图 4-7-25 所示的旋转剖面图，按☑完成操作。

(6)设置默认特征参数，选择旋转轴，选择剪切特征，最后创建的旋转实体剪切特征如图 4-7-26 所示。

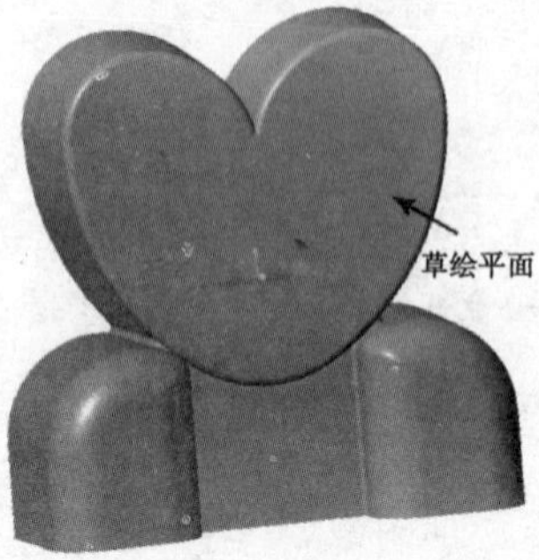

图 4-7-24　选择草绘平面

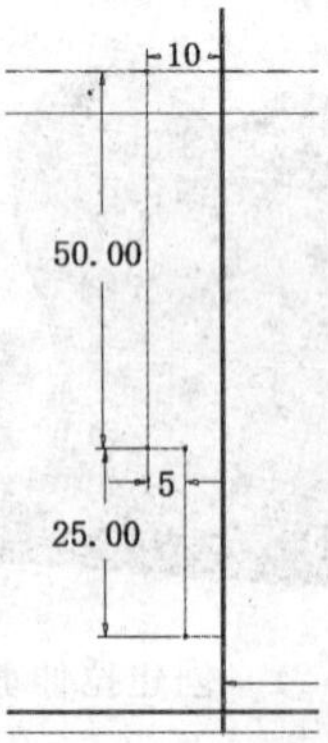

图 4-7-25　草绘剖面

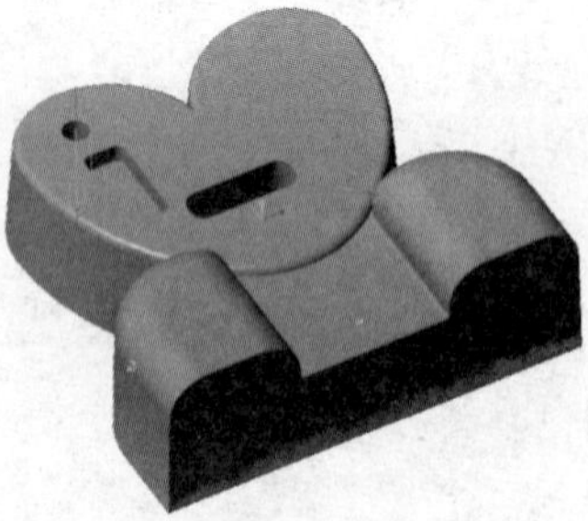

图 4-7-26　旋转剪切特征

(7)选取刚创建的旋转特征作为复制对象，在工具箱中点击 镜像 按钮，选取基准平面 RIGHT 作为镜像参照，镜像结果如图 4-7-27 所示。

(8)单击 按钮，打开基准平面对话框，平移基准平面 TOP，数值为“150”，创建基准平面 DTM3，如图 4-7-28 所示。单击 按钮，平移基准平面 RIGHT，数值为“110”，创建基准平面 DTM4，如图 4－7－29 所示。

图 4－7－27　镜像特征

图 4－7－28　创建基准面 DTM3

图 4－7－29　创建基准面 DTM4

(9)在工具箱中单击 轴按钮，打开基准轴对话框。选择刚创建的基准平面 DTM3 和基准平面 DTM4，创建基准轴。

(10)点击 旋转，打开旋转对话框，选取 DTM3 平面为草绘平面，接受缺省参照后，单击“草绘”按钮，进入二维草绘模式。在草绘平面内绘制如图 4－7－30 所示的旋转剖面图，按☑完成操作。

(11)设置默认特征参数，选择旋转轴，选择剪切特征，最后创建的旋转实体剪切特征如图 4－7－31 所示。

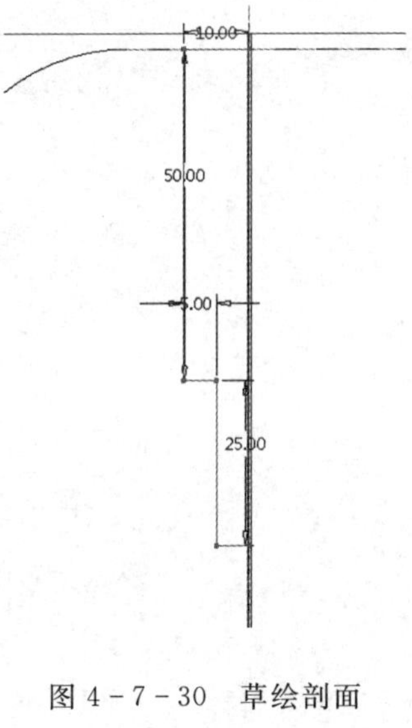

图 4－7－30　草绘剖面

图 4－7－31　旋转特征图

(12)选取刚创建的旋转特征作为复制对象,在工具箱中点击镜像按钮,选取基准平面RIGHT作为镜像参照,最终的镜像结果如图4-7-32所示。

图4-7-32 最终镜像特征

思考题

1. 拔模枢轴含义是什么?拔模枢轴选实体特征的上端面或下端面有什么不同?
2. 拔模特征做好后,要修改拔模方向怎么办?
3. 曲面拔模时,为什么拔模角度出不来?怎么解决?
4. 创建旋转实体特征时,进入草绘器后,所画截面图形为什么要封闭?
5. 旋转剪切特征能否用其他命令完成?

4.8 榨汁机设计

1. 创建旋转曲面特征

(1)创建一名称为“4－8”的零件文件。然后单击“旋转”按钮，选取 FRONT 面为旋转平面，选择按钮，绘制如图 4－8－1 所示的图形，创建旋转曲面特征。

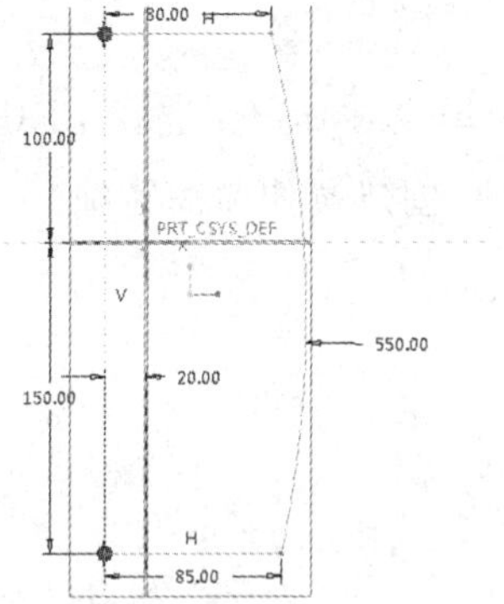

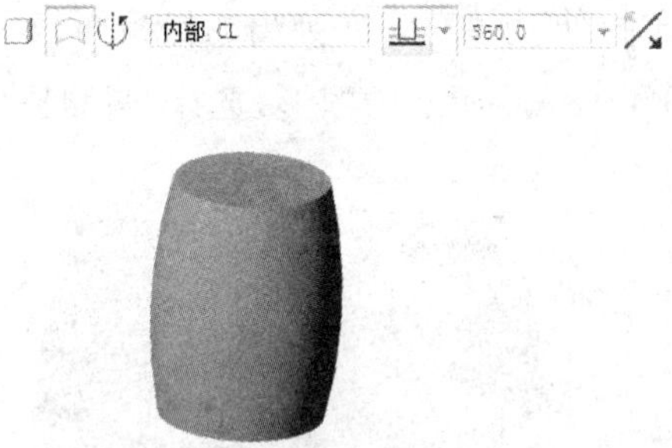

图 4－8－1　创建旋转曲面特征

(2)单击“拉伸曲面”按钮，在弹出的操控面板中选按钮，选择 TOP 面为草绘平面，绘制如图 4－8－2 所示的图形，选择“两侧拉伸”创建拉伸曲面特征。

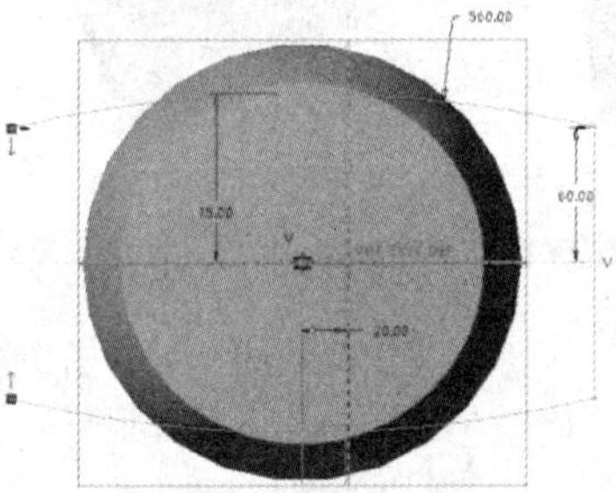

图 4－8－2　创建拉伸曲面特征

(3)按住 Ctrl 键不放，在窗口单击选取拉伸与旋转曲面，单击“合并”按钮，通过选择如图 4-8-3 所示保留侧创建曲面合并特征。

图 4-8-3　创建合并曲面特征

(4)单击“拉伸”按钮，在弹出的操控面板中单击按钮，选择 FRONT 面为草绘平面，绘制如图 4-8-4 所示的图形，选择“两侧拉伸”创建拉伸曲面特征。

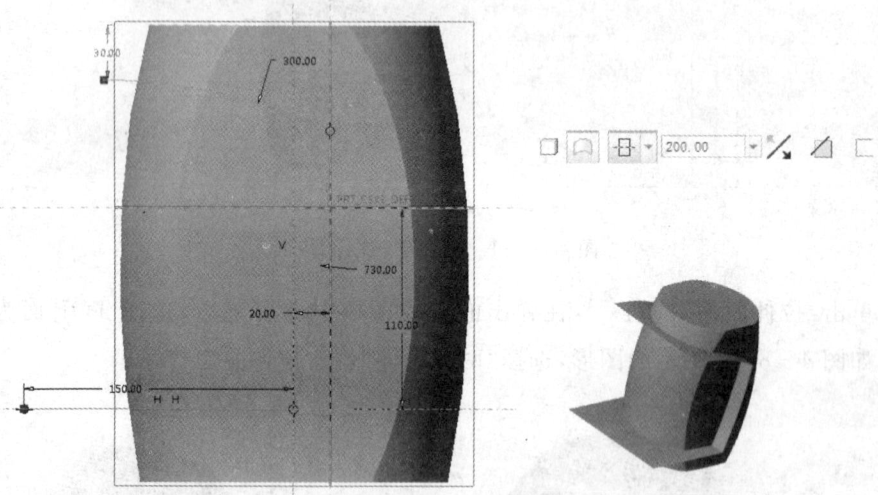

图 4-8-4　创建拉伸曲面特征

(5)按住 Ctrl 键不放，在窗口单击图 4-8-5 所示的两个曲面，单击“合并”按钮，通过选择如图所示保留侧创建曲面合并特征。

(6)单击“拔模”按钮，选择两侧曲面作为拔模曲面，底面为拔模枢轴，拔模角度为 3°，如图 4-8-6 所示，创建拔模特征。

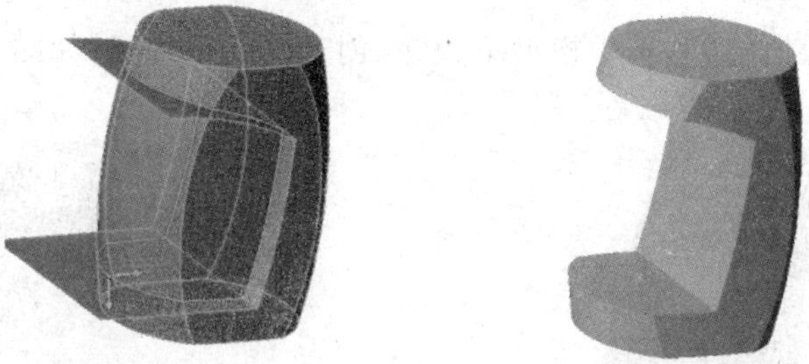

图 4-8-5　创建合并曲面特征

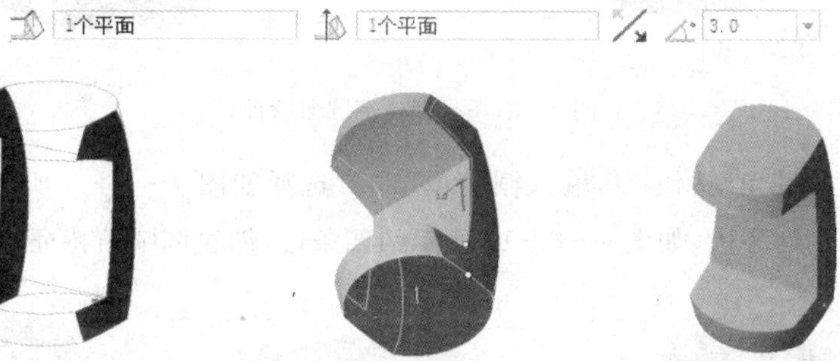

图 4-8-6　创建拔模特征

2. 创建倒圆角特征

(1)单击“倒圆角”按钮，选取如图 4-8-7 所示的两条边，图示操控面板中选择“完全倒圆角”，建立倒圆角特征。

图 4-8-7　创建倒圆角特征

(2)单击“倒圆角”按钮，输入圆角值“5”，选中模型上边缘，创建倒圆角特征。重复倒圆角命令，输入圆角值“15”，选中模型下边缘，创建倒圆角特征，如图 4-8-8 所示。

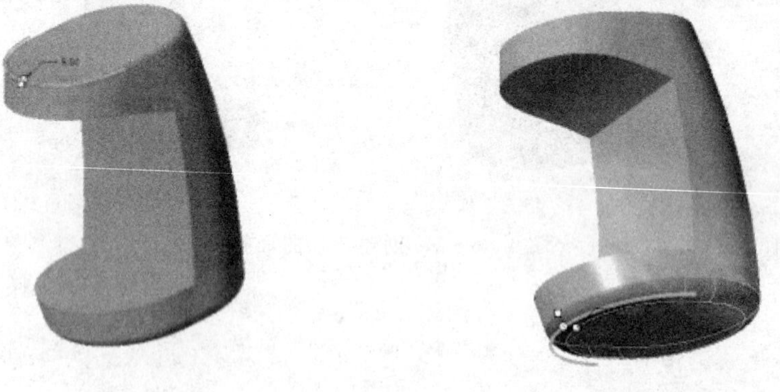

图 4-8-8　创建倒圆角特征(1)

(3)单击“倒圆角”按钮，输入圆角值“20”，选择如图 4-8-9 所示的两条边、如图 4-8-10所示的两条边、如图 4-8-11 所示的四条边，创建倒圆角特征。

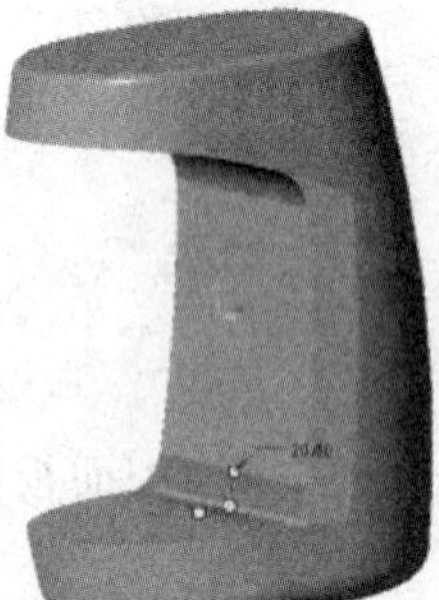

图 4-8-9　创建倒圆角特征(2)

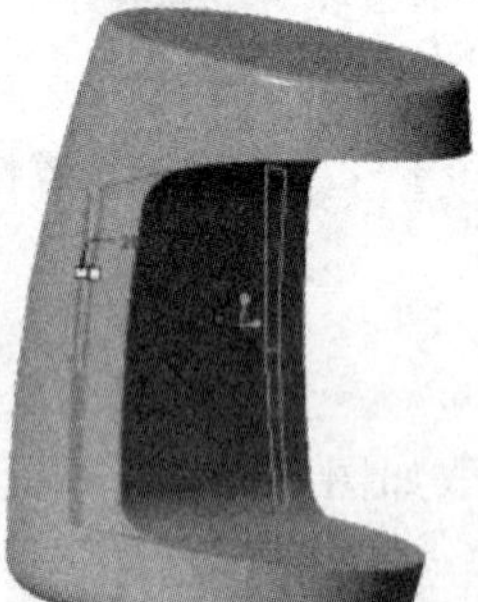

图 4-8-10　创建倒圆角特征(3)

图 4-8-11　创建倒圆角特征(4)

3. 创建曲面特征

(1)然后单击“旋转”按钮，选取 FRONT 面为旋转平面，选择“作为曲面旋转”按钮，绘制如图 4-8-12 所示的图形，创建旋转曲面特征。

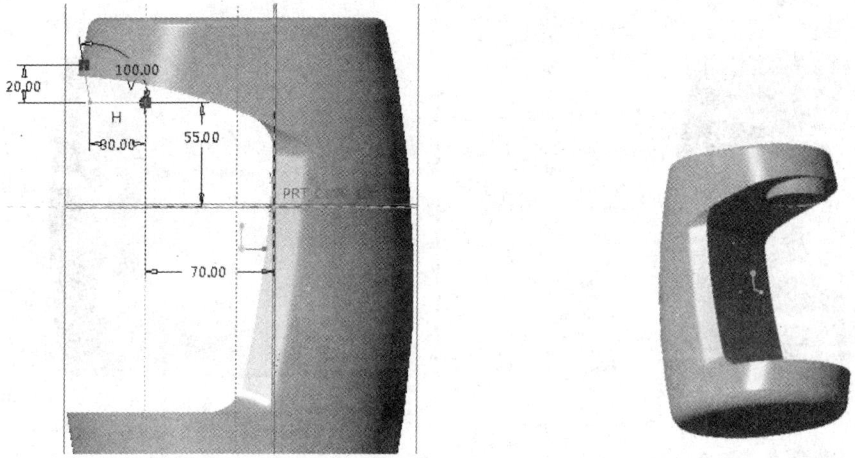

图 4-8-12 创建旋转曲面特征

(2)按住 Ctrl 键不放,单击如图 4-8-13 所示的两个曲面,单击"合并"按钮,通过选择如图 4-8-13 所示保留侧创建曲面合并特征。

图 4-8-13 创建曲面合并特征

(3)选择如图 4-8-14 所示的曲面集,使用"复制""粘贴"命令复制两个曲面集,并将其隐藏。

(4)单击"草绘"命令,在 FRONT 面上绘制如图 4-8-15 所示的线条。

(5)单击"拉伸"按钮,在弹出的操控面板中单击"拉伸为曲面"按钮,选择 FRONT 面为草绘平面,使用"投影"命令 投影 绘制如图 4-8-16 所示的曲线,选择"两侧拉伸"创建拉伸曲面特征。

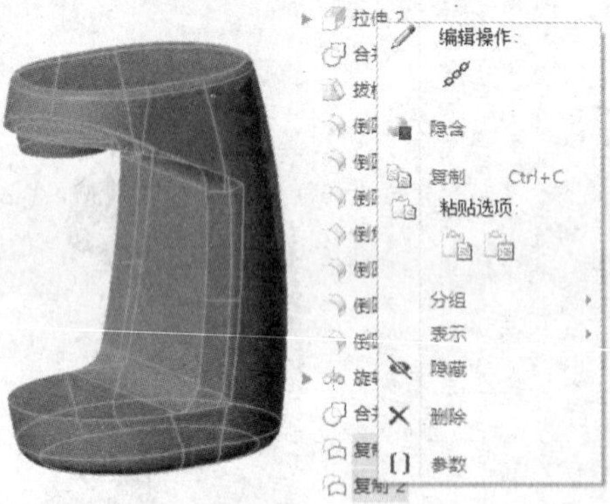

图 4-8-14　复制曲面集

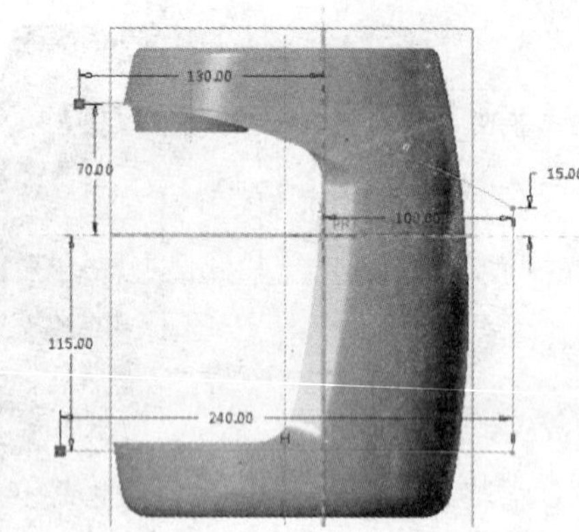

图 4-8-15　创建草绘特征

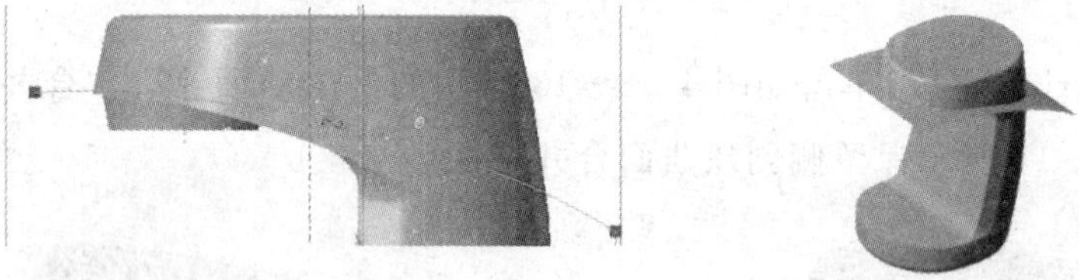

图 4-8-16　创建拉伸曲面特征

(6)按住 Ctrl 键不放,在窗口选取如图 4-8-17 所示曲面,单击“合并”按钮 ,通过选择如图所示保留侧创建曲面合并特征。

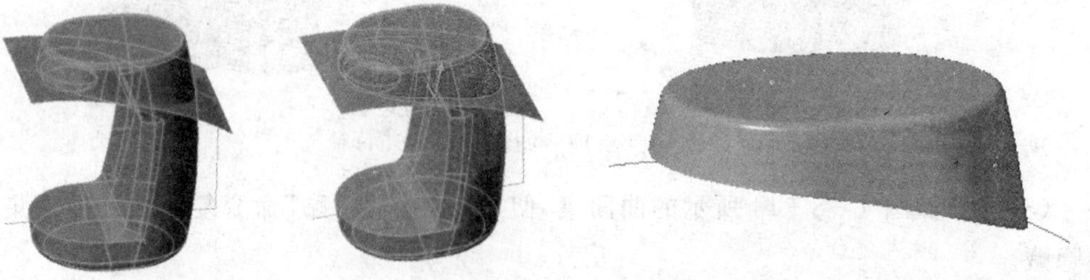

图 4-8-17　创建曲面合并特征

(7)单击“倒圆角”命令 ,输入圆角值“1”,选择如图 4-8-18 所示的边创建倒圆角特征。

(8)取消第(3)步所隐藏的“复制 1”曲面集，单击“拉伸”按钮，在弹出的操控面板中单击“拉伸为曲面”按钮，选择 FRONT 面为草绘平面，使用“投影”命令，绘制如图 4－8－19 所示的曲线，选择“两侧拉伸”创建拉伸曲面特征。

图 4－8－18　创建倒圆角特征

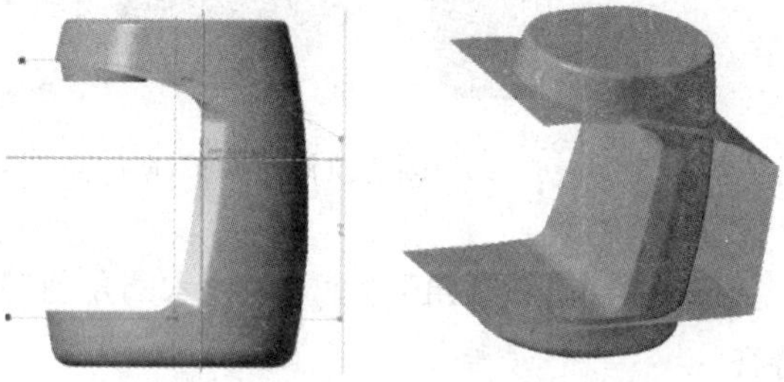

图 4－8－19　创建拉伸曲面特征

(9)按住 Ctrl 键不放，在窗口选取如图 4－8－20 所示曲面，单击“合并”按钮，通过选择如图所示保留侧创建曲面合并特征。

(10)单击“倒圆角”命令，输入圆角值“1”，选择如图 4－8－21 所示的边创建倒圆角特征。

图 4－8－20　创建曲面合并特征图

图 4－8－21　创建倒圆角特征

(11)取消第(3)步所隐藏的“复制 2”曲面集，单击“拉伸”按钮，在弹出的操控面板中单击“拉伸为曲面”按钮，选择 FRONT 面为草绘平面，使用“投影”命令绘制如图4－8－22所示的曲线，选择“两侧拉伸”创建拉伸曲面特征。

(12)按住 Ctrl 键不放，在窗口选取如图 4－8－23 所示曲面，单击“合并”按钮，通过选择如图所示保留侧创建曲面合并特征。

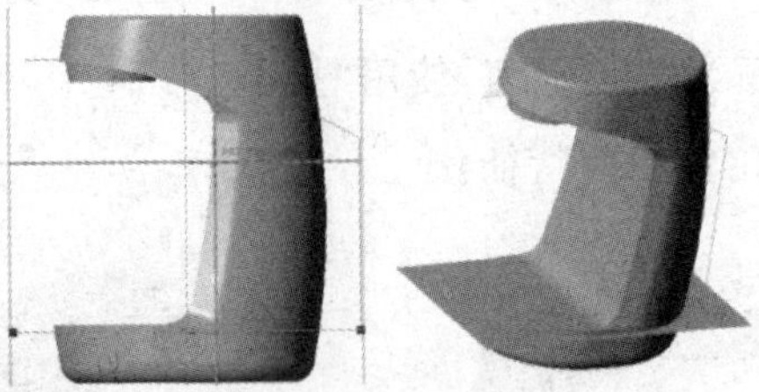

图 4-8-22 创建拉伸曲面特征

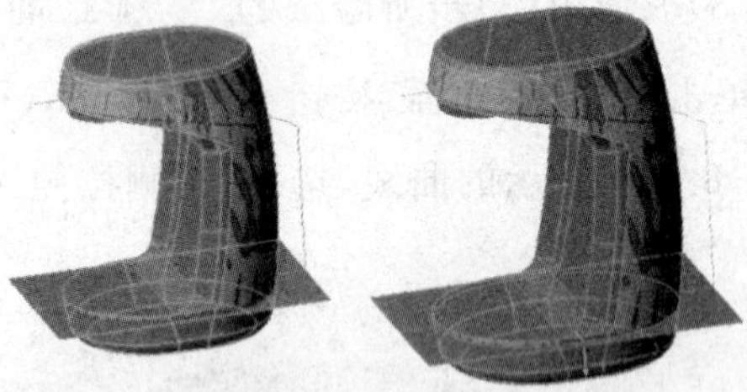

图 4-8-23 创建曲面合并特征

(13)单击“倒圆角”命令，输入圆角值“1”，选择如图 4-8-24 所示的边创建倒圆角特征。

(14)得出如图 4-8-25 所示的模型。

图 4-8-24 创建倒圆角特征

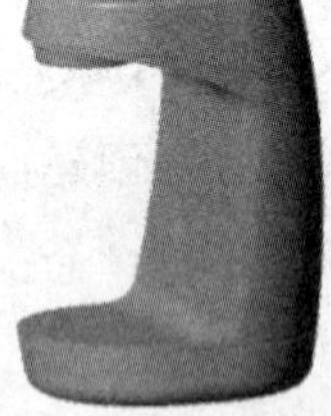

图 4-8-25 外壳效果

(15)选中如图 4-8-26 所示曲面集，单击“加厚”命令 加厚，输入厚度值 2，选择向内加厚，创建加厚特征。

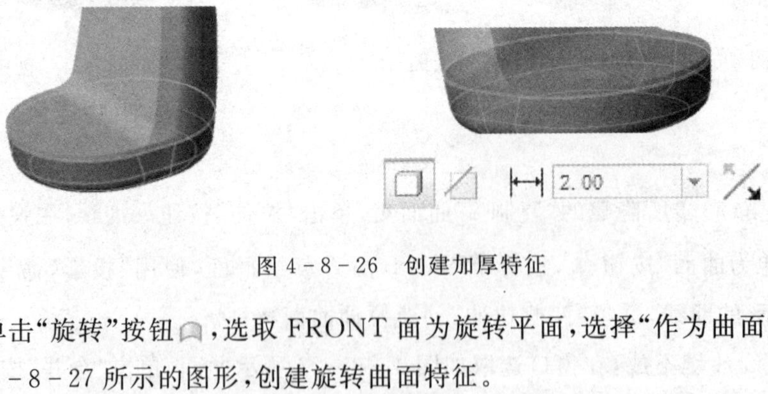

图 4-8-26 创建加厚特征

(16)单击“旋转”按钮，选取 FRONT 面为旋转平面，选择“作为曲面旋转”按钮，绘制如图 4-8-27 所示的图形，创建旋转曲面特征。

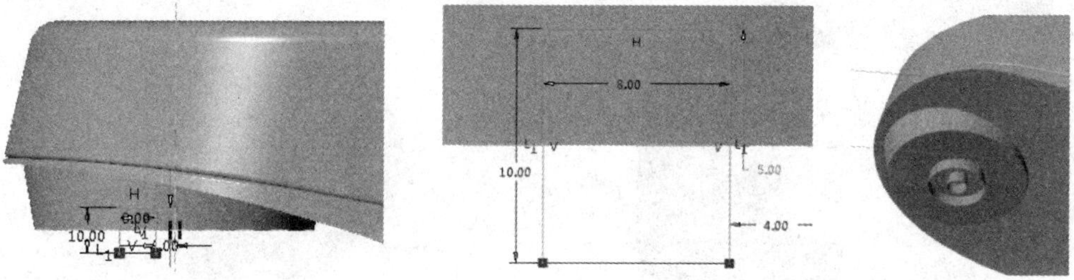

图 4-8-27　创建旋转曲面特征

(17)按住 Ctrl 键不放，在窗口选取如图 4-8-28 所示曲面，单击“合并”按钮，通过选择如图 2-8-28 所示保留侧创建曲面合并特征。

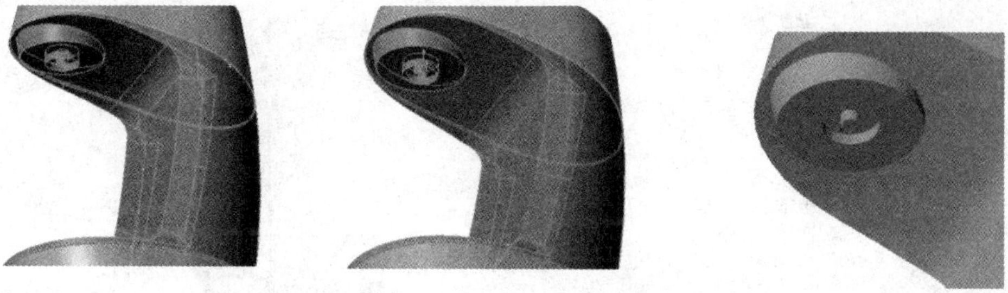

图 4-8-28　创建曲面合并特征

(18)选择如图 4-8-29 所示曲面集，单击“实体化”命令实体化，创建实体特征。

(19)单击“拉伸”按钮，选择图 4-8-30 所示平面为草绘平面，绘制如图所示曲线，创建拉伸实体剪切特征。

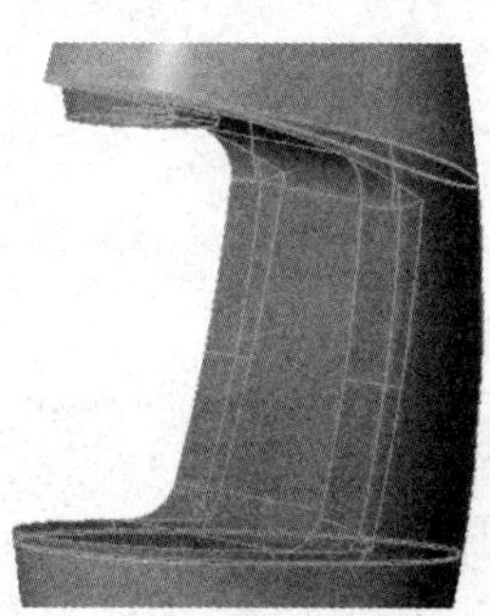

图 4-8-29　创建实体化特征

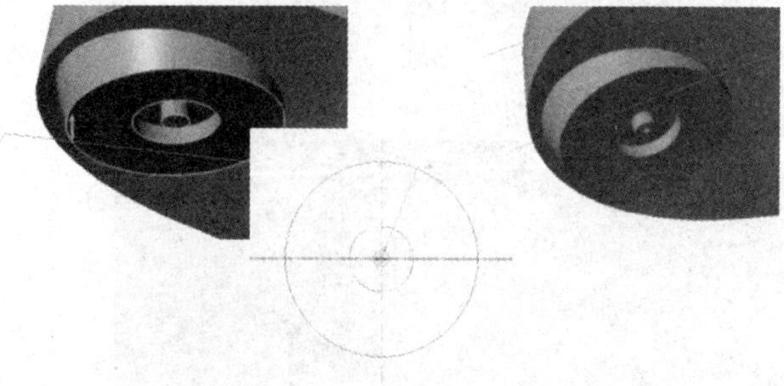

图 4-8-30　创建拉伸实体剪切特征

(20)为中部模型创建倒圆角,如图 4-8-31 所示。

图 4-8-31 创建倒圆角特征

(21)单击“平面”按钮 ▱ ,创建 DTM1 基准平面,如图 4-8-32 所示。

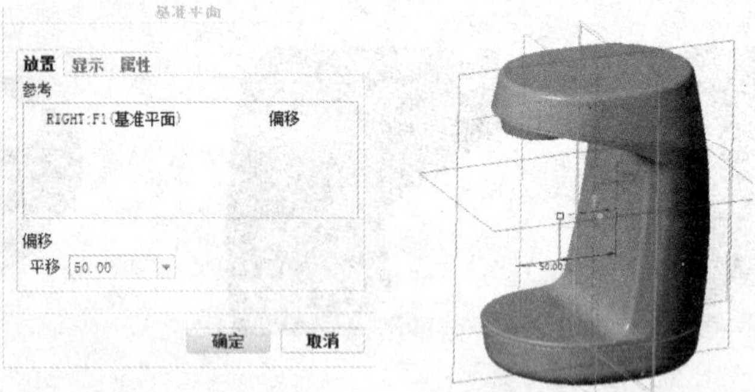

图 4-8-32 创建基准平面

(22)单击“旋转”按钮 ,选取 DTM1 面为旋转平面,选择“作为曲面旋转”按钮 ,绘制如图 4-8-33 所示的图形,创建旋转曲面特征。

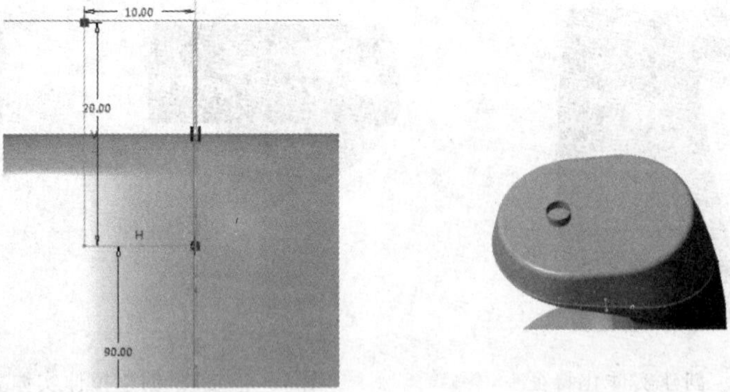

图 4-8-33 创建旋转曲面特征

(23)按住 Ctrl 键不放，在窗口选取如图 4-8-34 所示曲面，单击“合并”按钮，通过选择如图 4-8-34 所示保留侧创建曲面合并特征。

图 4-8-34　创建合并曲面特征

(24)单击“倒圆角”命令，输入圆角值“1”，选择如图 4-8-35 所示的边创建倒圆角特征。

(25)选择如图 4-8-36 所示曲面集，单击“加厚”按钮 加厚，输入厚度值$\sqrt{2}$，创建加厚特征。

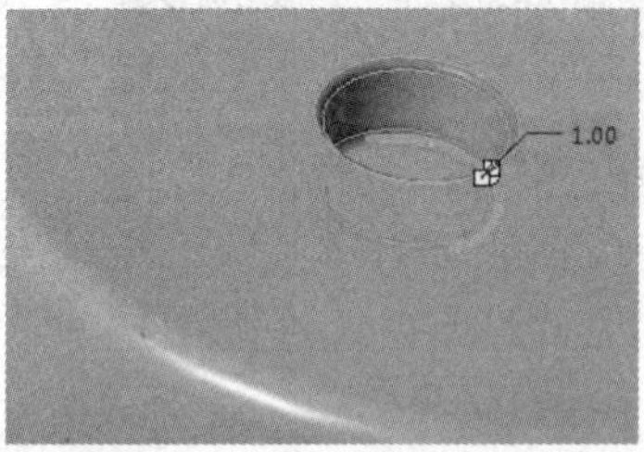

图 4-8-35　创建倒圆角特征

图 4-8-36　创建加厚特征

(26)单击“旋转”按钮，选择图 DTM1 平面为草绘平面，绘制如图 4-8-37 所示曲线，创建旋转实体特征。

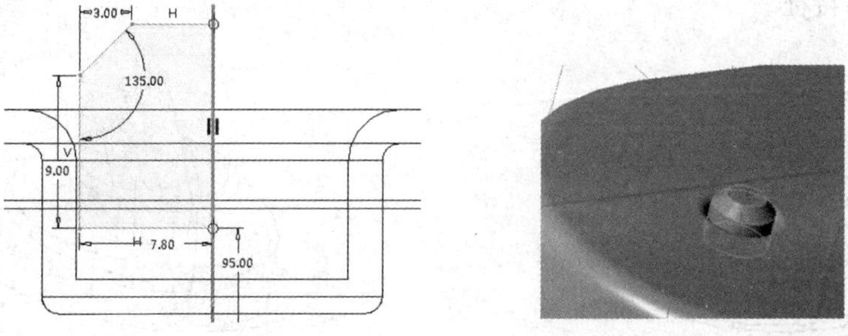

图 4-8-37　创建拉伸实体特征

(27)单击“倒圆角”按钮，输入圆角值“1”，选择如图 4－8－38 所示边缘，创建倒圆角特征。

图 4－8－38 创建倒圆角特征

(28)单击“拉伸”按钮，选择 DTM1 平面为草绘平面，绘制如图 4－8－39 所示曲线，创建拉伸实体特征。

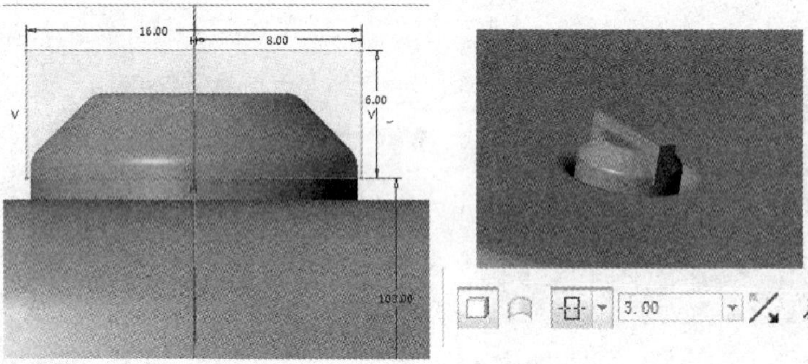

图 4－8－39 创建拉伸实体特征

(29)单击“倒圆角”按钮，输入圆角值“1”，选择如图 4－8－40 和图 4－8－41 所示边缘，创建倒圆角特征。

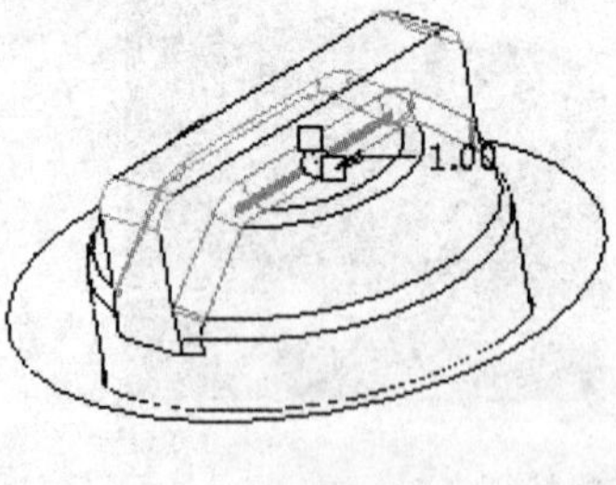

图 4－8－40 创建倒圆角特征(1)

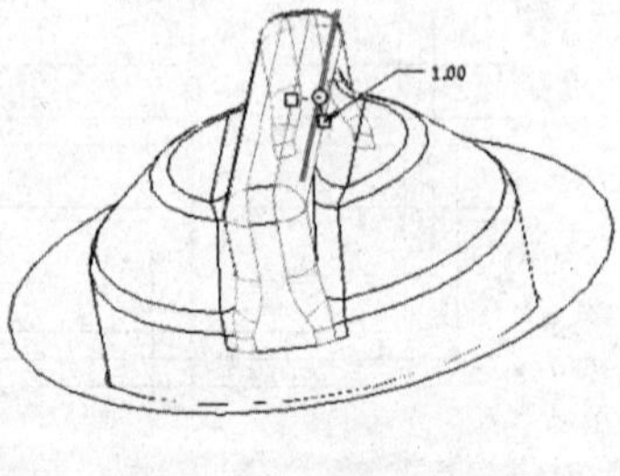

4－8－41 创建倒圆角特征(2)

(30)单击“旋转”按钮，选取 FRONT 面为旋转平面，选择“作为曲面旋转”按钮，绘制如图 4-8-42 所示的图形，创建旋转曲面特征。

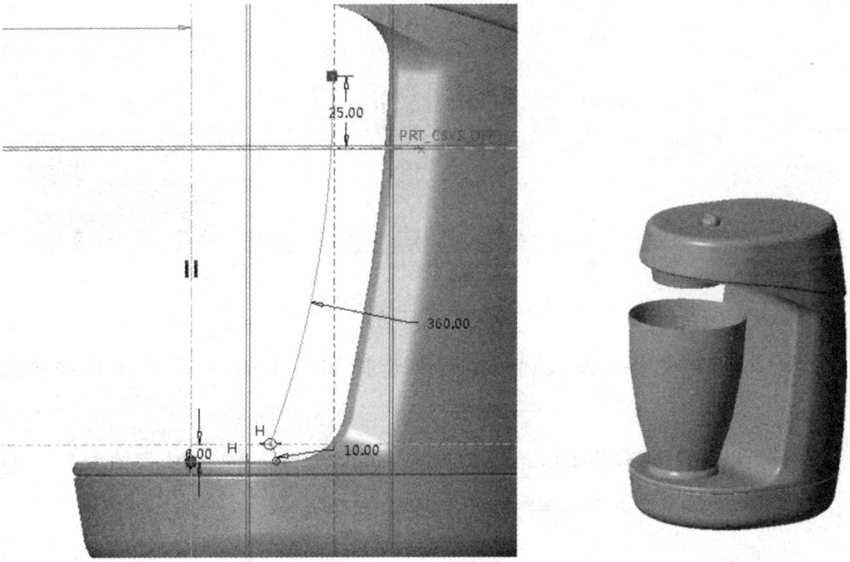

图 4-8-42　创建旋转曲面特征

(31)选择如图 4-8-43 所示曲面，单击“加厚”命令 加厚，输入厚度值“2”，创建加厚特征。

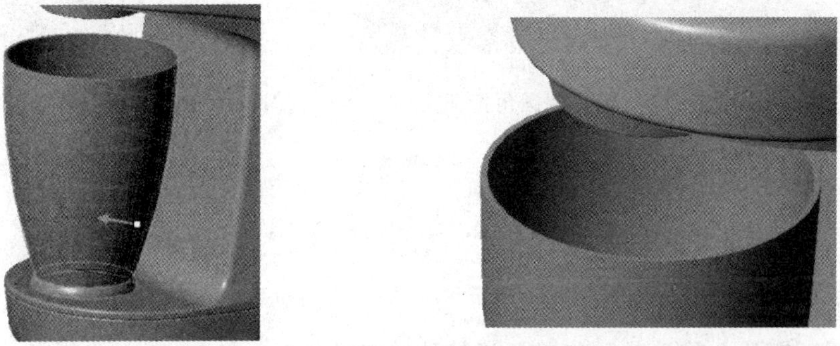

图 4-8-43　创建加厚特征

(32)单击“旋转”按钮，选取 FRONT 面为旋转平面，选择“作为曲面旋转”按钮，绘制如图 4-8-44 所示的图形，创建旋转曲面特征。

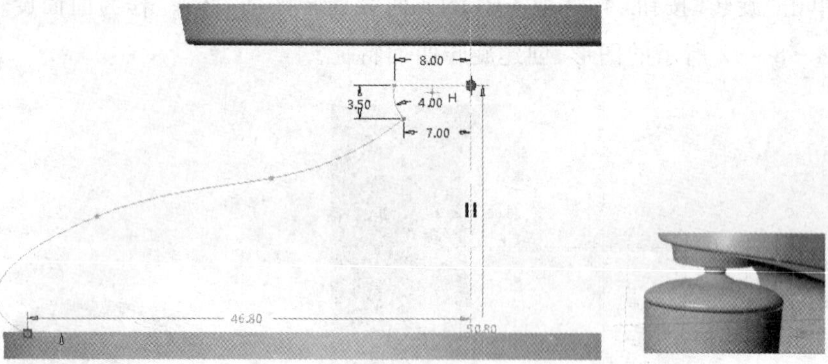

图 4-8-44　创建旋转曲面特征

(33)单击“倒圆角”按钮，输入圆角值“1”，选择如图 4-8-45 所示边缘创建倒圆角特征。

(34)选择第 32 步骤所创建曲面，单击“加厚”按钮 加厚，输入厚度值“1”，创建加厚特征。最终得出如图 4-8-46 所示效果。

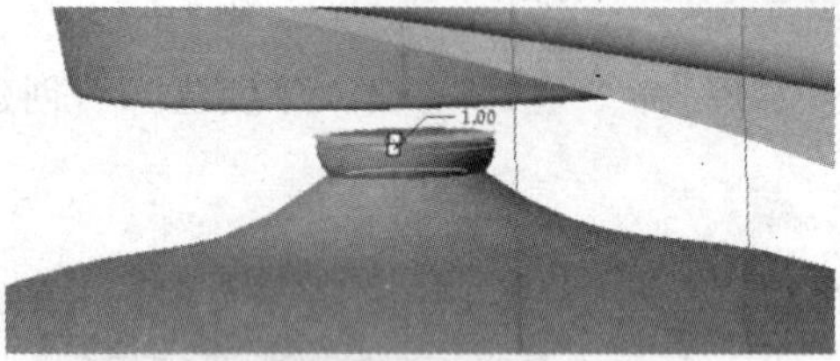

图 4-8-45　创建倒圆角特征

图 4-8-46　最终效果

思考题

1.“组”有什么作用？如何将不连续的特征成组？

2. 投影命令中参照如何选择？

3. 结合榨汁机设计案例，总结复杂曲面产品造型设计的思想和建模过程。

4. 面的合并过程中需要注意哪些问题？

5. 如何修改样条曲线的曲率？要使多点能修改，创建时要注意什么？

4.9 摄像头设计

1. 创建旋转实体特征

(1)新建→选“零件”→输入名称“4－9”。

(2)点击旋转，选 FRONT 面为草绘平面，接受缺省参照，在草绘器中绘制如图 4－9－1 所示的旋转剖面图，选择旋转轴，创建的旋转实体特征如图 4－9－2 所示。

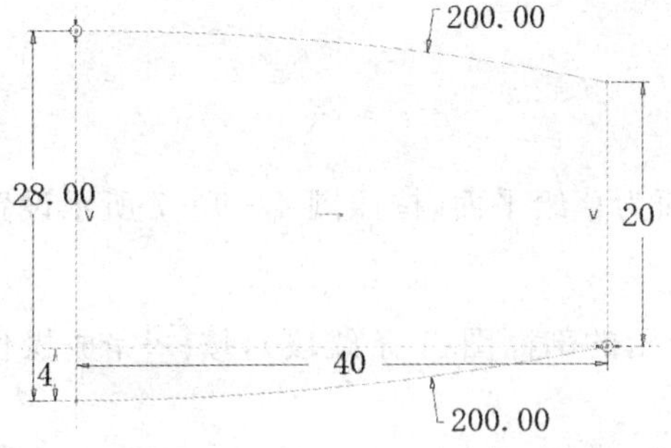

图 4－9－1　草绘图

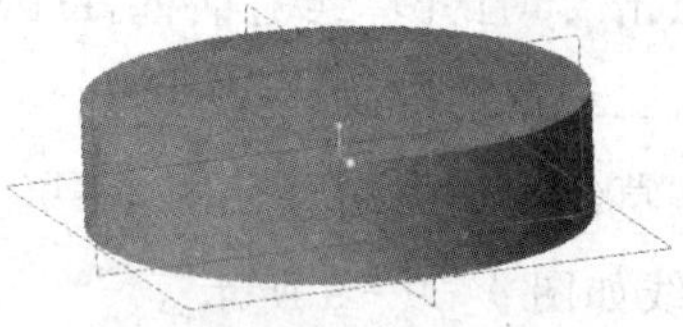

图 4－9－2　旋转特征

(3)点击旋转，打开旋转对话框，选 FRONT 面为草绘平面，接受缺省参照后，单击“草绘”按钮，进入二维草绘模式，绘制如图 4－9－3 所示的旋转剖面图，选择旋转轴，创建的旋转实体特征如图 4－9－4 所示。

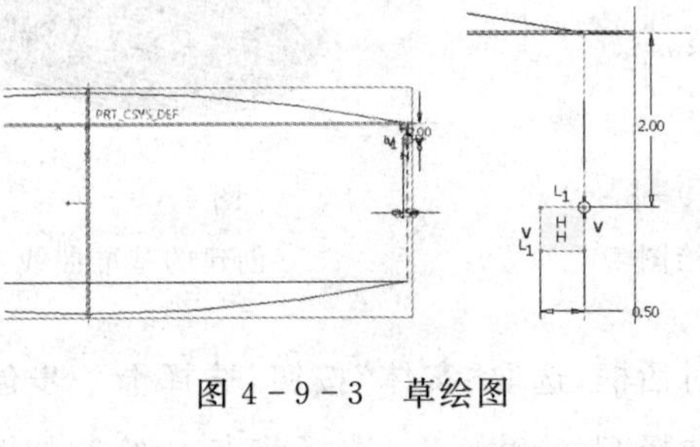

图 4－9－3　草绘图

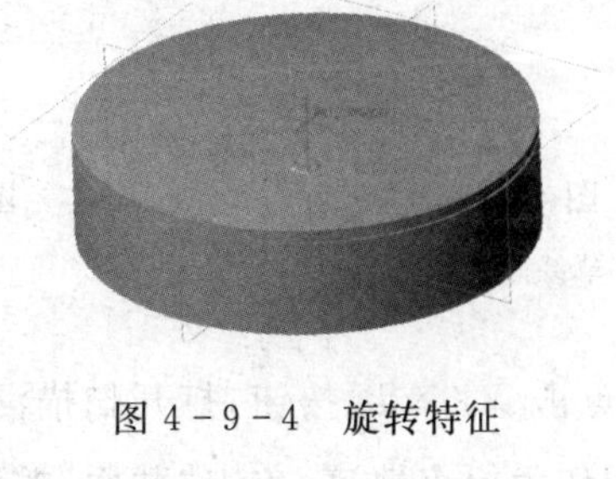

图 4－9－4　旋转特征

2. 创建基准平面

在工具箱中单击 按钮，打开基准平面对话框。按照如图 4-9-5 所示参数设置，平移基准平面 TOP，创建基准平面 DTM1，如图 4-9-6 所示。

图 4-9-5 基准平面设置

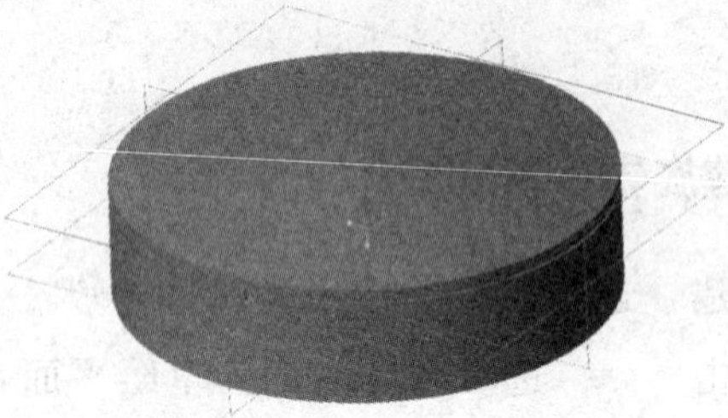

图 4-9-6 创建基准平面

3. 创建扫描混合特征

(1)点击 ，打开草绘对话框，DTM1 面为草绘平面，按照图 4-9-7 所示设置参考平面后，进入二维草绘模式。

(2)在草绘平面内绘制如图 4-9-8 所示的剖面图(1 条线段)，按 完成操作。创建的基准曲线如图 4-9-9 所示。

图 4-9-7

草绘基准设置

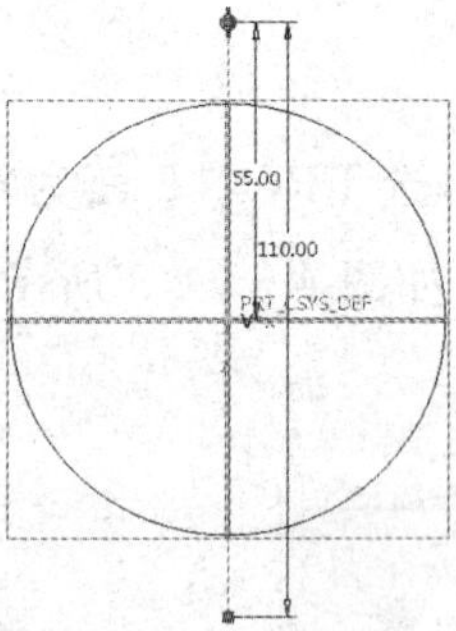

图 4-9-8

草绘图

图 4-9-9

创建的基准曲线

(3)点击 扫描混合按钮，打开扫描混合对话框，选取“实体”按钮，选择上一步创建的草绘基准线作为原点轨迹，单击“截面”按钮，选择“草绘截面”。选择节点 1，绘制如图 4-9-

10所示的截面1。绘制好的截面1如图4-9-11所示。

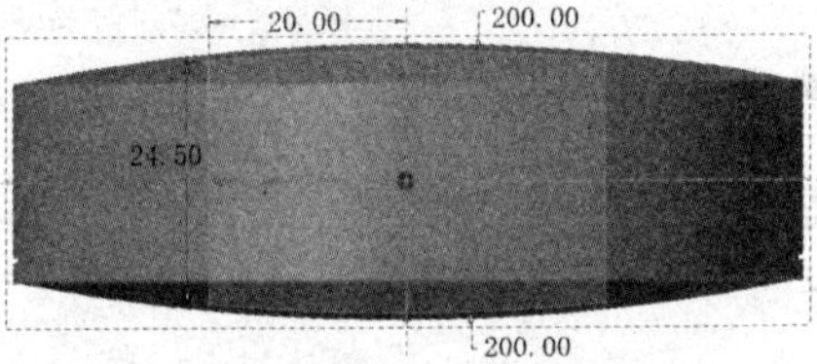

图4-9-10　草绘截面1

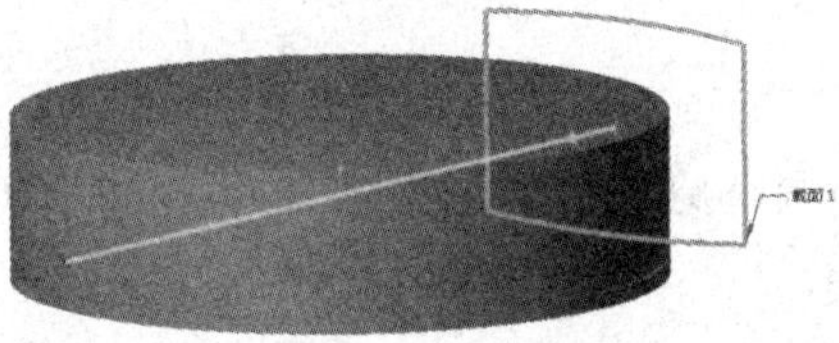

图4-9-11　绘制的截面1

(4)在面板中单击“插入”按钮,添加截面2。点击“草绘”按钮,绘制如图4-9-12所示的截面2,按完成操作。绘制好的扫描混合特征如图4-9-13所示。

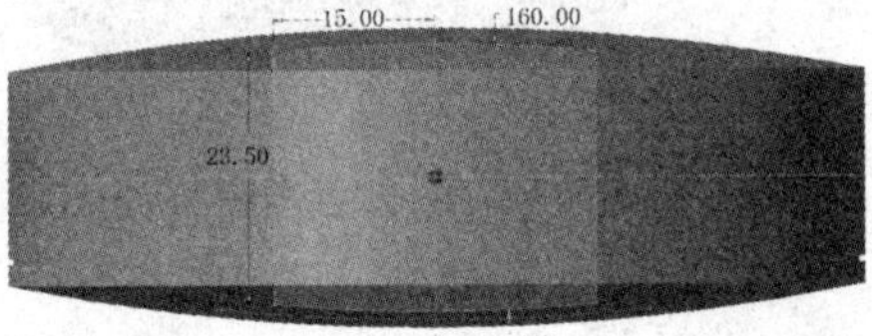

图4-9-12　草绘截面2

图4-9-13　扫描混合特征

4. 创建剪切特征

(1)在工具箱中点击按钮,打开拉伸设计图标后,选取DTM1面为草绘平面,接受缺省参照后,进入二维草绘模式。

(2)在草绘内绘制如图4-9-14所示剖面图,完成后退出草绘模式。按照图4-9-15所示设置特征参数。

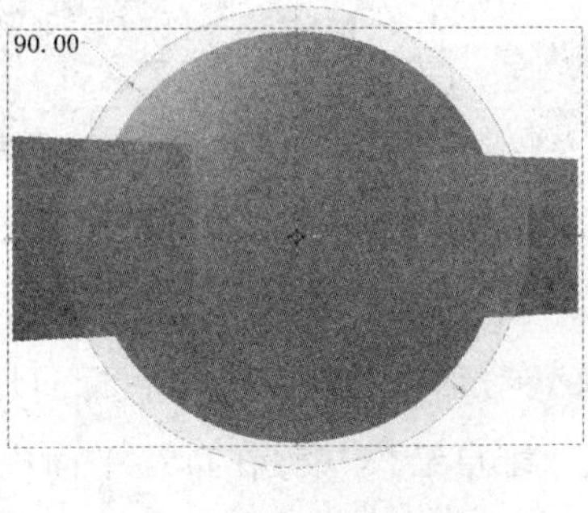

图4-9-14　草绘剖面

图 4-9-15　设置特征参数

(3)调整剪切材料侧方向如图 4-9-16 中箭头方向所示，最后得到的效果图如图 4-9-17 所示。

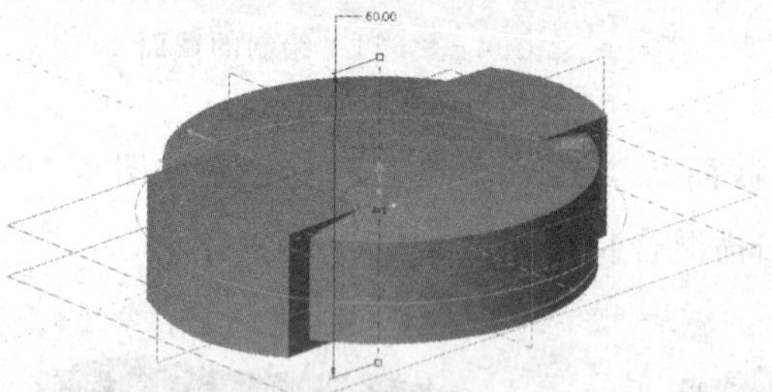

图 4-9-16　设置剪切方向

图 4-9-17　剪切特征效果

5. 创建旋转实体特征

(1)点击旋转，打开旋转对话框，选取基准平面 FRONT 面为草绘平面，接受缺省参照后，单击“草绘”按钮，进入二维草绘模式。

(2)在草绘平面内绘制如图 4-9-18 所示的旋转剖面图，按完成操作。设置默认特征参数，选择旋转轴，最后创建的旋转实体特征如图 4-9-19 所示。

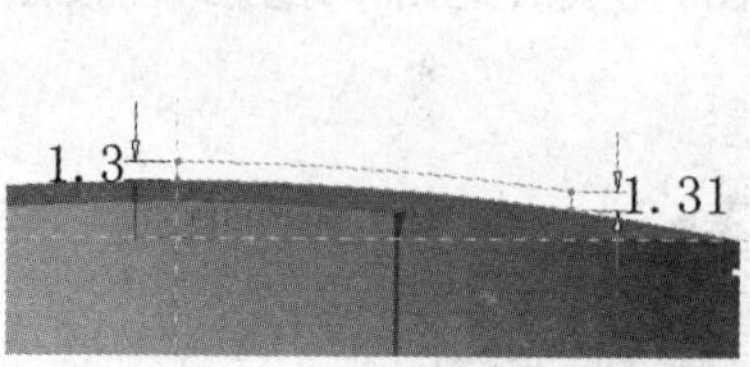

图 4-9-18　草绘剖面

图 4-9-19　旋转特征

(3)再次点击旋转，打开旋转对话框，选取基准平面 DTM1 面为草绘平面，接受缺省参照后，单击“草绘”按钮，进入二维草绘模式。在草绘平面内绘制如图 4-9-20 所示的旋转剖面图，按完成操作。设置默认特征参数，选择旋转轴，最后创建的旋转实体特征如

图 4 - 9 - 20 所示。

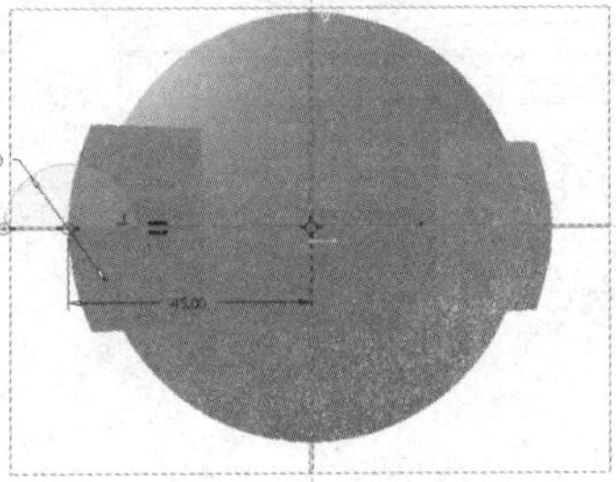

图 4 - 9 - 20　草绘剖面

图 4 - 9 - 21　旋转特征

(4)继续点击旋转，打开旋转对话框，按照图 4 - 9 - 22 所示设置特征参数，选取基准平面 DTM1 面为草绘平面，接受缺省参照后，绘制如图 4 - 9 - 23 所示的旋转剖面图，按☑完成操作。创建的旋转实体剪切特征如图 4 - 9 - 24 所示。

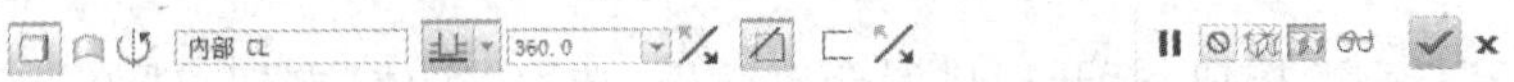

图 4 - 9 - 22　设置特征参数

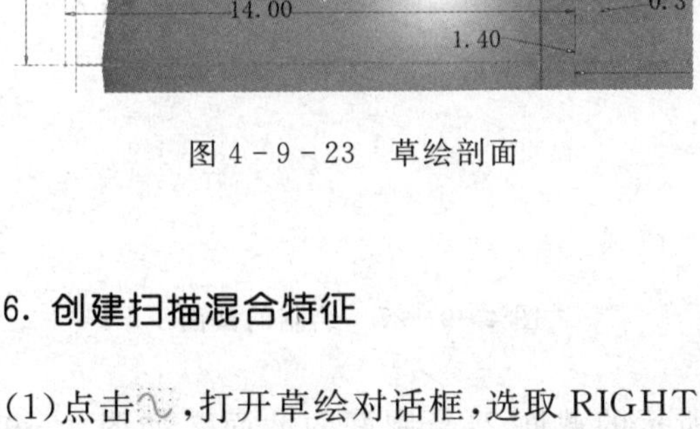

图 4 - 9 - 23　草绘剖面

图 4 - 9 - 24　旋转特征

6. 创建扫描混合特征

(1)点击，打开草绘对话框，选取 RIGHT 面为草绘平面，设置参考平面后，进入二维草绘模式。

(2)在草绘平面内绘制如图 4 - 9 - 25 所示的剖面图(5 条在同一直线上的线段)，按☑

完成操作。

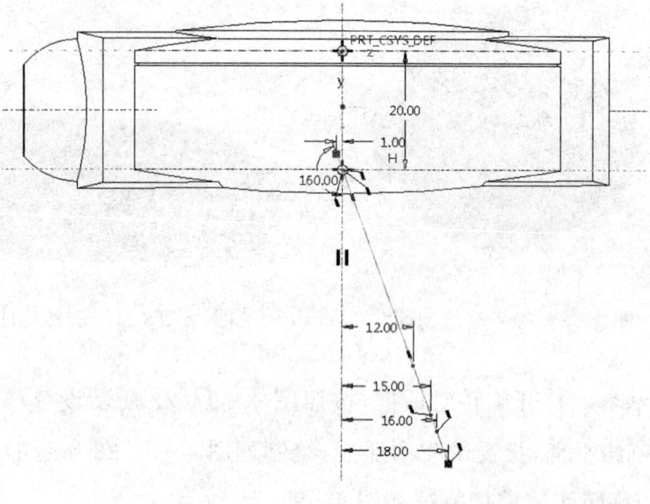

图 4-9-25　草绘剖面

(3)点击扫描混合按钮,打开扫描混合对话框,选取"实体"按钮,选择上一步创建的草绘基准线作为原点轨迹,单击"截面"按钮,选择"草绘截面"。

(4)选择节点 1,绘制如图 4-9-26 所示的截面 1,绘制好的截面 1 如图 4-9-27 所示。

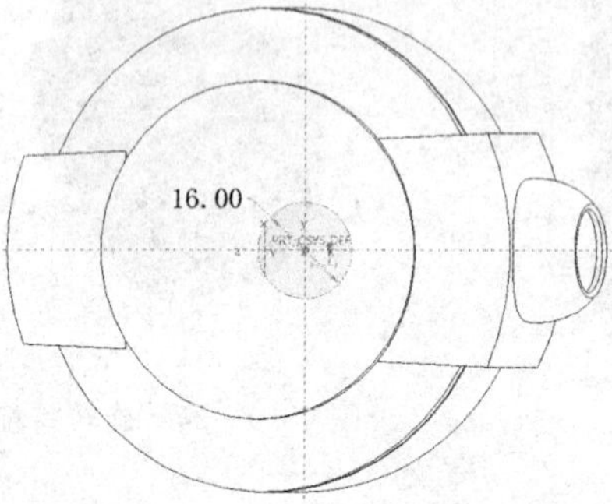

图 4-9-26　草绘截面 1

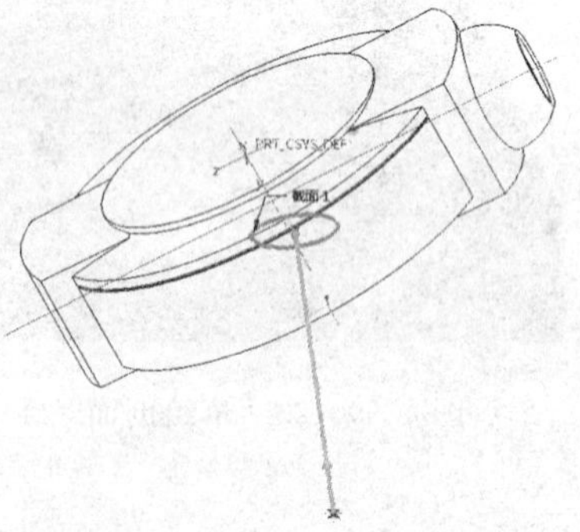

图 4-9-27　绘制的截面 1

(5)添加节点 2,绘制如图 4-9-28 所示的截面 2,绘制好的截面 2 如图 4-9-29 所示。

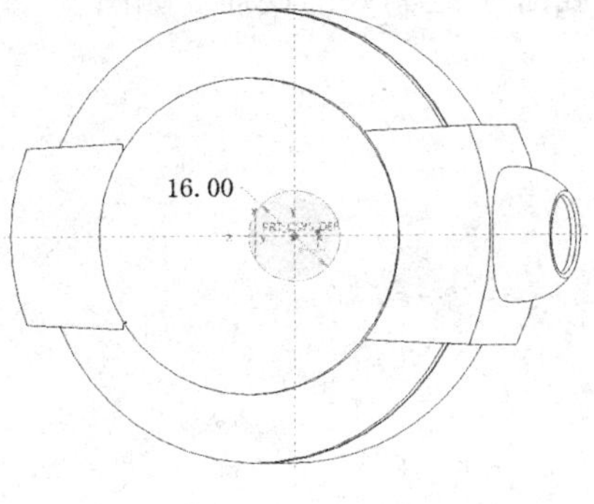

图 4-9-28　草绘截面 2

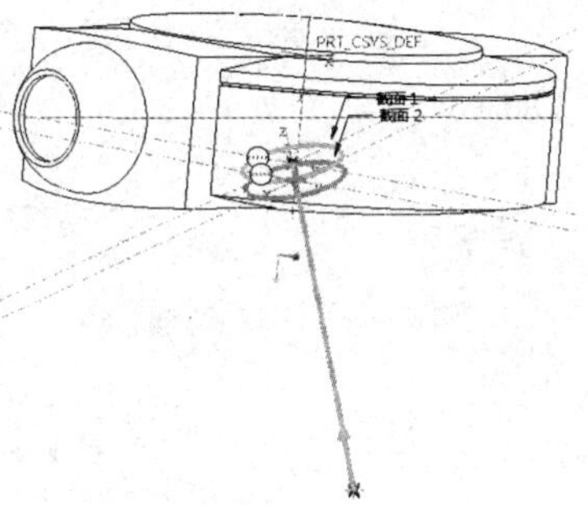

图 4-9-29　绘制的截面 2

(6)添加节点 3,绘制图 4-9-30 所示的截面 3,绘制好的截面 3 如图 4-9-31 所示。

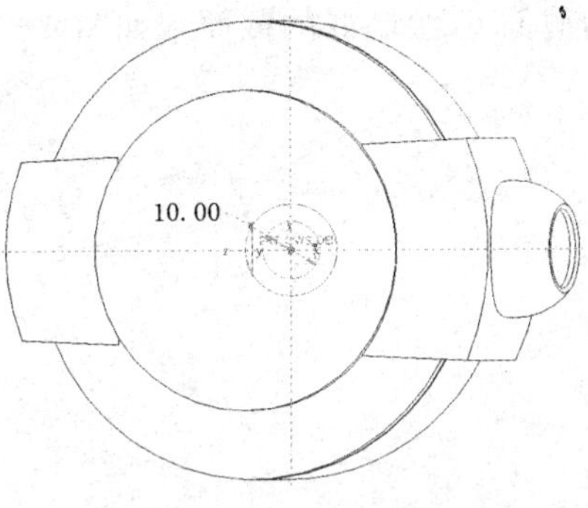

图 4-9-30　草绘截面 3

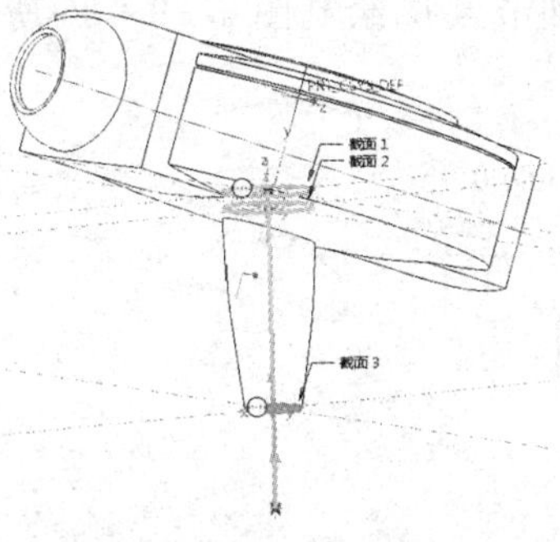

图 4-9-31　绘制的截面 3

(7)添加节点 4,绘制图 4-9-32 所示的截面 4,绘制好的截面 4 如图 4-9-33 所示。

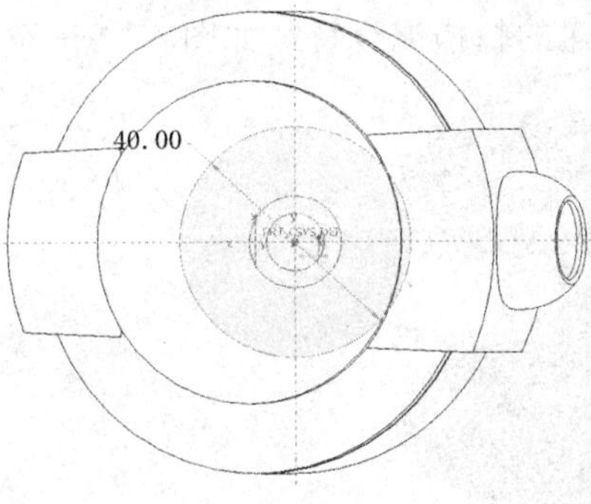

图 4-9-32　草绘截面 4

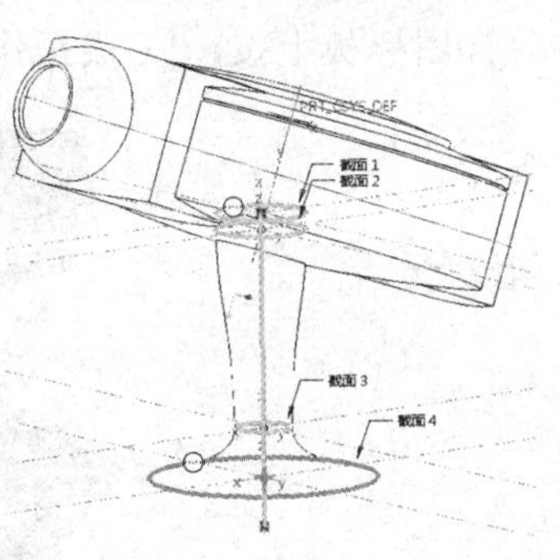

图 4-9-33　绘制的截面 4

(8)添加节点 5,绘制图 4-9-34 所示的截面 5,绘制好的截面 5 如图 4-9-35 所示。

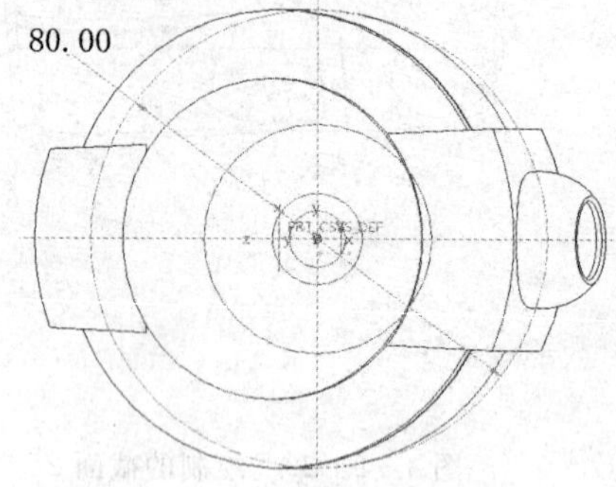

图 4-9-34　草绘截面 5

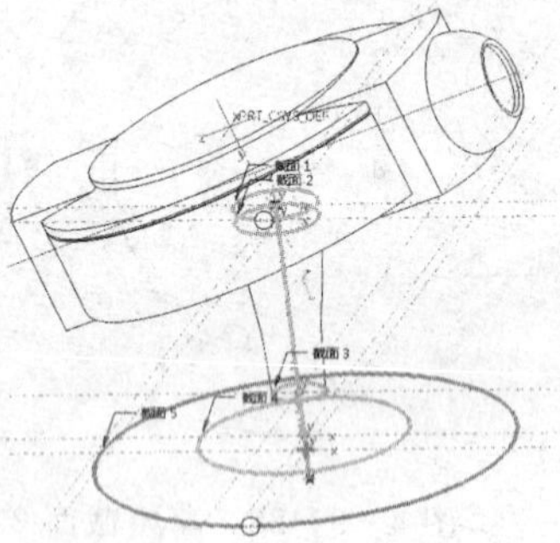

图 4-9-35　绘制的截面 5

(9)添加节点 6,绘制图 4-9-36 所示的截面 6,绘制好的截面 6 如图 4-9-37 所示。

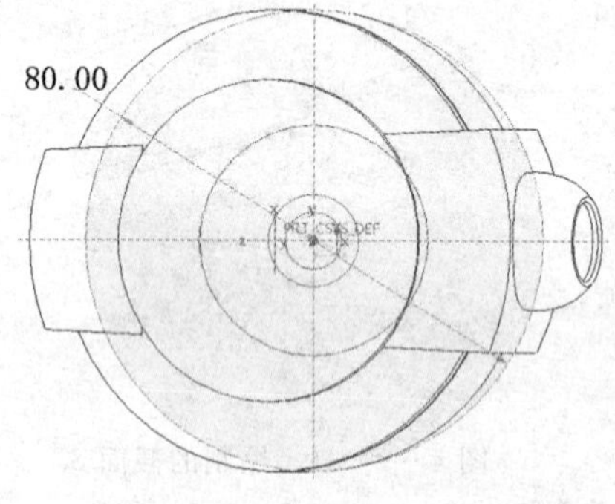

图 4-9-36　草绘截面 6

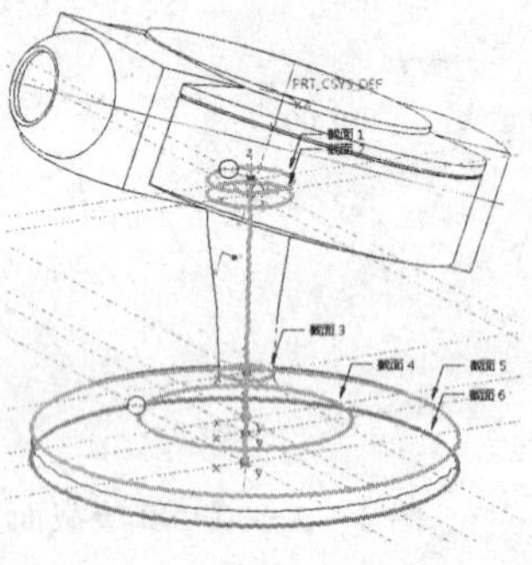

图 4-9-37　绘制的截面 6

(10)在设计图标板上按☑完成操作,创建的扫描混合特征如图 4-9-38 所示。

图 4-9-38　扫描混合特征效果

7. 创建拉伸旋转特征

(1)点击按钮,选 FRONT 面为草绘平面,接受缺省参照,绘制如图 4－9－39 所示剖面图,特征参数设置“对称拉伸”,数值为“2”,得到的效果图如图 4－9－40 所示。

图 4－9－39　草绘剖面

(2)单击按钮,选取刚创建的拉伸特征作为阵列对象,选取“轴”选项,个数为“6”,角度设置为“60”,创建阵列特征,阵列效果如图 4－9－41 所示。

图 4－9－40
拉伸效果

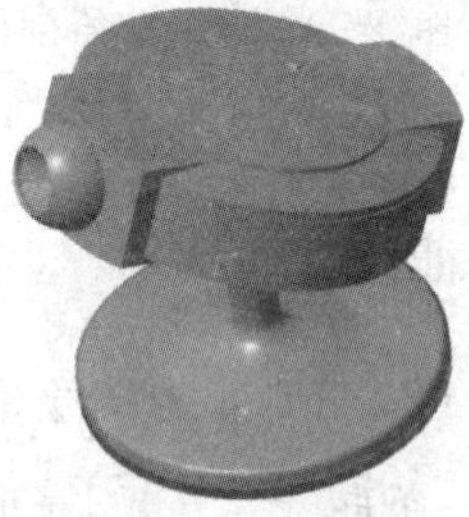

图 4－9－41
阵列效果

(3)点击旋转,选取 FRONT 面为草绘平面,接受缺省参照,绘制如图 4－9－42 所示的旋转剖面图,使用缺省参数创建剪切特征,创建的旋转实体特征如图 4－9－43 所示。

图 4－9－42　草绘剖面

图 4－9－43
旋转特征图

(4)继续点击旋转，选 FRONT 面为草绘平面，接受缺省参照，绘制如图 4-9-44 所示的旋转剖面图，使用缺省参数特征，最后创建的旋转实体特征如图 4-9-45 所示。

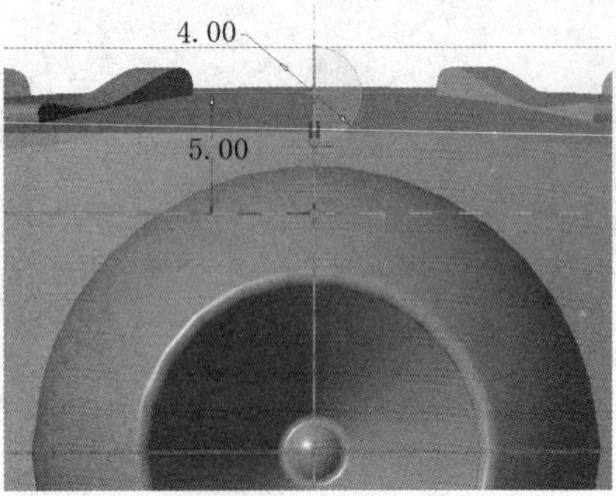

图 4-9-44 草绘剖面

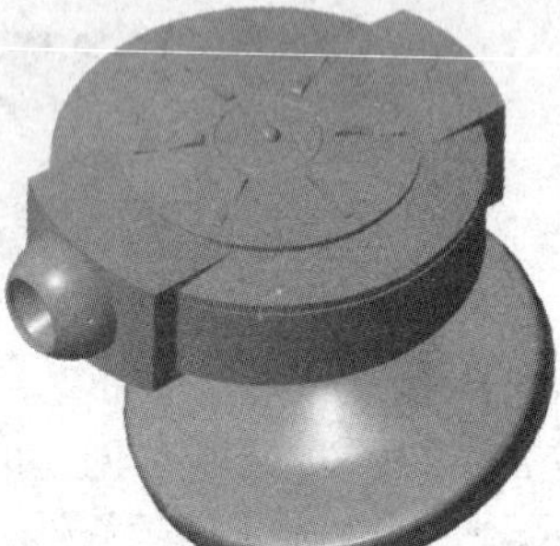

图 4-9-45 旋转特征

8. 创建扫描特征

(1)点击，以 RIGHT 面为草绘平面，默认参考平面，在草绘平面内绘制如图 4-9-46 所示的剖面图（一条曲线），按完成操作。

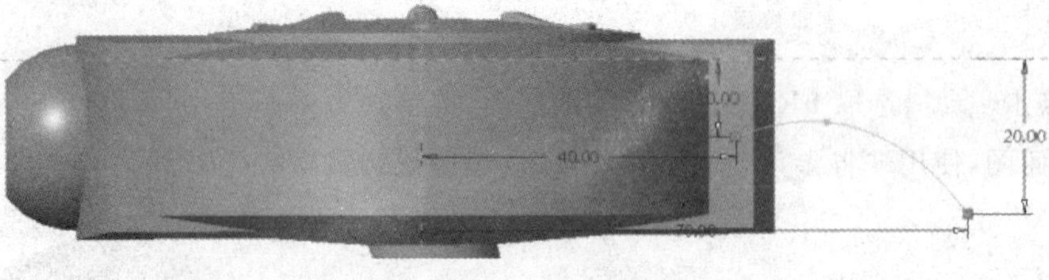

图 4-9-46 草绘剖面

(2)在工具箱中点击扫描按钮，打开扫描面板，按下实体按钮，选择刚创建的曲线作为扫描轨迹线。在图标板上单击按钮，进入草绘平面绘制如图 4-9-47 所示的剖面图，完成后退出。扫描后特征如图 4-9-48 所示。

图4-9-47　草绘剖面

图4-9-48
创建扫描特征

9. 创建螺旋扫描剪切特征

(1)点击“螺旋扫描”按钮，选取基准平面RIGHT面为草绘平面，在草绘内使用投影工具(选取实体边线)，绘制如图4-9-49所示剖面图，按完成操作。

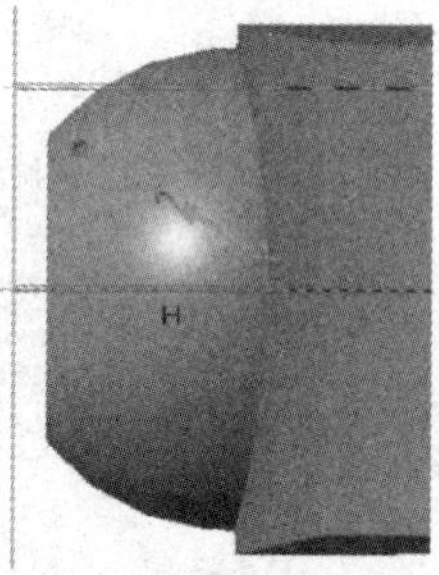

图4-9-49　创建螺旋扫描轨迹线

(2)按照图4-9-50所示设置特征参数，输入节距“0.6”。

图4-9-50　设置特征参数

(3)在草绘平面内绘制如图4-9-51所示的螺旋截面，完成后退出，创建的螺旋扫描剪切特征如图4-9-52所示。

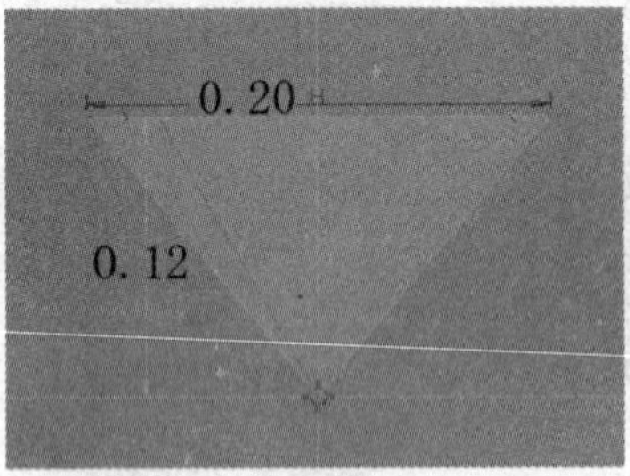

图 4-9-51　创建扫描螺旋截面

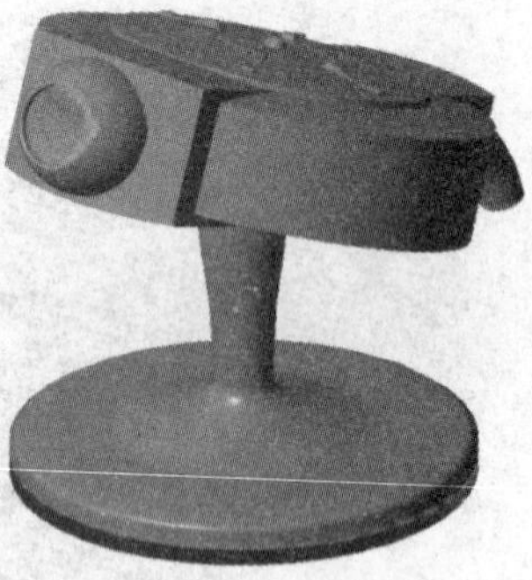

图 4-9-52　螺旋
扫描剪切效果

10. 创建拉伸剪切及阵列特征

(1)在工具箱中点击按钮，打开拉伸设计图标后，选择“剪切特征”按键，选取 DTM1 面为草绘平面，接受缺省参照后，进入二维草绘模式。

(2)在草绘内绘制如图 4-9-53 所示剖面图，完成后退出草绘模式。

(3)选择“双向拉伸”，参数为“40”，最后得到的效果图如图 4-9-54 所示。

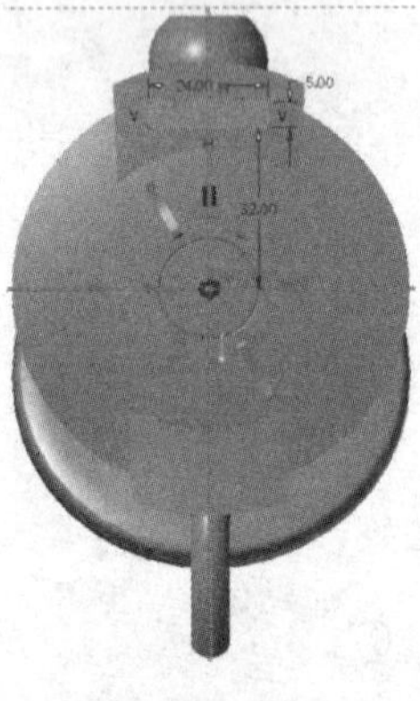

图 4-9-53
草绘剖面

图 4-9-54　创建
拉伸剪切特征

(4)在工具箱中单击按钮，打开基准平面对话框。

(5)按照如图 4-9-55 所示参数设置，平移基准平面，创建基准平面 DTM2，如图 4-9-56所示。

图 4-9-55 基准平面设置

图 4-9-56 创建基准平面

(6)在工具箱中点击按钮,打开拉伸设计图标后,选取 DTM2 面为草绘平面,接受缺省参照后,进入二维草绘模式。

(7)在草绘内绘制如图 4-9-57 所示剖面图,完成后退出草绘模式。

(8)选择“双向拉伸”,参数为“4”,最后得到的效果图如图 4-9-58 所示。

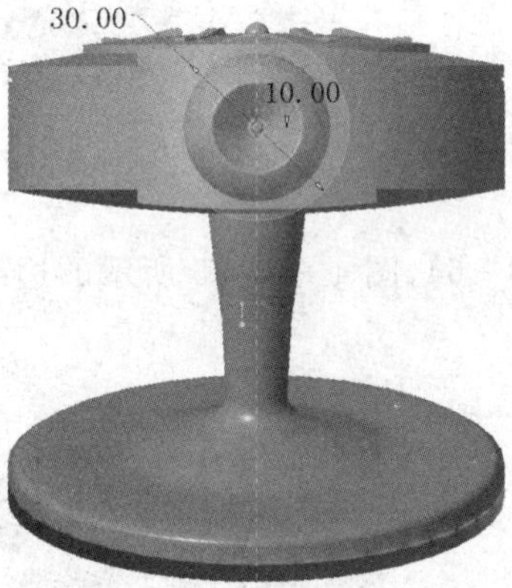

图 4-9-57 草绘剖面

图 4-9-58 创建拉伸特征

(9)在工具箱中继续点击按钮,打开拉伸设计图标后,选择“剪切特征”按键,选取 DTM2 面为草绘平面,接受缺省参照后,进入二维草绘模式。

(10)在草绘内绘制如图 4-9-59 所示剖面图,完成后退出草绘模式。

(11)选择“双向拉伸”,参数为“4”,最后得到的效果图如图 4-9-60 所示。

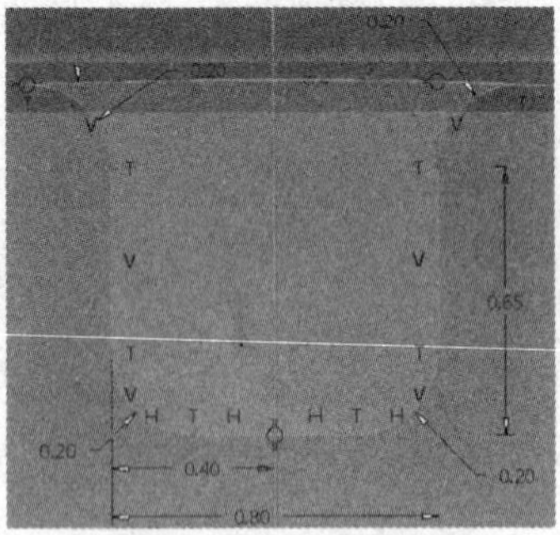

图 4-9-59　草绘剖面

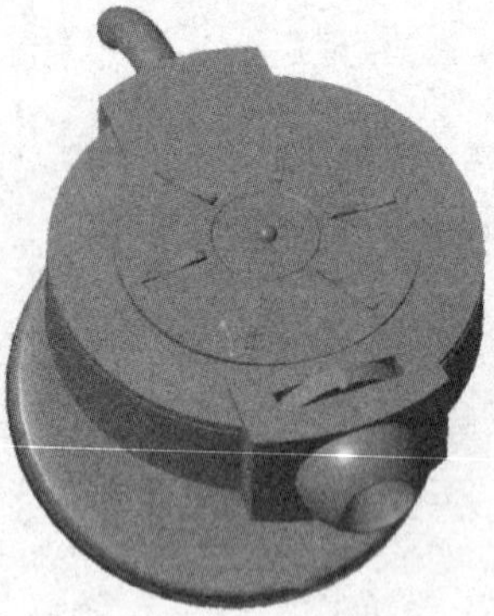

图 4-9-60　创建拉伸剪切特征

(12)选取刚才创建的拉伸实体特征作为阵列对象，单击按钮，选取“轴”选项，个数为“36”，角度设置为“10”，创建阵列特征，阵列效果如图 4-9-61 所示。

图 4-9-61　阵列效果

11. 创建倒圆角特征

(1)单击 圆角 按钮，按住 Ctrl 键选取如图 4-9-62 所示的边线作为圆角放置参照，输入圆角半径“5”，创建圆角特征。

(2)按住 Ctrl 键选取如图 4-9-63、图 4-9-64、图 4-9-65 所示的边线作为圆角放置参照，输入圆角半径“4”，创建圆角特征。

图 4-9-62　选择圆角参数 1

图 4-9-63　选择圆角参数

图 4－9－64　选择圆角参数

图 4－9－65　选择圆角参数

(3)单击 圆角 按钮，按住 Ctrl 键选取如图 4－9－66、图 4－9－67 所示的边线作为圆角放置参照，输入圆角半径“0.5”，创建圆角特征。

图 4－9－66　选择圆角参数

图 4－9－67　选择圆角参数

(4)隐藏所有的基准曲线和曲面，最终的设计结果如图 4－9－68 所示。

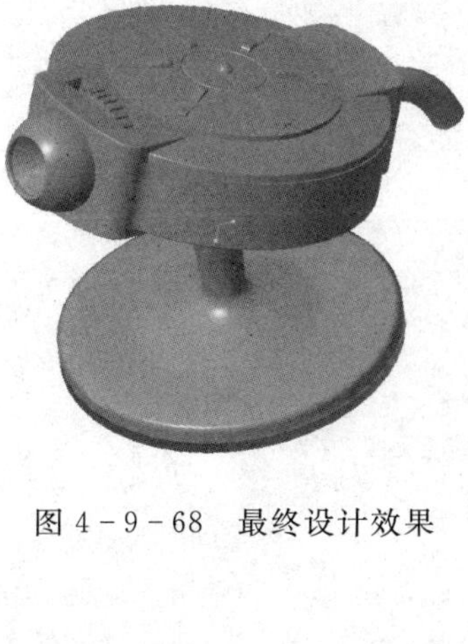

图 4－9－68　最终设计效果

思考题

1. 混合特征中需要注意哪些问题？

2. 在操作过程中，摄像头主体连接部分为什么容易做出倾斜的？原因在哪里？如何解决？

3. 工程特征与实体特征的区别是什么？本设计实例中哪些特征是工程特征？

4. 扫描混合特征生成以后，若发现某一个截面尺寸发生错误，如何修改？

5. 螺旋扫描特征创建好后，如何修改其中某个属性，如轨迹或截面？

6. 用螺旋扫描创建螺旋切口时，剖面绘制要注意哪些问题？若要求螺纹是凸出的，该怎么办？请练习。

4.10 望远镜设计

1. 创建曲线及基准

(1)新建→选“零件”→输入名称“4 - 10”。

(2)点击草绘按钮,以 FRONT 面为草绘平面,默认参考平面,进入二维草绘模式,绘制如图 4 - 10 - 1所示的剖面图,按☑完成操作。

(3)单击工具箱中平面按钮,平移基准平面 FRONT,数值为“15”,创建基准平面 DTM1,如图 4 - 10 - 2 所示。

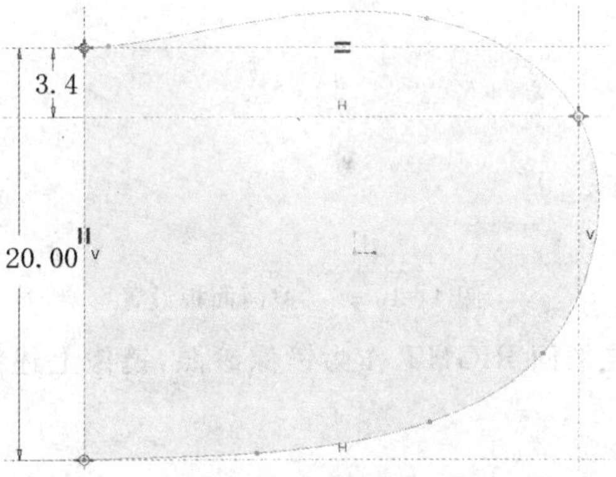

图 4 - 10 - 1　草绘图

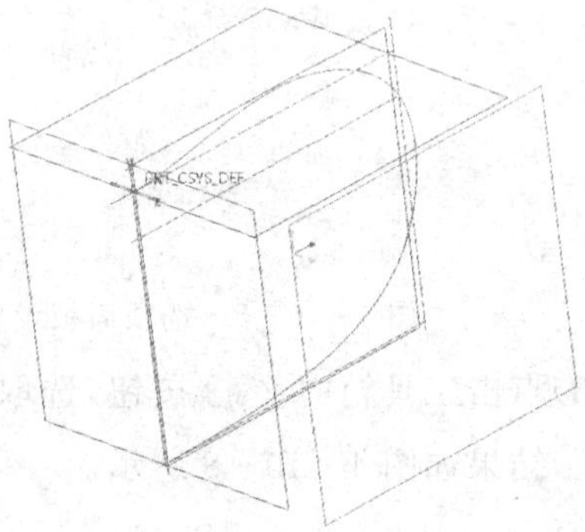

图 4 - 10 - 2　基准平面 DTM1

(4)点击草绘按钮,以 DTM1 面为草绘平面,默认参考平面,绘制如图 4 - 10 - 3 所示的剖面图,按☑完成操作。

(5)点击工具箱中镜像按钮,选取基准平面 DTM1 作为镜像参照,镜像第一条曲线特征结果如图 4 - 10 - 4 所示。

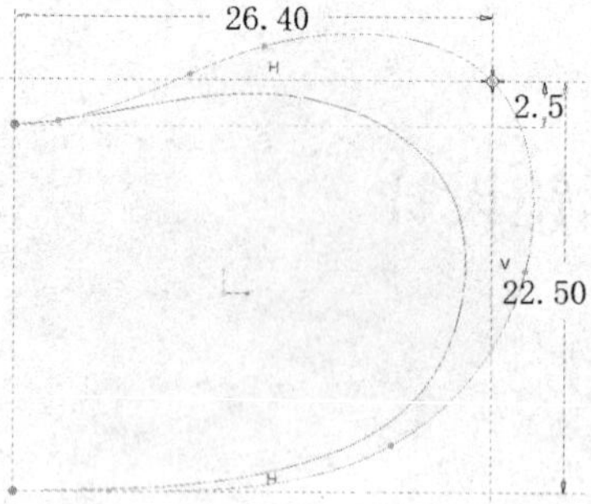

图 4－10－3　草绘图

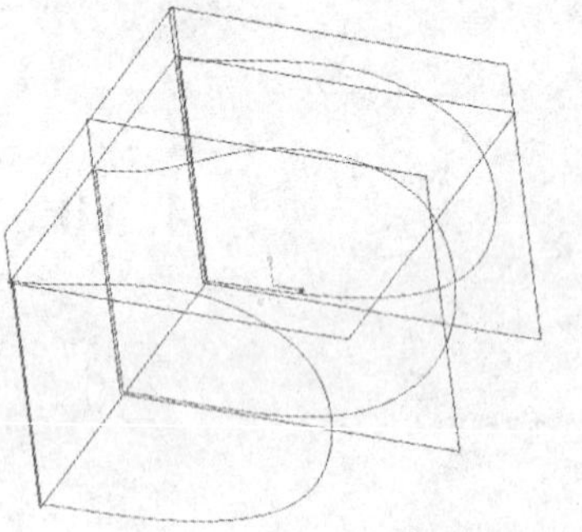

图 4－10－4　创建的基准曲线

2. 创建混合特征

(1)在工具箱中点击“形状”→“混合”，打开混合面板，创建混合特征。

(2)在“选项”中选“平滑”和“封闭端”(如图 4－10－5 所示)，“截面”选项设置如图 4－10－6 所示。按住 Ctrl 键依次选择如图 4－10－7 所示的 3 条曲线作为混合轨迹线，按☑完成操作。

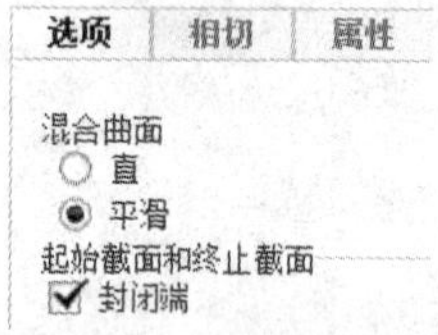

图 4－10－5　选项面板设置

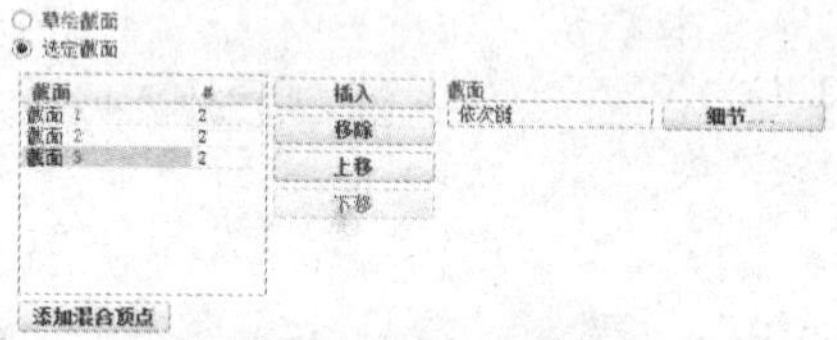

图 4－10－6　截面面板设置

(3)点击工具箱中 镜像 按钮，选取基准平面 RIGHT 作为镜像参照，镜像上述混合曲面特征，结果如图 4－10－8 所示。

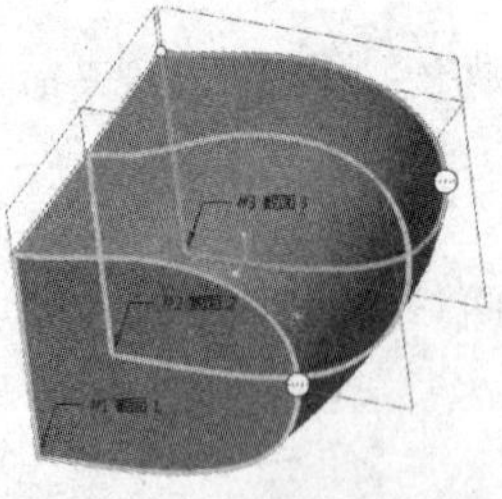

图 4－10－7　选择轨迹线

图 4－10－8　镜像特征

(4)按住 Ctrl 键依次选择混合曲面和镜像曲面作为合并对象，单击 合并 按钮，调整曲面合并方向，合并后结果如图 4－10－9 所示。

(5)在工具箱单击 实体化 按钮，对曲面就行实体化操作。

(6)在模型树窗口中选择所有的曲线，单击“隐藏”选项，将其隐藏。

(7)在工具箱中点击 壳 按钮，打开壳工具。选取模型底面作为要移除的表面，设置壳厚度为“0.5”，创建壳特征如图 4－10－10 所示。

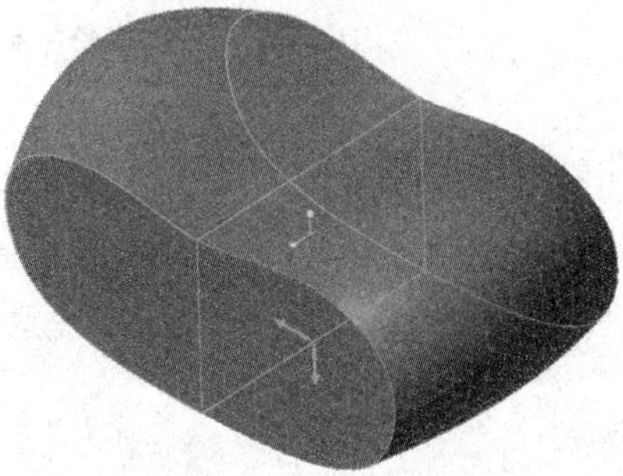

图 4－10－9　曲面合并

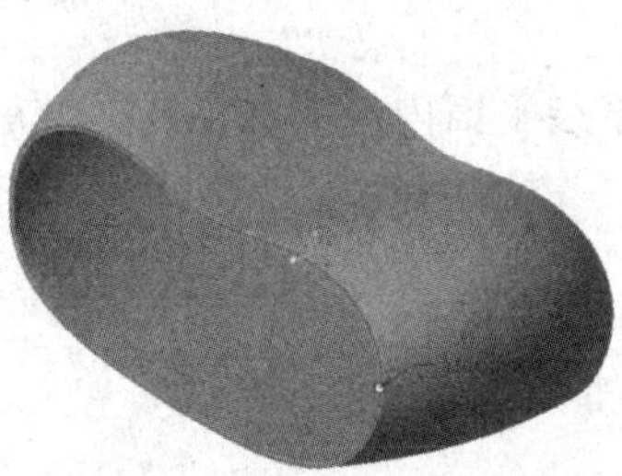

图 4－10－10　创建壳特征

3. 创建拉伸实体特征

(1)点击 按钮，选取如图 4－10－11 所示的端面作为草绘平面，接受缺省参照，在草绘器内使用 投影 工具，绘制如图 4－10－12 所示草绘曲线，向外拉伸 5mm，创建拉伸特征，如图 4－10－13 所示。

(2)再次打开拉伸工具后，选取如图 4－10－14 所示平面作为草绘平面，接受缺省参照后，进入二维草绘模式。

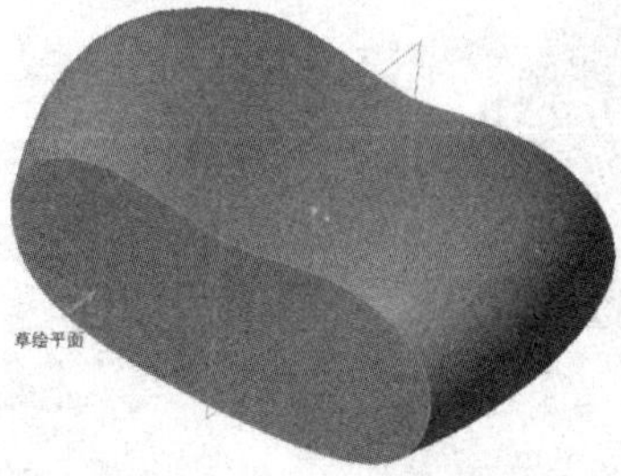

图 4－10－11　选取草绘平面

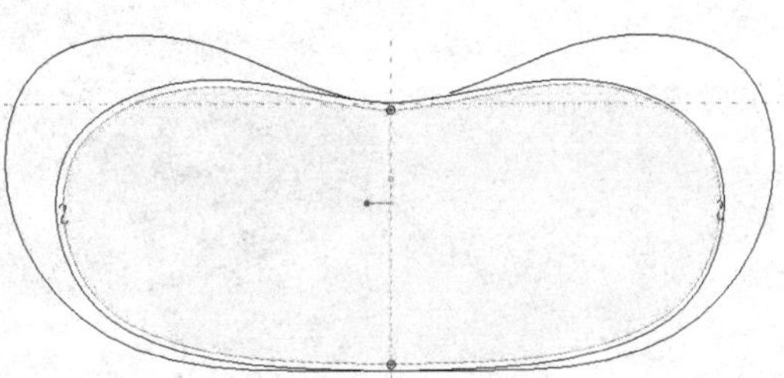

图 4－10－12　草绘曲线

图 4－10－13　拉伸特征

图 4－10－14　选取草绘平面

(3)在草绘平面内绘制如图 4－10－15 所示的剖面图，按☑完成操作。

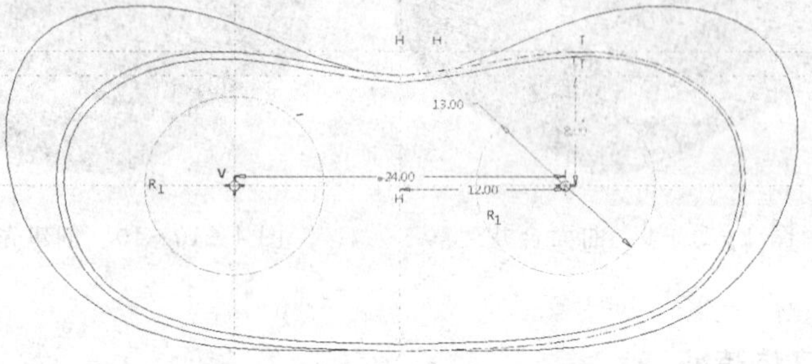

图 4－10－15　草绘剖面

(4)按照图 4－10－16 所示设置特征参数，最后得到的效果如图 4－10－17 所示。

图 4－10－16　设置特征参数

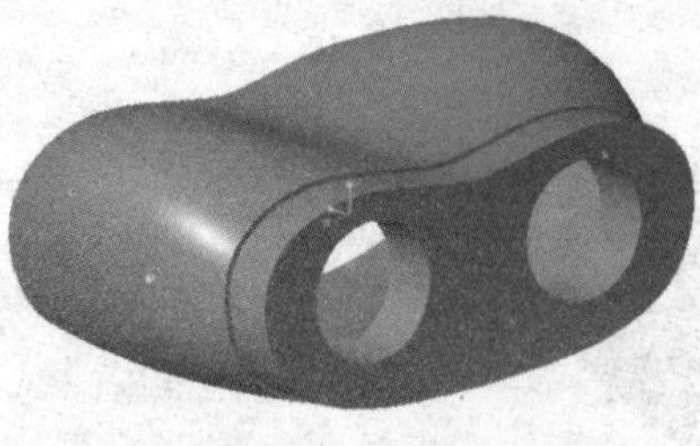
图 4－10－17　拉伸剪切效果

4. 创建拉伸曲面特征

(1)在工具箱中点击拉伸按钮,按下"曲面"按钮,选取 FRONT 面为草绘平面,接受缺省参照,在草绘器内使用 投影工具,绘制如图 4-10-18 所示草绘曲线,退出草绘模式,向外拉伸 2mm,得到拉伸特征如图 4-10-19 所示。

(2)选择刚创建的拉伸曲面作为偏移对象,在工具箱中点击偏移按钮,打开偏移工具,调整偏距方向,输入数值"1",得到偏移效果如图 4-10-20 所示。

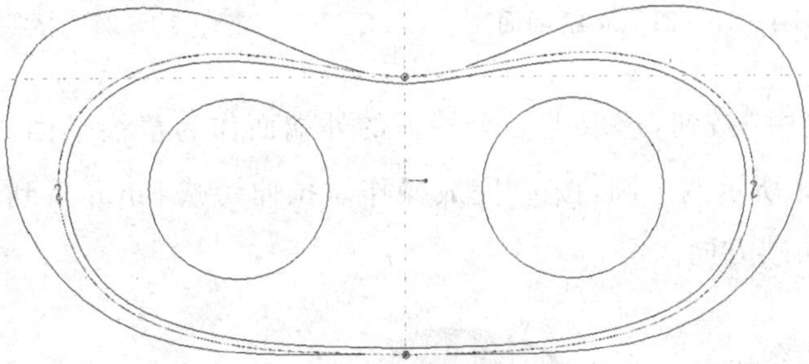

图 4-10-18　草绘剖面

图 4-10-19　拉伸效果

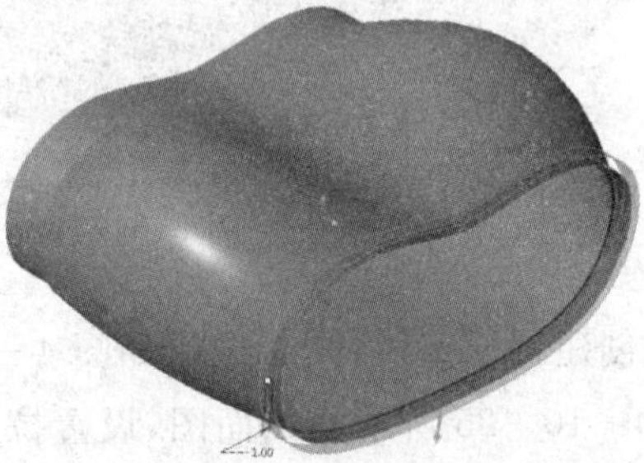

图 4-10-20　偏移效果

5. 创建拉伸实体特征

(1)点击工具箱中拉伸按钮,按下"曲面"按钮,选取 FRONT 面为草绘平面,接受缺省参照,在草绘器内使用 投影工具,绘制如图 4-10-21 所示草绘曲线,向外拉伸 4mm,得到拉伸特征如图 4-10-22 所示。

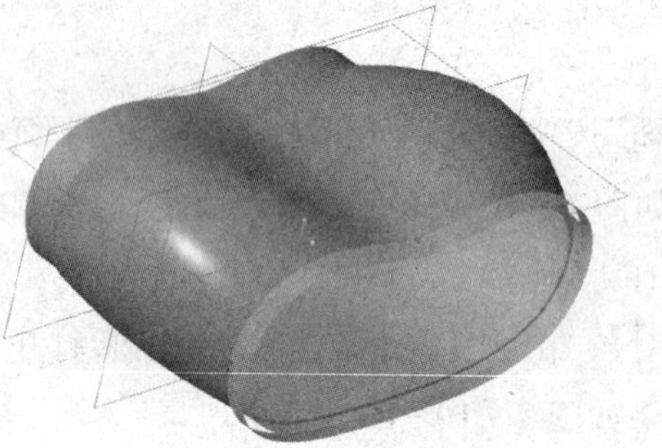

图 4-10-21　草绘剖面

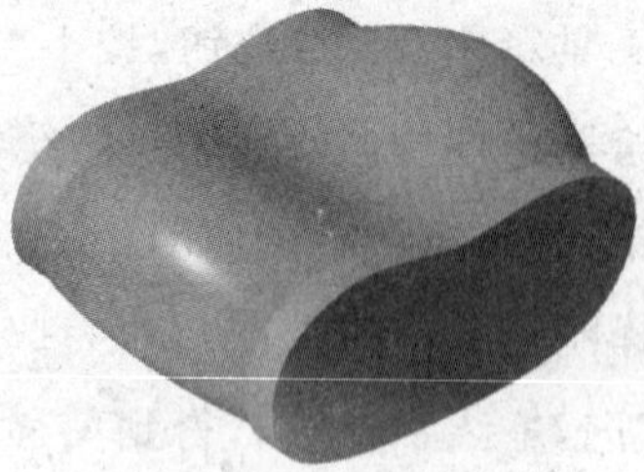

图 4-10-22　拉伸效果

(2)点击工具箱中按钮,选取上一个特征的外端面作为草绘平面,接受缺省参照后,绘制如图 4-10-23 所示两个圆,按完成操作。拉伸切减 8mm 得到的效果图如图 4-10-24 所示,注意切减方向。

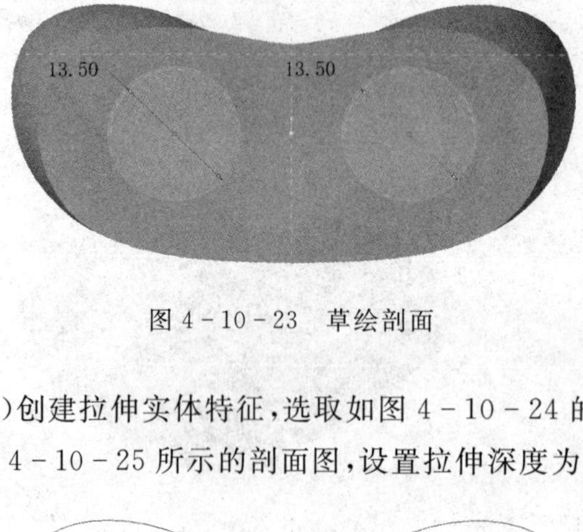

图 4-10-23　草绘剖面

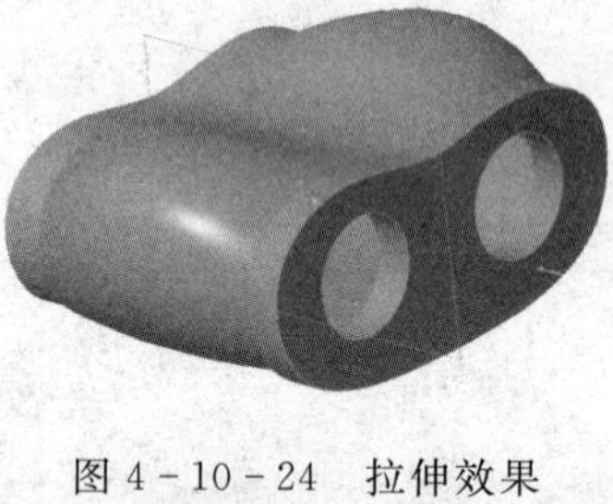

图 4-10-24　拉伸效果

(3)创建拉伸实体特征,选取如图 4-10-24 的端面为草绘平面,接受缺省参照后,绘制如图 4-10-25 所示的剖面图,设置拉伸深度为"3",得到的效果图如 4-10-26 所示。

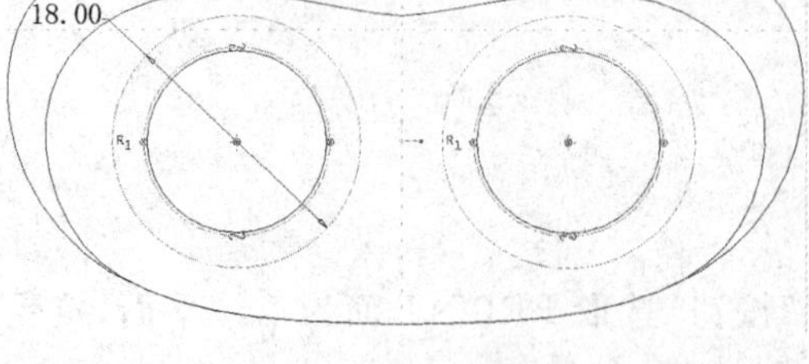

图 4-10-25　草绘剖面

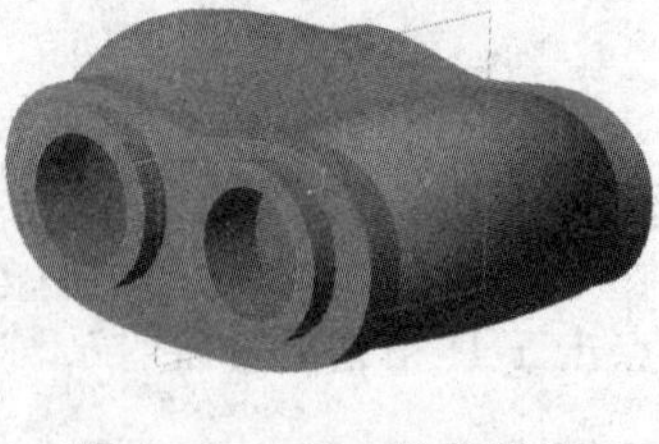

图 4-10-26　拉伸效果

(4)创建拉伸实体特征，选取如图 4－10－27 所示平面作为草绘平面，接受缺省参照后，绘制如图 4－10－28 所示的剖面图，设置拉伸深度为“5”，得到的效果图如 4－10－29 所示。

(5)单击 圆角 按钮，按住 Ctrl 键选取如图 4－10－30 所示的边线作为圆角放置参照，输入圆角半径“1”，创建圆角特征。

图 4－10－27 选取草绘平面

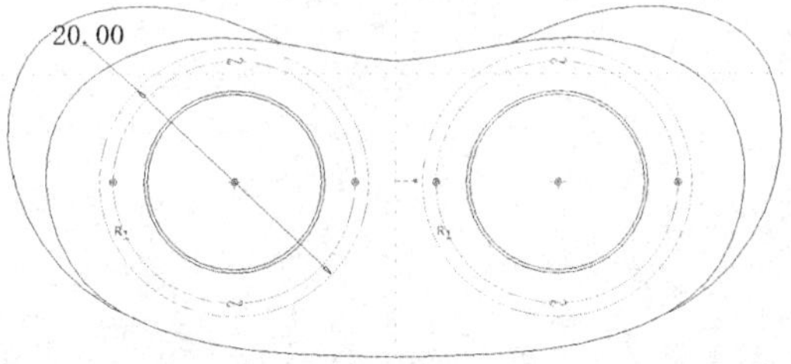

图 4－10－28 草绘剖面

图 4－10－29 拉伸效果

图 4－10－30 创建圆角特征

6. 创建拉伸剪切实体并阵列特征

(1)点击 按钮，选取如图 4－10－31 所示平面作为草绘平面，接受缺省参照后，进入二维草绘模式。绘制如图 4－10－32 所示的剖面图，按 完成操作。按照图 4－10－33 所示设置特征参数，得到的效果图如图 4－10－34 所示。

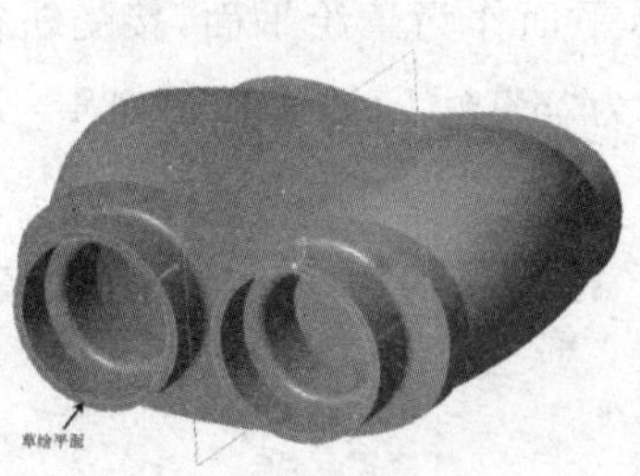

图 4-10-31　选取草绘平面

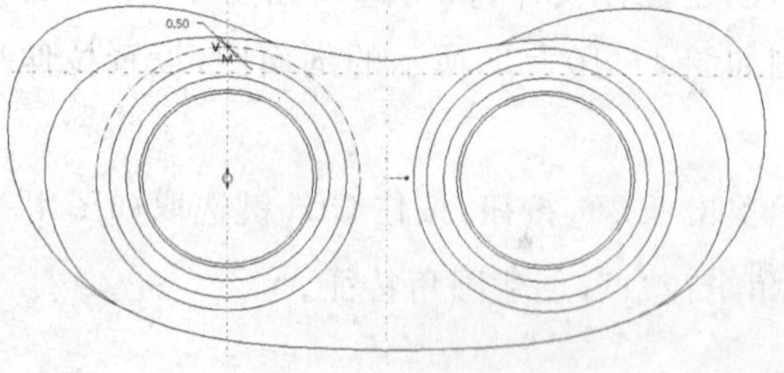

图 4-10-32　草绘剖面

图 4-10-33　参数设置

图 4-10-34　拉伸剪切效果

(2)选取刚才创建的拉伸实体特征作为阵列对象,单击▦按钮,选取“轴”选项,个数为“36”,角度设置为“10”,创建阵列特征,阵列效果如图 4-10-35 所示

(3)选择拉伸和阵列特征作为镜像对象,选取基准平面 RIGHT 作为镜像参照,镜像结果如图 4-10-36 所示。

图 4-10-35　阵列效果

图 4-10-36　镜像效果

7. 创建混合特征

(1)点击草绘图标,打开草绘对话框,选取如图 4-10-37 所示平面作为草绘平面,参照缺省,进入二维草绘模式,草绘如图 4-10-38 所示的剖面图,按☑完成操作。

图 4-10-37 选取草绘平面

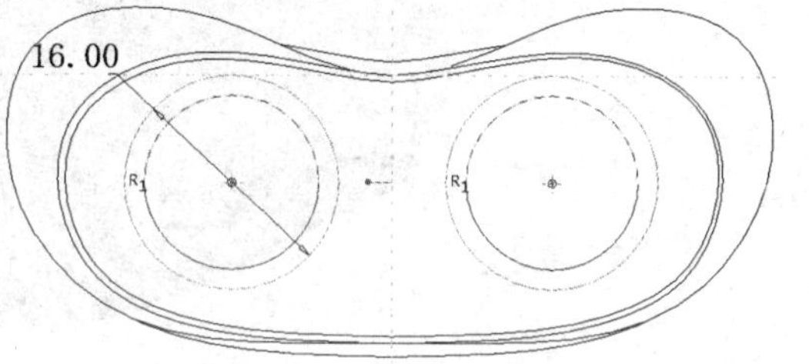

图 4-10-38 草绘剖面

(2)单击平面按钮,打开基准平面对话框,向外平移图 4-10-37 所示的端面 10mm,创建基准平面 DTM2 如图 4-10-39 所示。

(3)继续点击草绘图标,选取 DTM2 作为草绘平面,参照缺省,进入二维草绘模式,绘制如图 4-10-40所示的剖面图,创建完的曲线如图 4-10-41 所示。

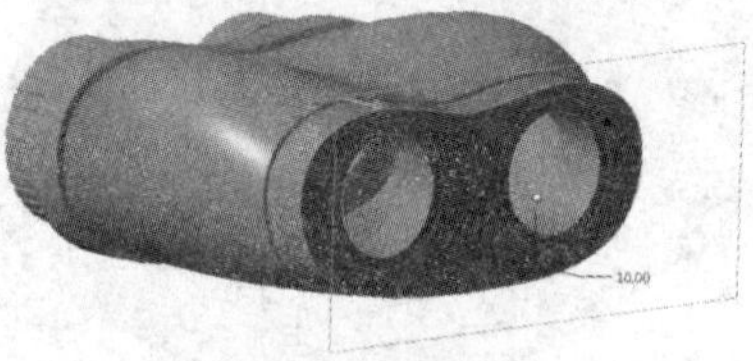

图 4-10-39 创建基准平面 DTM2

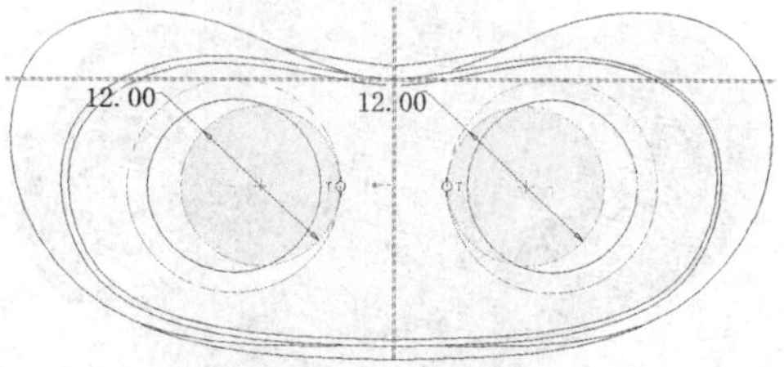

图 4-10-40 草绘剖面

图 4-10-41 创建基准曲线

(4)在工具箱中单击 按钮，打开混合设计对话框，按住 Ctrl 键依次选取如图 4-10-42所示的两条曲线作为边界曲线，创建曲面。

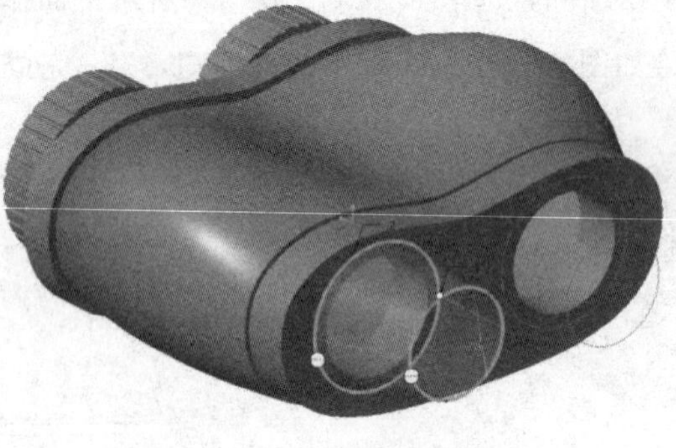

图 4-10-42 依次选择曲线

(5)选取刚创建的曲面，在工具箱中单击 加厚 按钮，调整加厚方向向外，加厚厚度为"1"，得到的效果如图 4-10-43 所示。

(6)按住 Ctrl 键选取刚创建的边界混合特征及加厚特征作为镜像对象，选取基准平面 RIGHT 作为镜像参照，镜像结果如图 4-10-44 所示。

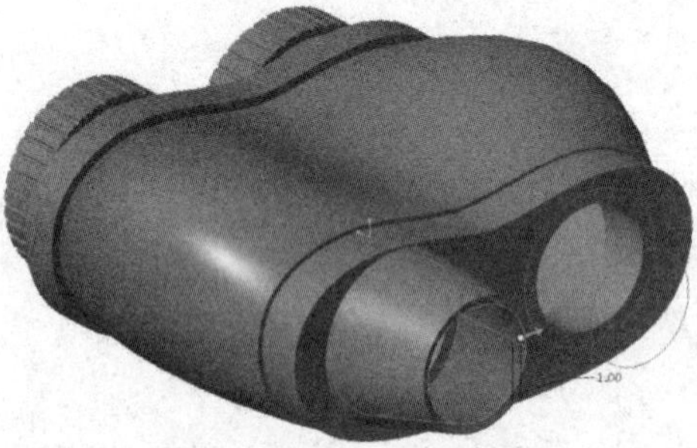

图 4-10-43 加厚效果

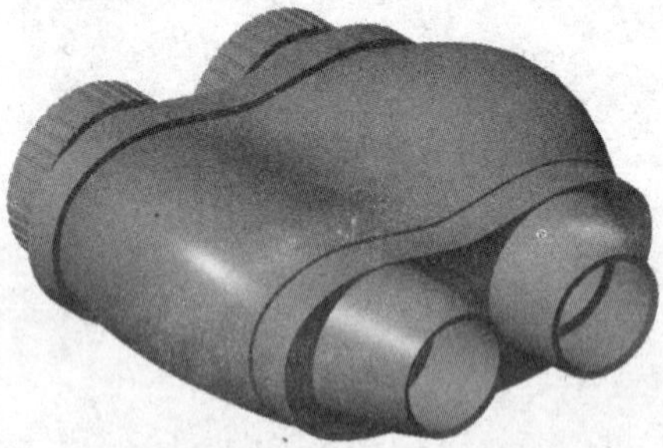

图 4-10-44 镜像效果

(7)在左边模型树中依次把创建的基准平面 DTM1、DTM2 隐藏起来。

8. 创建倒圆角特征

(1)单击 圆角 按钮，按住 Ctrl 键选取如图 4-10-45、图 4-10-46 所示的边线作为圆角放置参照，输入圆角半径"0.5"，创建圆角特征。

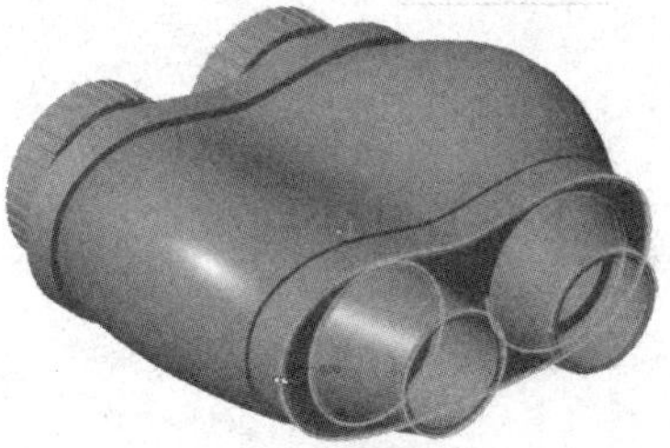

图4-10-45　选择圆角参数1

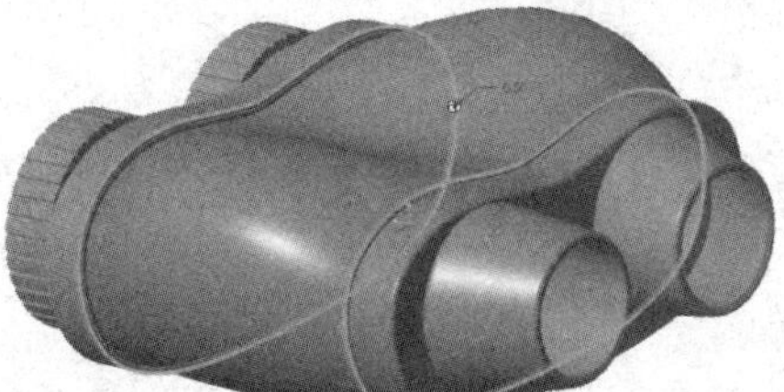

图4-10-46　选择圆角参数2

(2)按住Ctrl键选取如图4-10-47所示的边线作为圆角放置参照，输入圆角半径"1"，创建圆角特征。隐藏所有的基准曲线和曲面，最终的设计结果如图4-10-48所示。

图4-10-47　选择圆角参数3

图4-10-48　最终设计效果

思考题

1. 望远镜主体部分除了使用混合命令以外，还可以使用什么命令完成？
2. 如果做出的望远镜主体部分中间凹两边凸，错误的原因是什么？
3. 面的投影(偏移)需要注意哪些问题？参照选择有什么要求？
4. 对曲面进行实体化切减的前提是什么？

4.11 三维装配实例——齿轮箱(部分)

1. 新建组件

首先将齿轮箱有关零件收集到某文件夹中(在前面实训中已完成的零件有:“低速轴 3-1-4.prt”、“下箱体 4-2.prt”、“310 轴承 4-3-2.prt”、“齿轮 4-4.prt”及“螺钉 3-3-4.prt”),并设定为工作目录。

新建→选“装配”,输入名称“4-11”→不勾选“使用默认模块”(如图 4-11-1 所示),确定→选取“mmns_asm_design”,确定。

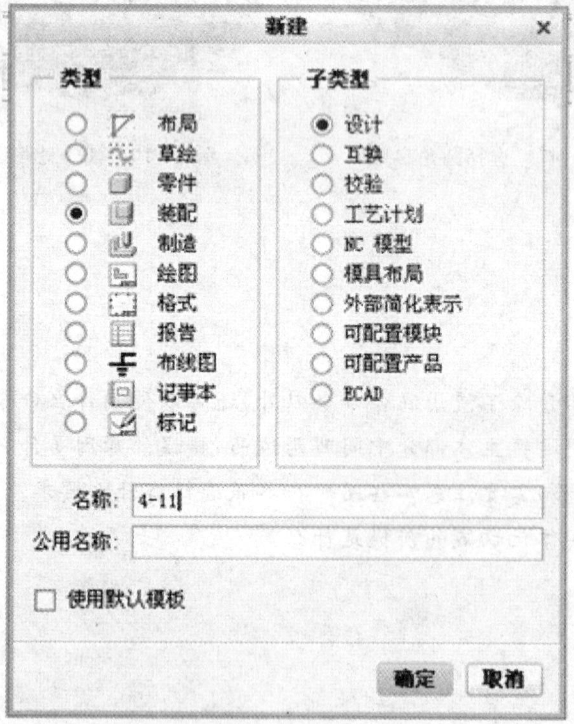

图 4-11-1 新建对话框

2. 装入齿轮箱下箱体

点击图标，打开文件“4－2.prt”，出操控板（如图 4－11－2 所示），点击“放置”，在“放置”下滑面板的“约束类型”下拉列表中选择“默认”选项，此时操控板显示信息“完全约束”，单击，完成下箱体的装入（如图 4－11－3 所示）。也可以将下箱体模型的三个基准面与装配环境的三个基准面对齐，实现下箱体的指定定位。

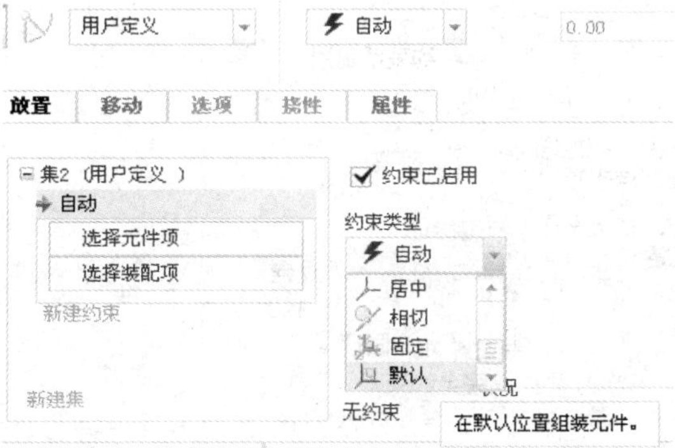

图 4－11－2　装配操控板

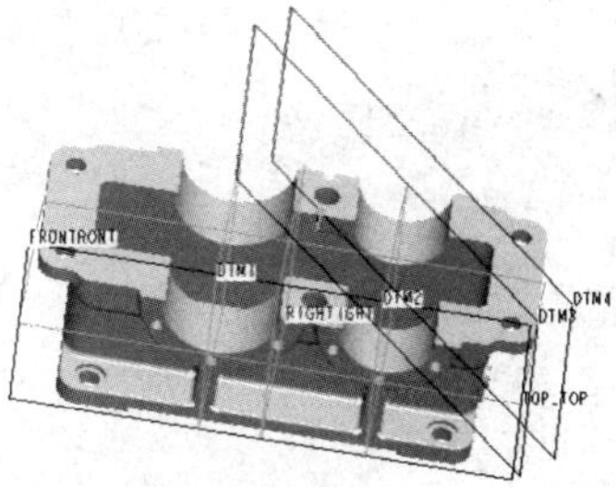

图 4－11－3　装入下箱体

3. 装入低速轴

单击，调入轴“3－1－4.prt”元件，出现操控板（如图 4－11－4 所示）。选以只显示轴，点击“放置”，选择第一个约束类型为 重合，在绘图区选中元件的 A_1（轴的轴线）和组件的 A_12 轴（下箱体大轴承孔轴线）为参照，完成重合定位。

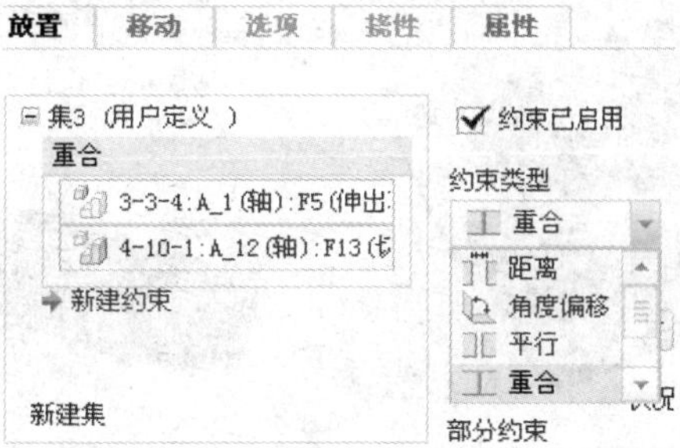

图 4－11－4　轴重合定义

点击 新建约束，选择第二个约束类型为 距离，如图 4-11-5 所示，在“偏移”下拉列表中输入偏距值“35”，如方向反了，可点“偏距”旁的“反向”。在绘图区选 ϕ65 轴肩端面（即齿轮靠的轴肩端面，不能选倒的圆角）及下箱体横向对称面，操控板显示信息“完全约束”，但还要定义键槽方向。在选择装配元件和组件的参照时，为了使绘图区清晰，可使用切换显示开关。

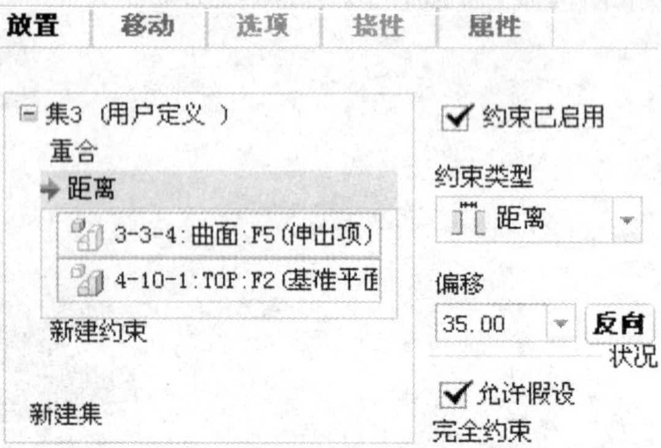

图 4-11-5　两个面偏移对齐

点击 新建约束，选择第三个约束类型为 重合，在绘图区选轴键槽所在纵向对称面和轴承孔轴线所在垂直面，如果轴上键槽不朝上，则点一下“反向”，操控板显示信息“完全约束”，单击，完成轴的组装（如图 4-11-6 所示）。在绘图区不太好选取元件元素时，可打开操控板右上方的（如图 4-11-7 所示），方便选取。

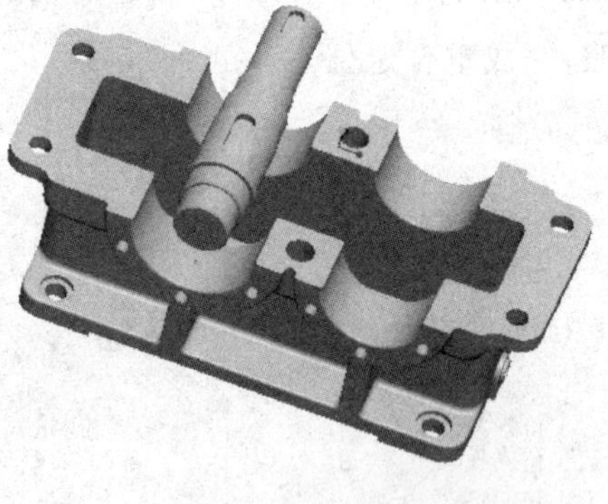

图 4-11-6　装入低速轴的模型

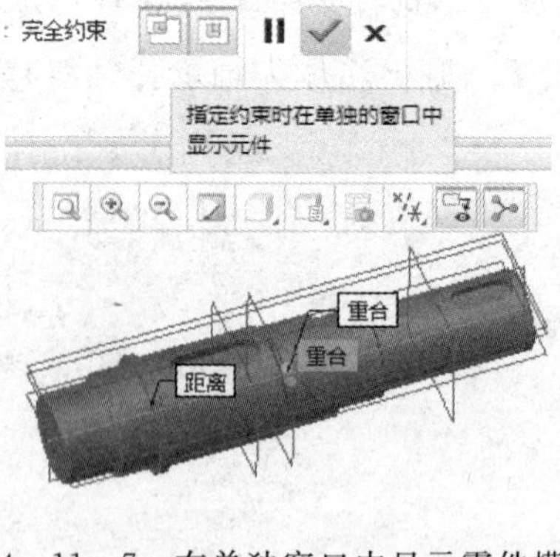

图 4-11-7　在单独窗口中显示零件模型

4. 组件模式下创建键(名称为“4－11－1. prt”)

点 创建，选“零件”，输入名称“4－11－1”，确定，弹出窗口如图 4－11－8 所示，选“创建特征”，点“确定”。用拉伸方法创建键，选轴 ϕ60 处键槽底面为草绘面，用，选择“环”，如图 4－11－9 所示，选键槽轮廓，拉伸深度 11，完成键零件创建。在模型树中点击“4－11－1. prt”，右键打开如图 4－11－10 所示，点打开，出现键零件创建界面，保存到工作目录。

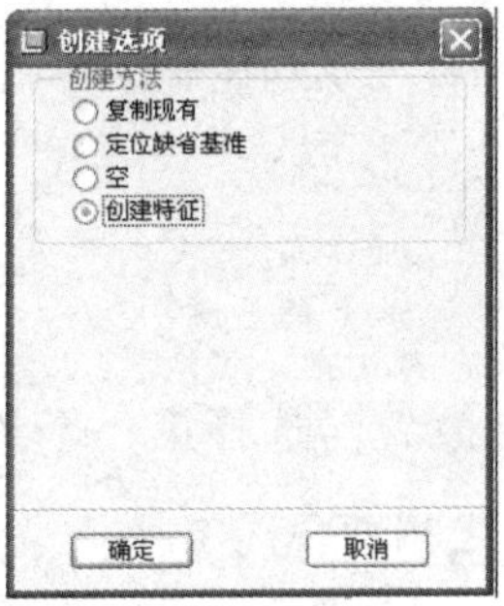

图 4－11－8　组件模式下创建零件

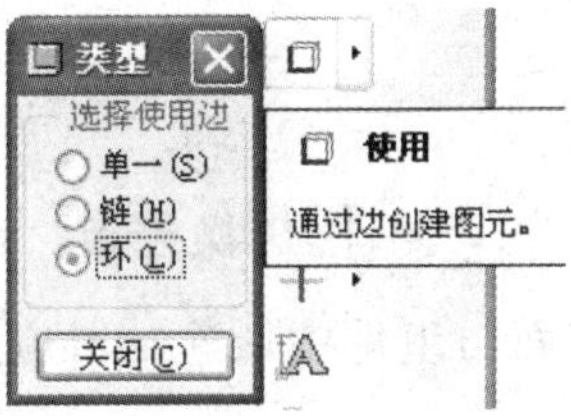

图 4－11－9　通过边创建图元

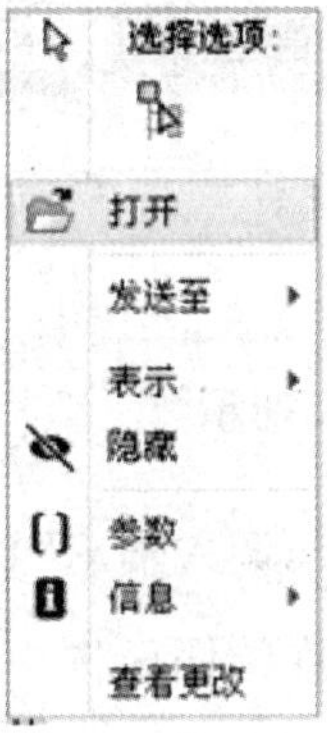

图 4－11－10　键零件存盘

点击模型树中“4－11－1. prt”，右键“激活”，再点击“4－11. asm”，右键“激活”，及，恢复显示组件窗口所有零件，键已经装入。如果零件是灰色的，均可选中它，按右键打开属性，按“激活”就可显示。

5. 装入齿轮

单击，调入齿轮“4－4. prt”元件，出操控板。点击“放置”，选择第一个约束类型为距离，选中齿轮轮箍端面和最大轴肩端面(注意是哪一侧)。

点击 **新建约束**，设置第二个约束类型为 重合，选中齿轮轴线和组件中轴的轴线。

点击 **新建约束**，设置第三个约束类型仍为 重合，在绘图区选中齿轮键槽宽度方向对称面和组件中轴上键宽度方向对称面。此时发现键槽与键相差 180°，如图 4－11－11 所示。点一下“约束类型”下的“反向”即可，前提是齿轮宽度方向对称。操控板显示信息“完全约束”，单击，完成齿轮的组装，如图 4－11－12 所示。

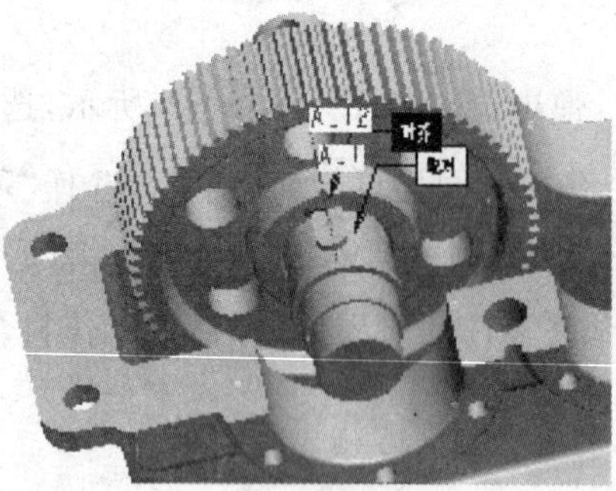

图 4－11－11　键槽相差 180°

图 4－11－12　装入齿轮后的模

6. 装入轴承

单击，调入轴承“4－3－2.prt”元件，出操控板。点击“放置”，选择第一个约束类型为 距离，在绘图区选中轴承端面与组件中低速轴对应轴肩之端面。

点击 ➔新建约束，设置第二个约束类型为 重合，选中轴承中心线和组件中轴的轴线。操控板显示信息“完全约束”，单击，完成一侧轴承的组装。

同样方法装入另一侧轴承。

在装配中对元件的轴等装配参照做选择时，若同一位置轴过多，可右键点击轴所在的位置，在出现的右键菜单中选择“从列表中拾取”命令，在弹出的对话框中完成选择。

7. 组件模式下创建通盖(名称为“4－11－2.prt”)

点击 创建，选“零件”，输入名称“4－11－2”，确定，弹出窗口如图 4－11－8 所示，选择“创建特征”，点击“确定”。用旋转方法创建通盖，选轴承孔的垂直中心面为草绘面，用 找到轴承孔、箱体及轴对应的轮廓线(草绘时关闭基准面显示，利于找线)，草绘图如图 4－11－13 所示，完成通盖零件创建。密封槽的大小应该根据对应的轴颈尺寸查手册上 O

形密封圈的尺寸来确定。

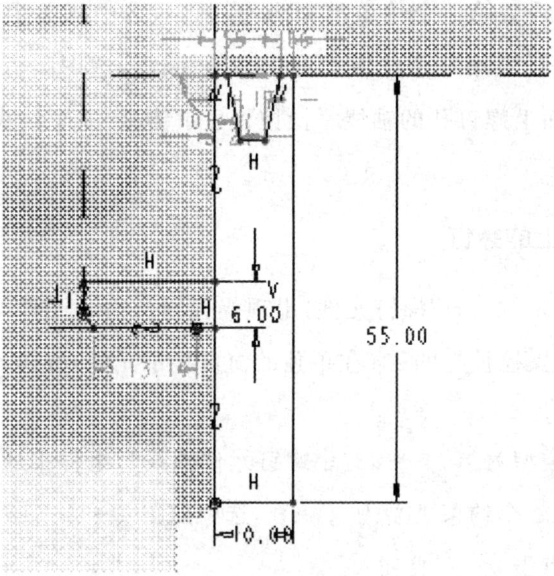

图 4－11－13　通盖旋转草绘

在模型树中选中该通盖“4－11－2. prt”，点右键“打开”，进入该零件创建界面，补打 6 个均布的 ϕ12.5 通孔（螺钉是 M12×35），螺钉孔位置圆尺寸为 ϕ135，与箱体对应轴承孔端面螺钉孔位置相配，保存到工作目录。

在上述界面下创建特征时，窗口中如果没有基准面，可以点击工具栏下“基准”下拉窗口，选“默认坐标系”，创建坐标系，点击基准面，选坐标系中的 X，创建基准面 DTM1，在此基础上可以根据需要创建其他基准面。

点击模型树中“4－11. asm”，右键“激活”，点击 ，恢复显示组件窗口所有零件，通盖已经装入。如果零件是灰色的，可选中它，按右键打开属性，按“激活”就可显示。

8. 创建闷盖（名称为“4－11－3. prt”）

打开通盖零件“4－11－2. prt”，点击“文件”→“另存为”→“保存副本”，输入名称“4－11－3”，确定。

打开闷盖零件“4－11－3. prt”，修改旋转特征，进入草绘器将安装密封圈的环槽和内孔去除，根据需要在闷盖中心位置打上安装油杯的螺纹通孔，保存。

打开装配件“4－11. asm”，单击 ，调入闷盖零件“4－11－3. prt”，出操控板。点击“放置”，选择第一个约束类型为 距离，在绘图区选中闷盖端面与组件中下箱体轴承座端面。

点击 新建约束，设置第二个约束类型为 重合，选中闷盖中心线和组件中轴的轴线。点击 新建约束，设置第三个约束类型仍为 重合，选中闷盖螺钉通孔中心线和组件中下箱体轴承座端面上螺钉孔的轴线。操控板显示信息“完全约束”，单击，完成闷盖的组装。

9. 装入轴承通盖上的螺钉

单击，调入“3－3－4.prt”螺钉元件，出现操控板。由于元件与组件比例悬殊较大，不好定位，这时可单击操控板上的（在单独的窗口显示元件）按钮，弹出元件窗口（如图 4－11－14 所示）。

选择第一个约束类型为 重合，选中螺钉元件轴线与组件中通盖某螺孔中心线。点击 新建约束，设置第二个约束类型为 距离，选中如图 4－11－15 所示的六角头端面及通盖外表面为参照。点击，完成装入。

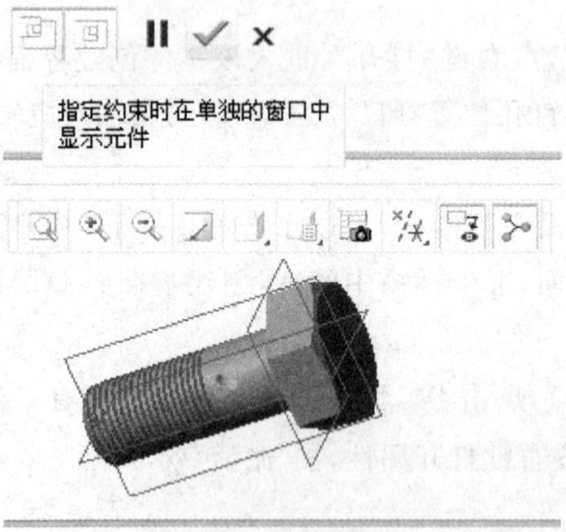

图 4－11－14　元件窗口

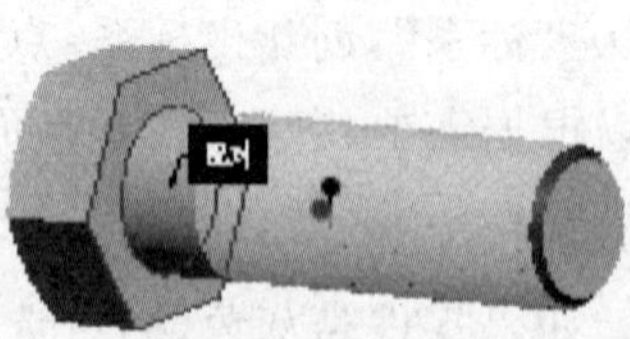
图 4－11－15　螺钉配对面

10. 复制通盖上螺钉

选择刚装入的螺钉，选择主工具栏的“复制”，马上点击“粘贴”→“选择性粘贴”，选中“完全从属……”、“对副本应用移动/旋转变换(A)”，打开粘贴操控板，选左上角的“相对选定参考旋转特征”，在其旁边空框内点一下，在绘图区选轴的轴线，填入 60（旋转 60 度），单击按钮，完成螺钉的旋转复制。如果旋转方向不对，则在 60 前加负号。

11. 阵列螺钉

在模型树中选中要阵列的螺钉，在主工具栏中点击打开操控板如图 4－11－16 所示，选“轴”，在绘图区选择轴的轴线，在操控板上填进阵列的数量和增量值为“60”，单击按钮，完成螺钉的阵列装配（如图 4－11－17 所示）。如果旋转方向不对，则在 60 前加负号。

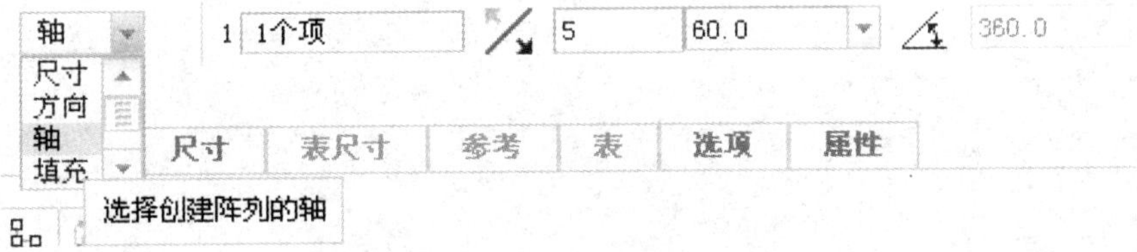

图 4－11－16　螺钉阵列操控板

图 4－11－17　组装部分零件后的齿轮箱模型

同法可以装入闷盖上的螺钉，按步骤 7 的方法可以创建齿轮轴向定位套筒。高速轴零件在创建好后也可以按本实验介绍的方法进行装配，这里从略。

思考题

1. 装入第一个零件不用缺省位置，怎么装到指定位置？
2. 装入一个零件一般要几个约束？有几种约束类型，一般怎么选择？
3. 组件与其相应的零件需要放在一个文件夹里吗？
4. 在组件中复制阵列零件与在零件建模中复制阵列特征有什么不同？
5. 在装配过程中如何移动调整零件位置或方向？
6. 用“放置”方式装配好的组件能检查零件之间是否干涉吗？

第 5 章

工程图设计

■ 零件工程视图的创建

◇ 三视图

◇ 半视图

◇ 半剖视图

◇ 局部放大视图

◇ 局部剖视图

◇ 键槽剖面图

■ 零件工程图标注

◇ 尺寸及尺寸公差标注

◇ 形位公差标注

◇ 插入注释及粗糙度

◇ 表格制作

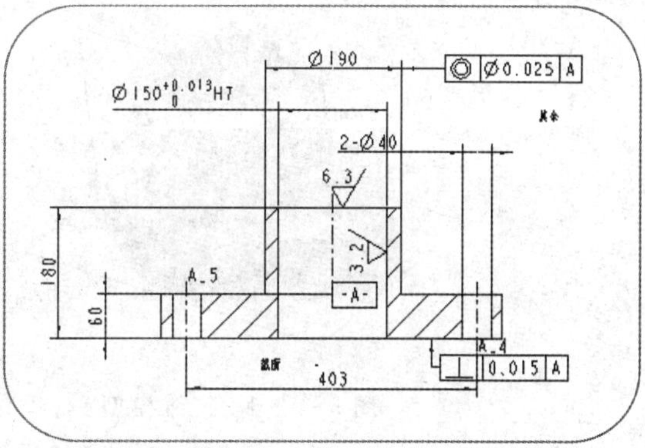

5.1 零件工程视图的创建

具有复杂形面的零件都是采用数控机床或加工中心等先进手段进行加工的，其工程图并不重要，但普通机床加工的大多数规范和简单的零件，其工程图则必不可少。

1. 创建零件工程图的一般步骤

(1)新建工程图：确定工程图类型（零件或组件）、设置工程图使用的模型文件、确定工程图模板或格式文件。

(2)修改工程图配置文件选项：原配置中的有些默认选项不完全符合国家标准。

(3)创建工程图的视图：视图表达要符合国家标准，有多种视图表达功能可用。

(4)添加尺寸标注和注释：自动生成尺寸和手工标注结合使用。

(5)输入和编辑表格内容：标题栏及明细表等。

2. 创建工程三视图

(1)建立图面（创建模型“5－1.prt”，如图 5－1－1 所示）

单击工具栏中“新建”，选“绘图”，添工程图文件名称“5－1”（请保存好，第 5.2 节将要用到该文件），不勾选“使用缺省模板”，确定，进入图 5－1－2。

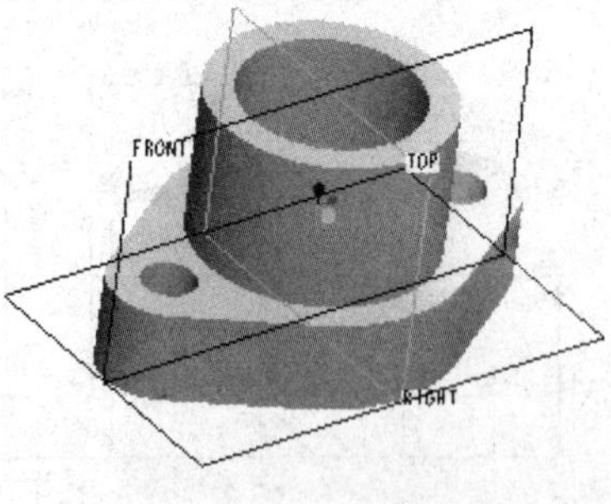

图 5－1－1 三维模型

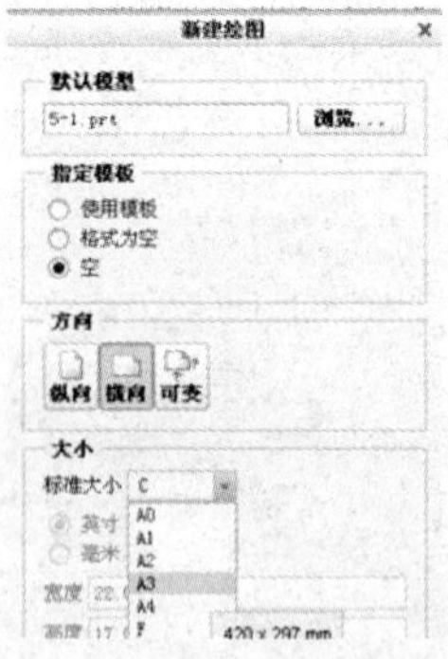

图 5－1－2 图幅设置

点击“浏览”找到做好的三维模型(如果先前刚打开了三维模型,那么这里缺省),指定模板选“空”(如果指定模板选“使用模板”,则通过“浏览”可以找到预先设计好的格式文件 *.frm。如果新建时“使用默认模板”,则进入图 5-1-2 选“使用模板”,再选下方预先配置好的模板如 a1_drawing。可以预先做好符合国家标准的不同幅面的标题栏格式文件、带有明细表的标题栏格式文件或者模板(“横向”,“A3”),点击“确定”。

(2)建立主视图(全剖图)

进入菜单“布局”,点击插入视图按钮,选“无组合状态”,在视图区某处点击一下(用鼠标左键点击一下),打开绘图视图界面(如图 5-1-3 所示)。

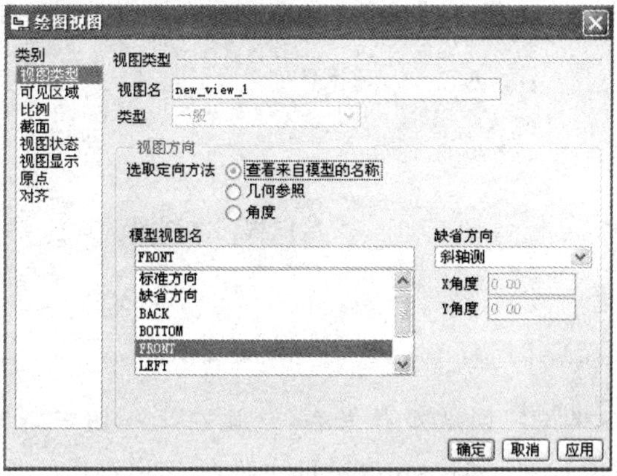

图 5-1-3 绘图视图界面

视图类型:选“查看来自模型的名称”,再从列表中选主视图方向如 FRONT,点“应用”,此时可以通过设置“角度值”来旋转主视图图形以达到要求(如图 5-1-4 所示),应用。

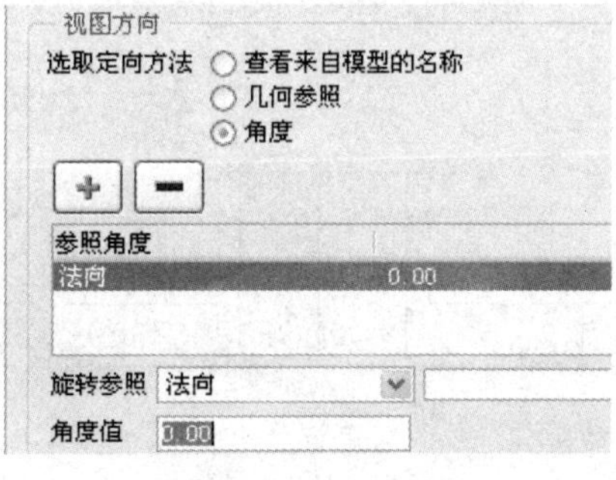

图 5-1-4 绘图视图之视图类型中角度调整

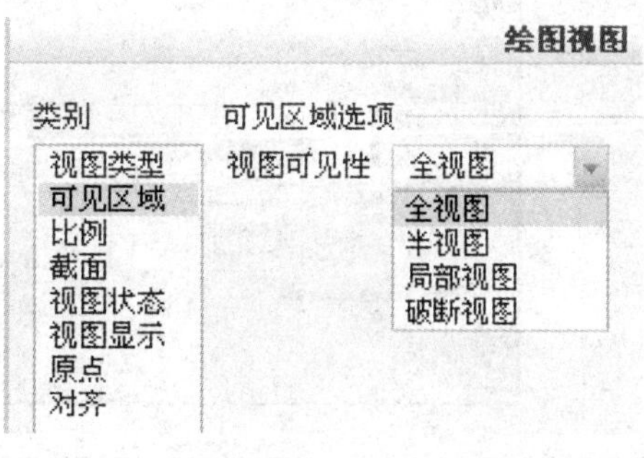

图 5-1-5 绘图视图之可见区域

可见区域：如图 5-1-5 所示，选全视图，即主视图是全部能看见的。

比例：如果不使用缺省比例，则自己设置比例。

截面：如果要表示的主视图是剖面，则在这里选“2D”，“模型边可见性”选“总计”，如图 5-1-6 所示，点 + ，找到主视图剖面所在的截面如 A(已在“视图”\“截面”中做好)。

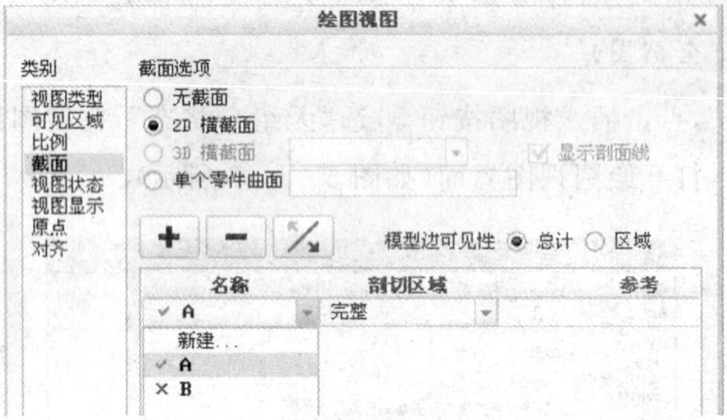

图 5-1-6 绘图视图之剖图

剖面最好在模型空间做好并保存，这比在工程图中创建剖面方便。视图比例尽量为 1∶1，利于到 AutoCAD 中进行尺寸标注。

视图显示：“显示样式”选“消隐”，“相切边显示样式”选“无”，如图 5-1-7 所示。生成的主视图见如图 5-1-8 所示。

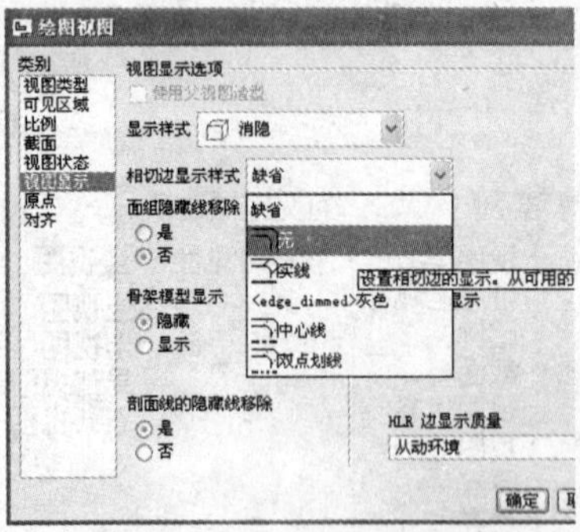

图 5-1-7 绘图视图之视图显示

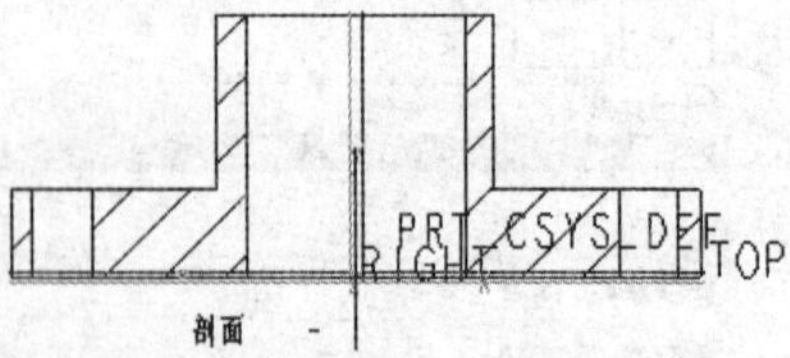

图 5-1-8 主视图

(3)创建其他视图(俯视图和侧视图)

创建俯视图,选中主视图,按住右键不放,出现图 5-1-9 所示列表,选"投影视图"先投影到主视图上方,选中此图,右键选"锁定视图移动"(如图 5-1-10 所示),就可将此图移动至主视图下方,右键修改属性。

视图显示:"显示样式"选"消隐","相切边显示样式"选"无",应用。

用同样方法创建左视图。

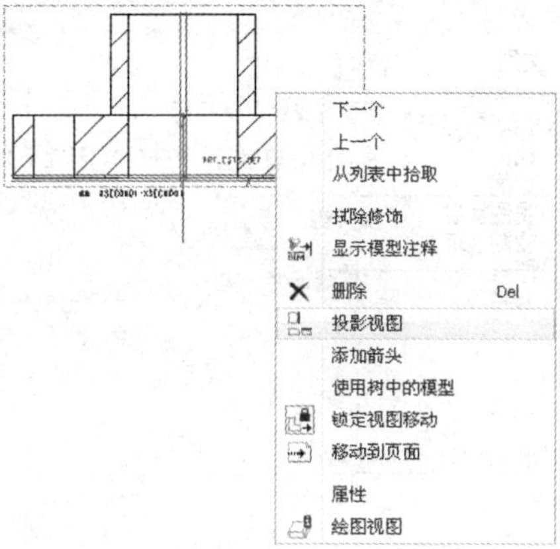

图 5-1-9　投影视图

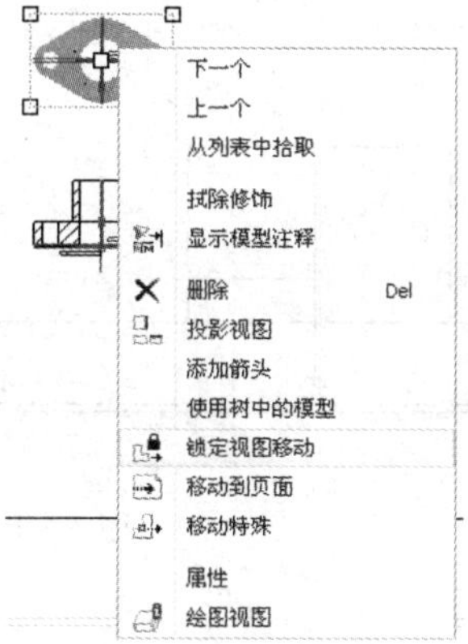

图 5-1-10　锁定视图移动

(4)加进三维视图

插入视图按钮,在视图区某处点击一下(用鼠标左键点击一下),打开"绘图视图"窗口,通过设置"角度值"来旋转三维图以达到满意显示效果,"显示样式"选"消隐","相切边显示样式"选"无",应用,最终生成的三视图如图 5-1-11 所示(请保存)。

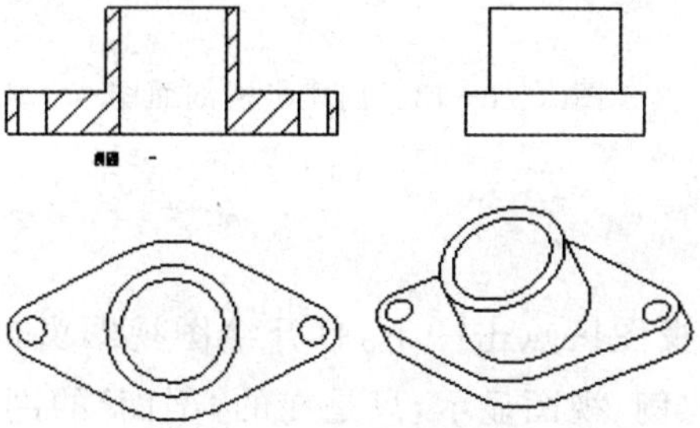

图 5-1-11　最终生成的三视图

3. 创建半视图

单击插入视图按钮，在绘图区点击一下，打开绘图视图窗口，按照需要定义“绘图视图”中的视图类型、比例、视图显示等，只是在“可见区域”的“视图可见性”选“半视图”（如图 5-1-12 所示），选参照平面，确定要留的方向，箭头指向的部分为要保留的视图，应用。

如果半视图要全部剖开，则还要定义绘图视图中的“剖面”选项。生成图 5-1-13。

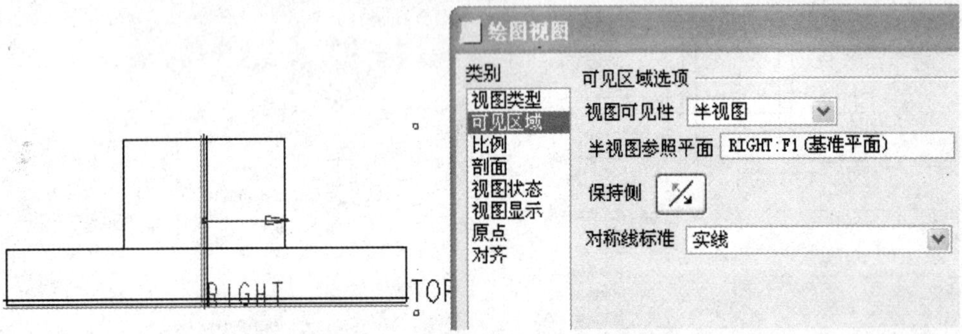

图 5-1-12　半视图创建过程

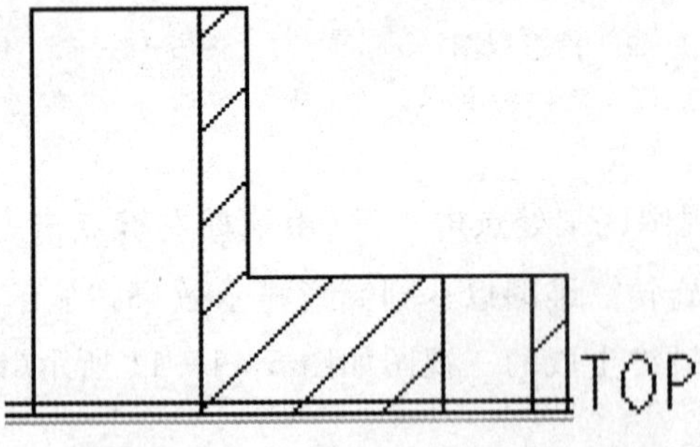

图 5-1-13　创建半视剖面图

4. 创建半剖视图

单击插入视图按钮，在视图区点击一下，打开绘图视图窗口，按照需要定义绘图视图中的视图类型、可见区域、比例、视图显示，只是在的“剖面”的剖切区域选“半倍”（如图 5-1-14 所示），选参照平面，确定要剖的方向，箭头指向的部分为要剖的区域，应用。

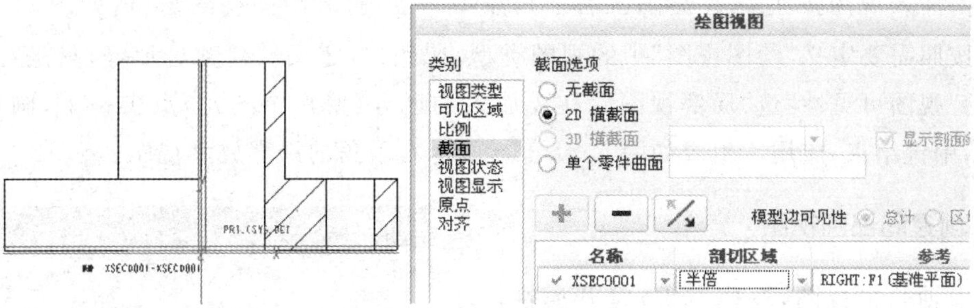

图 5-1-14　半剖视图创建过程

5. 创建局部放大视图

首先创建如图 5-1-15 所示轴的三维模型(名称为“5-2.prt”)。按前述方法建立工程图主视图,如图 5-1-16 所示(名称为“5-2.drw”)。

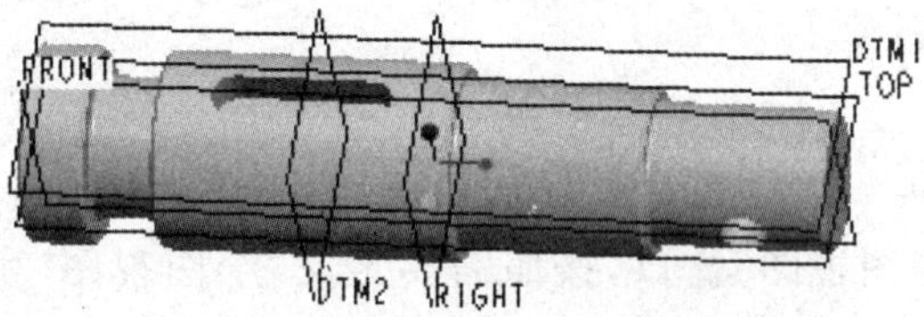

图 5-1-15　轴

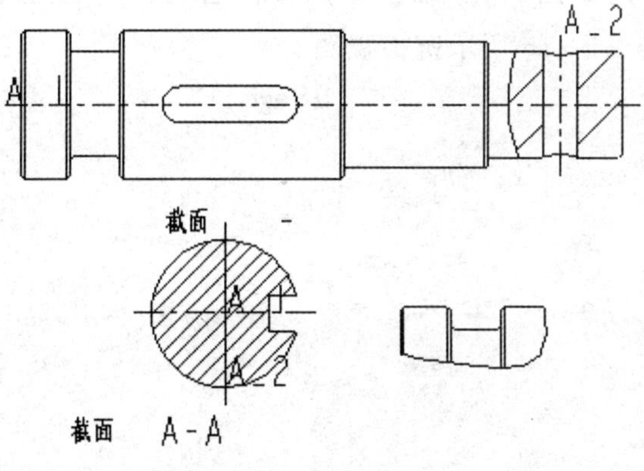

图 5-1-16　轴的主视图、局部剖视图、局部放大图、键槽剖面图

单击插入视图按钮，在绘图区右下角点击一下，打开绘图视图窗口（如图 5－1－17 所示），按照需要定义“绘图视图”中的视图类型、比例（自定义）、视图显示等，只是在“可见区域”的“视图可见性”选“局部视图”，在要放大的地方（要点中图元）点击一下，画要放大的区域，中键结束，应用。生成如图 5－1－16 所示右下角的局部放大视图。

6. 创建局部剖视图

选中轴的主视图，按住右键，打开属性，点“截面”，参考图 5－1－14，选中“2D”，添加 + 剖面，找到轴向剖面（在三维模型的视图管理器中已建好），“剖切区域”选“局部”，在要剖切的地方（要点中图元）点击一下，画要剖切的区域，中键结束，应用。生成如图 5－1－16 所示主视图轴最右端的局部剖视图。

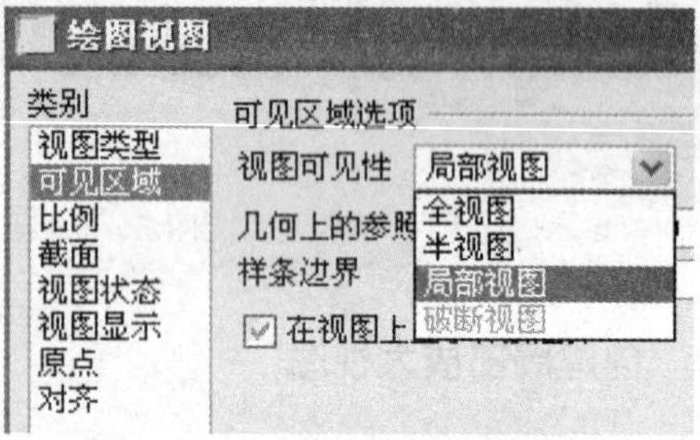

图 5－1－17 局部视图选项

7. 创建键槽剖面图

单击插入视图按钮，在主视图对应键槽下方点一下，打开“绘图视图”窗口，按照需要定义“绘图视图”中的视图类型（横向）、比例、视图显示、可见区域（全视图）等。

点“截面”，如图 5－1－18 所示，选中“2D”，选中“模型边可见性”选“区域”，添加 + 截面，找到键槽所在的横向截面（在三维模型的视图管理器中已建好），“剖切区域”选“完全”，应用。生成如图 5－1－16 所示键槽视图。

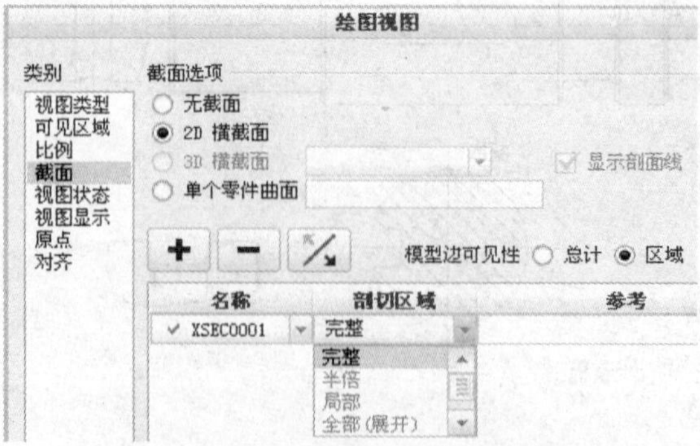

图 5－1－18 键槽剖视图创建过程

键槽的开口方向可以通过改变视图类型中的“角度”来改为向右。

8. 编辑工程视图

(1)调整视图位置

选中要移动的图,右键选“锁定视图移动”,就可将此图进行移动。

(2)调整截面线间距

锁定过滤器(在绘图区的右下方)中的操作对象为“横截面”,用鼠标选中截面并双击截面,在弹出的属性对话菜单中依次选择“间距”“值”,在消息框中输入所需间距值,单击“钩”“完成”。

TIPS

在移动投影视图时,由于受到父视图的约束,投影视图移动的方向受到限制。在对视图中对象进行修改之前,要先在过滤器中选择操作的对象类型,如果选择的操作对象类型与操作对象不一致,则无法对该对象进行修改。

思考题

1. 图 5-1-5 所示绘图视图之可见区域与图 5-1-14 所示剖切区域的几个定义有什么不同?

2. 半视图、半视剖面图、半剖视图有什么区别?局部视图、局部视剖视图与局部剖视图有什么区别?怎么定义?

3. 如何调整视图的方向?

4. 如何改变剖面线的间距和方向?

5. 在工程图中如何关闭隐藏线?

6. 在创建剖面时,“模型边可见性”选“全部”与选“区域”有什么不同?

7. 插入投影视图时要注意什么?怎样才能符合投影要求?

8. 如何创建局部视图要全剖的视图?

5.2 零件工程图标注

1. 工程图配置选项设置

在 Creo 界面下打开软件安装目录下的文件夹"D(软件安装盘符):\Creo3\M100\Common Files\templates",选择一个模板文件(如 a1_drawing.drw)打开,在这个模板文件里把绘图选项设置好,即点击主菜单中的"文件/准备/绘图属性",点击"更改",打开"活动绘图"窗口,按字母顺序修改其中参数,部分参数如表 5-1 所示(要特别注意加粗的选项,选项意义见软件说明)。

表 5-1 Creo 绘图部分参数修改表

配 置 选 项	默认值	修改值
Arrow_style(箭头为实心)		filled
Axis_line_offset(轴线延伸超过特征的距离)	0.1	3
Broken_view offset	1	10
Circle_axis_offset(超出圆轮廓的距离)	0.1	3
Clip_dim_arrow_style		Arrowhead
Cross_arrow_length	0.1875	5
Cross_arrow_width	0.0625	1
Default_lindim_text_ orientiation(尺寸文本方向)		Parallel_…
Default_orddim_text_ orientiation(尺寸文本方向)		Parallel_…
Datum_point size	0.3125	1
Dim_leader_length(箭头在尺寸线外时长度)		5
Dim text gap	0.5	2
Draw_arrow_length	0.1875	5
Draw_arrow_width	0.0625	1

（续表）

配 置 选 项	默认值	修改值
Drawing_units(单位)	inch	Mm
Leader_elbow_length	0.25	2
Max balloon_radius	0	16
Min balloon_radius	0	15
Projection_type(投影方式)		First_angle
Radial_pattern_axis_circle		yes
text_height	0.1562	6
Text_width_factor		0.8
Tol_display(控制公差显示)	no	yes
Tol_text_height_factor		0.8
Witness_line_delta(尺寸界线在尺寸导引箭头上的延伸量)	0.125	2
Witness_line_offset	0.0625	1

每修改一项后，要点击“应用”→“确定”，全部改好后保存“活动绘图 .dtl”文件到启动目录中。最后再点击“文件”→“选项”，打开如图 5-2-1 所示，用“配置编辑器”设置绘图默认模板文件，即 template_drawing 的值为刚刚修改的模板文件 a1_drawing. drw 的地址。

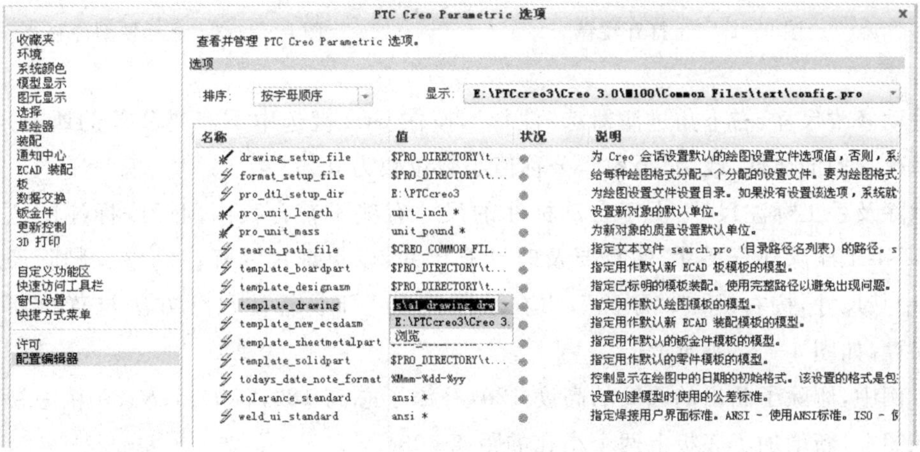

图 5-2-1　配置绘图默认模板

下次在新建绘图文件的时候一定要注意选择“使用默认模版”，在打开的窗口中选“使用模板”，选“a1_drawing”，确定。

2. 尺寸及公差标注

(1)尺寸标注

打开第5.1节所建好的工程图“5-1.drw”，点菜单栏中的“注释”(如图5-2-2所示)中的，出现图5-2-3所示对话，选“全部”，在绘图区中点击主视图、俯视图、侧视图，注意不是单个图元，图中尺寸将自动显示，点图5-2-3中的，应用，点图5-2-3右上角的“显示模型基准”，继续点，显示轴线，点击“应用”“确定”。

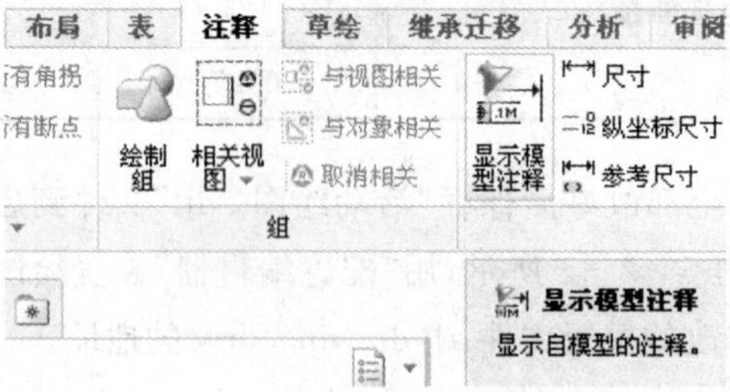

图5-2-2 打开注释

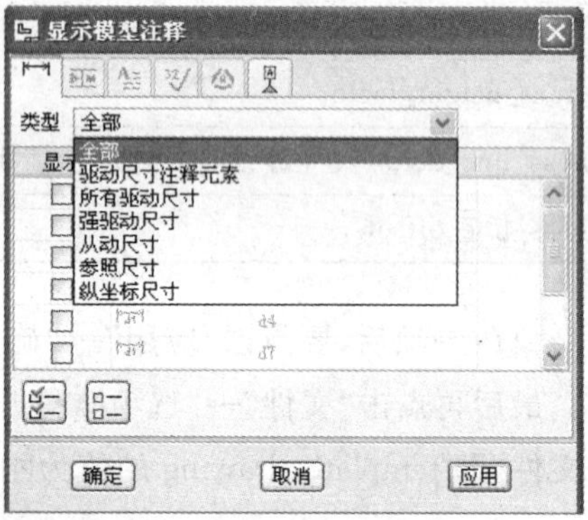

图5-2-3 显示模型注释

手动修改尺寸：右下角过滤器选“注释”，按住Ctrl键选中不需要公差的所有尺寸，按右键修改它们的属性，改为“公称”，公称值小数位数为0。

删除及手工标注尺寸：由于自动标注的尺寸有些不符合我国国标或标注的位置不恰当，则要手工删除部分尺寸，注意要及时补充尺寸，以保证尺寸标注完整。删除尺寸方法为，选中某尺寸，按右键，选“删除”，再在绘图区点一下。标注尺寸方法与草绘器中的一样。保存，如图5-2-4所示。

本例中，删除了凸出的圆筒的高度120，补添了总高180，将$R35$、$R130$从主视图上移到俯视图上，新增加了底板上两个小孔的距离403。

半径指示箭头可以通过单击鼠标右键选取“反向箭头”选项调整。调整尺寸位置只要单击该尺寸变红，按住左键拖动即可。

(2)公差标注

① 尺寸公差

打开工程图“5－1. drw”或创建工程新图，按前面所述标好尺寸；选中要标注尺寸公差的尺寸如 ϕ150，右键打开属性，按照图 5－2－5 所示，选“加一减”，小数位数 3，在上公差、下公差栏中填入公差值，如“0. 013、0”，再点击窗口中主菜单的“显示”，打开图5－2－6，添加 H7 文本，最前面如果有 ϕ，可以打开右下角的文本符号，将所需符号添加到光标位置，效果见图 5－2－4 所示。

单击重画按钮，视图尺寸以所需公差模式显示。同样方法可以完成其他需要标公差的尺寸修改。

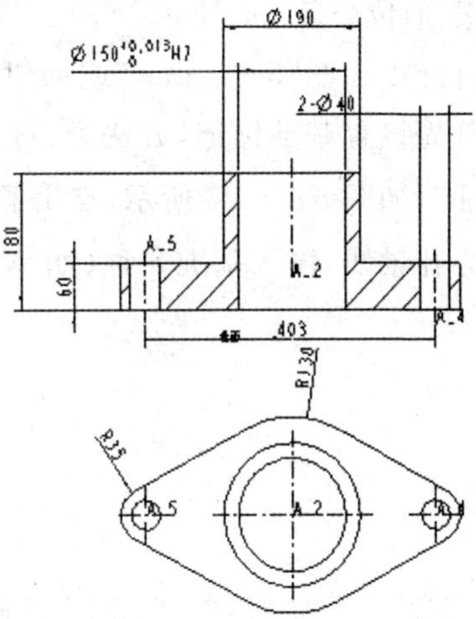

图 5－2－4 生成尺寸及轴线

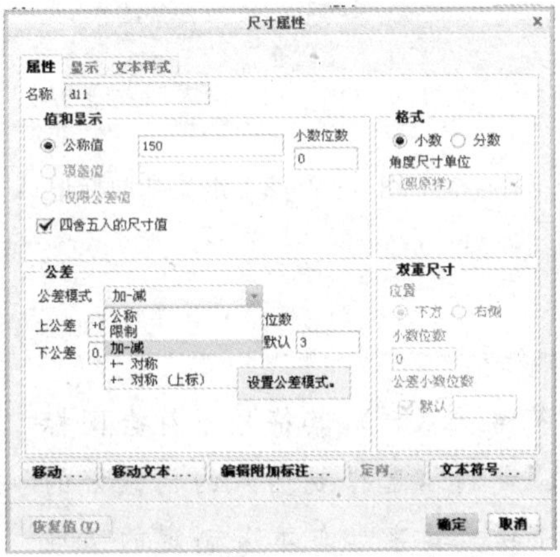

图 5－2－5 尺寸属性

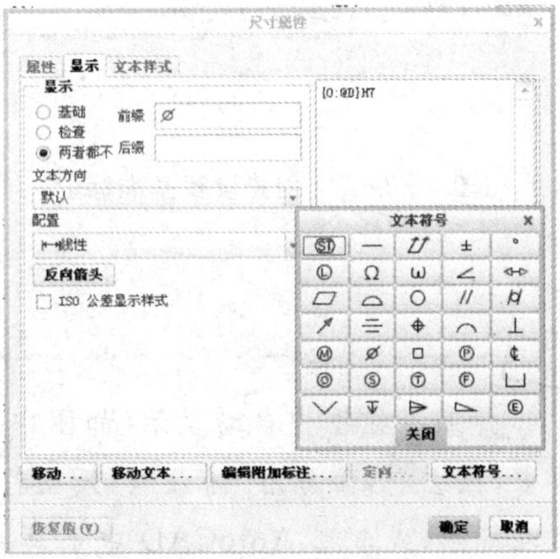

图 5－2－6 尺寸显示栏及符号添加

活动绘图 . dtl 中的 tol_display 之值一定要改为“yes”，除非所有尺寸均不显示公差；可以通过图 5－2－5 所示的“十一对称”等表示不同的公差。

② 形位公差

打开工程图“5－1.drw”或创建工程新图，做好尺寸及其公差标注。

首先设置基准标记，方法为：打开工程图对应的三维模型，选择主菜单的“注释”→“注释特征”，如图 5－2－7 所示，点击创建“设置基准标记”，打开如图 5－2－8 所示对话，选择中心孔轴线，输入基准名称（如 A），点“确定”，这样就产生了标注形位公差所需的参照基准 A。

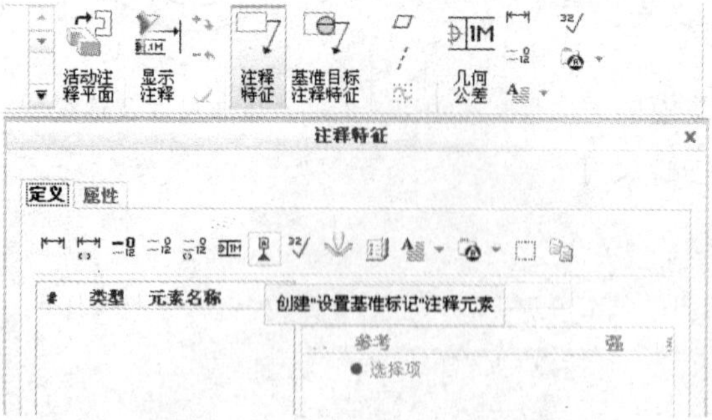

图 5－2－7　创建设置基准标记

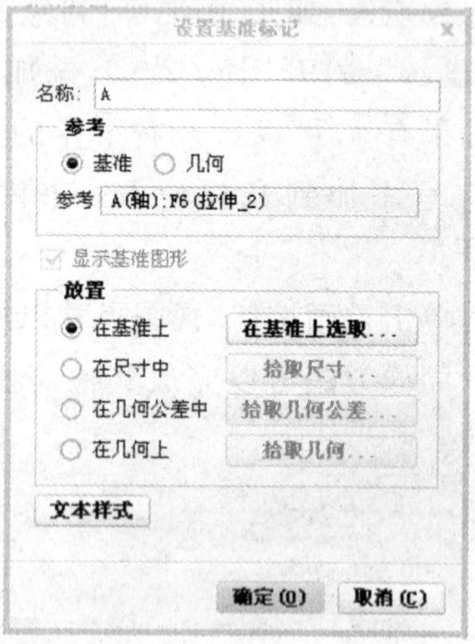

图 5－2－8　定义基准标记 A

此基准在图中自动显示（如图中基准符号一A一），其符号不符合国标要求，擦去它，而另用”插入”、”绘图符号”、”定制”，选择要插入的已做好的基准符号，或者到 AutoCAD 中重画基准符号。其字母与本条制定的基准符号字母要一致。

回到工程图，点“注释”下的，出现如图 5－2－9 所示界面后，先确定公差符号如同轴度，选择“模型参照”，参照类型“选择图元”为“轴”，在图中选中心孔轴，“放置类型”选“法向引线”，在图中选形位公差箭头指向的图元（ϕ190 外圆柱面），即要定义的哪个图元与内孔同轴，鼠标中键确定位置，点击“确定”。

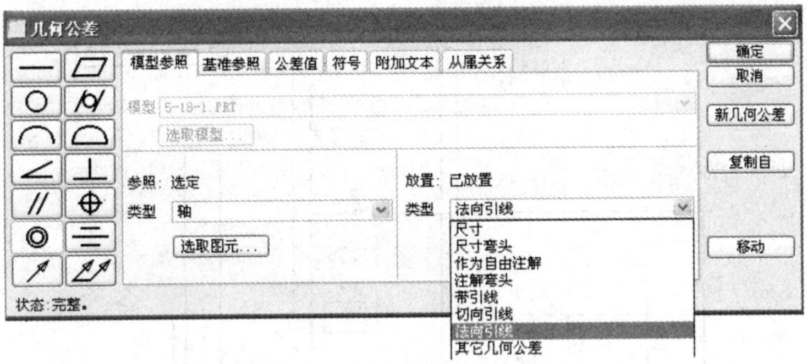

图 5-2-9　形位公差基准参照选择

选中刚建的同轴度标注，打开属性，选“基准参照”(如图 5-2-10 所示，已经在上一步做好，否则这里没有首要基准符号 A)，添加符号 ϕ(如图 5-2-11 所示，同轴度一定要添加 ϕ)，再确定公差值如 0.025。

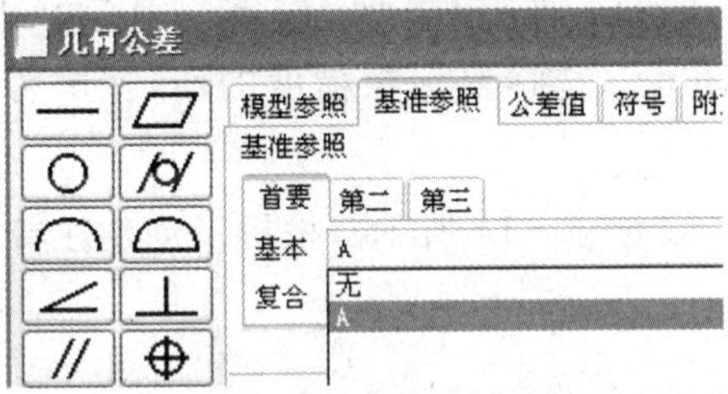

图 5-2-10　基准参照即基准符号 A

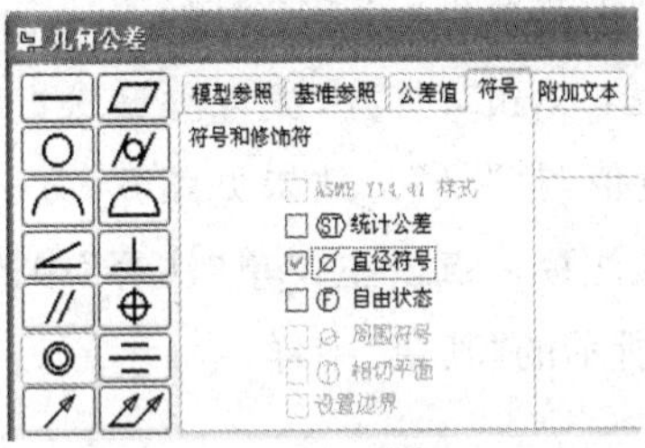

图 5-2-11　形位公差 ϕ 符号添加

可将形位公差移动至所需位置(上下移动拖箭头尖点，左右移动拖方框)，注意同轴度一定要对上 ϕ190 尺寸线。

打开工程图，如果修改不了尺寸、公差等，是因为要点击右下角处的过滤器中选“注释”!

垂直度的标注方法与同轴度一样，只是不需要定义符号 ϕ，选择图元时选下表面。标注效果见图 5-2-12 所示。

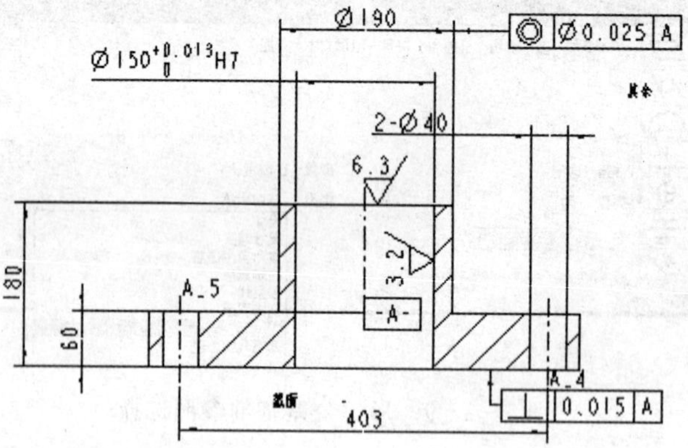

图 5-2-12　形位公差、注释及粗糙度标注

(3)插入粗糙度符号、注释等

点击主菜单中“注释”中的（如图 5-2-13 所示）出现“检索”，选“machined”，“standard1. sym”，打开，放置类型选“垂直于图元”，选择要标粗糙度的面，在屏幕下方填写粗糙度值，打“√”。效果见图 5-2-12 所示。

插入注释。点击主菜单“注释”中的（如图 5-2-14 所示），按提示创建注释，如图 5-2-12 所示的“其余”字样。

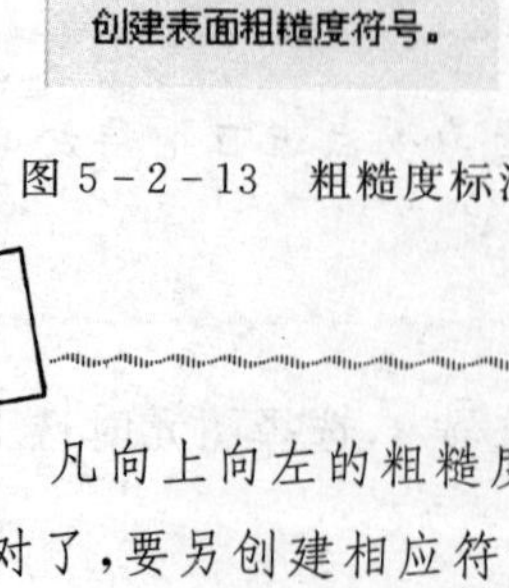

图 5-2-13　粗糙度标注

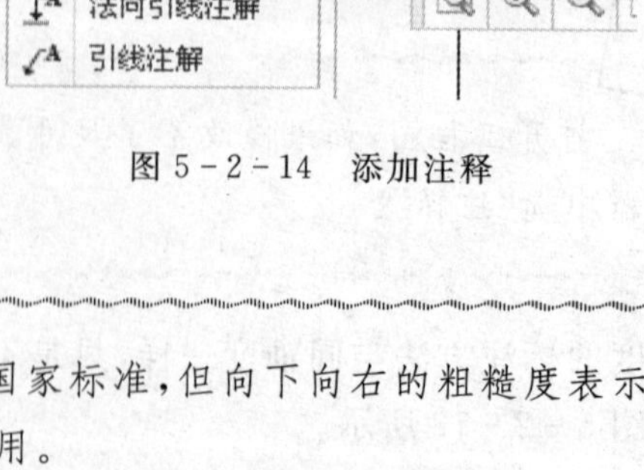

图 5-2-14　添加注释

凡向上向左的粗糙度表示符合国家标准，但向下向右的粗糙度表示就不对了，要另创建相应符号供插入引用。

3. 明细表与标题栏

利用 Creo 的“格式”模块，制作符合国家标准的带有标题栏及明细表的标准图幅，保存，便于出工程图时直接调用；也经常将 Creo 工程图保存为 .dxf 文件，到 AutoCAD 中打开，再进行文字和表格的编辑。

(1)制作表格

在 Creo 界面下打开软件安装目录下的文件夹“D(软件安装盘符):\Creo 3.0\M100\Common Files\templates”，选择本章定义过的绘图模板 a1_drawing.drw，在此工程图上添加符合国标的标题栏以及所需要的明细表。有了该模板后，在新建工程图文件的时候一定要选择“使用默认模版”及“使用模板”，不可选择“空”。

在工程图界面，点击主菜单“表”下最左边的，出现图 5-2-15 所示，在其上按住鼠标左键选择几行几列，选好后在此处点一下，再在绘图区放置该表处点一下，生成表格。右下角过滤器选“表”，选中刚建立的表，右键选“高度和宽度”如图 5-2-16 所示，可以修改单元格尺寸，选中此表，通过鼠标移动表至指定位置。

利用主菜单中“表”下的“合并单元格”可以合并单元格。按或中键退出本合并窗口。Creo 里没有单元格拆分功能。可以细化表格再合并，标题栏和明细表要分两大部分来做，这两个表的结构和单元格大小均要符合国标。

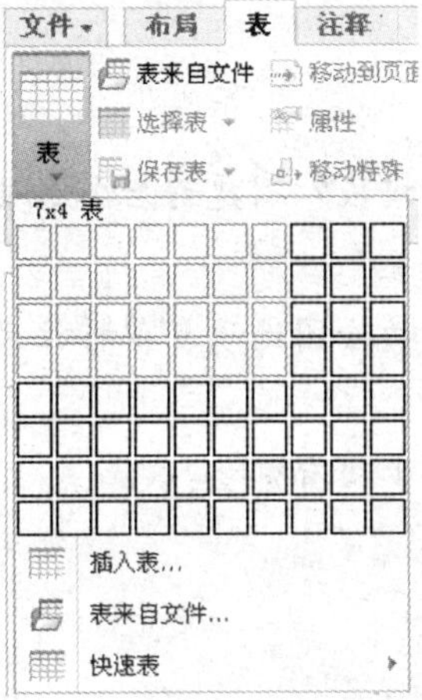

图 5-2-15 创建表格并定义行数列数

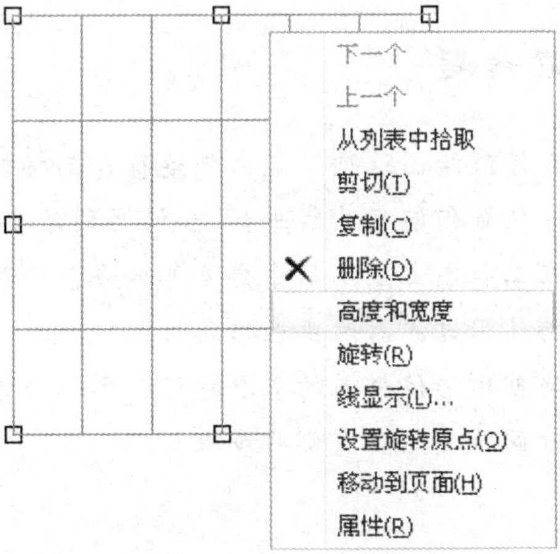

图 5-2-16 表格属性

工程图分零件图和装配图，要根据需要制作具有不同表格的模板，以方便调用。

(2)输入内容

右下角过滤器改为“表单元格”，在相应的单元格里点右键，打开“属性”，或选中该表格，双击，编辑“文本”，并修正“文本样式”。根据具体情况可以先选中整个表、整列、属性一样的格或某行，一次性定义好它的属性(如字的大小、字体及位置等)。

(3)增加明细表的行或列

点主菜单“表”→“添加行”，在要插入的表的最下面行的线上(插入的位置)点一下。“添加列”在要插入的表的最右边的线上(插入的位置)点一下。

制作好 a1_drawing.drw 模板后，保存。以后在制作工程图时，要采用该模板文件，单击工具栏，- 绘图，填好工程图名称，要勾选“使用默认模板”，在打开的窗口中找到对应模型，选“使用模板”，选“a1_drawing”，确定。

如果要在工程图某处添加表，同样可以采用上述方法进行。

思考题

1. 怎么修改绘图选项？怎么创建符合国标的工程图模板？创建好后怎么使用？
2. 尺寸值如何与尺寸线平行，如何写到尺寸线上方？
3. 要在工程图上显示尺寸公差怎么办？修改哪个活动绘图选项可以标注尺寸公差？
4. 如何使用过滤器改变表格属性？
5. 如何创建形位公差的基准标记？形位公差标注的步骤有哪些？
6. 标注同轴度主要有哪些步骤？

参 考 文 献

[1] 孙海波，陈功．Pro/ENGINEER Wildfire 三维造型及应用实验指导[M]．南京：东南大学出版社，2008.

[2] 吴让利，赵小刚．Pro/ENGINEER 上机指导与习题集[M]．西安：西安交通大学出版社，2008.

[3] 佟河亭，冯辉．Pro/ENGINEER 机械设计习题精解[M]．北京：人民邮电出版社，2004.

[4] 谭雪松，王涛，杨仁强．Pro/ENGINEER Wildfire 3.0 中文版基本功能与典型实例[M]．北京：人民邮电出版社，2007.

[5] 王咏梅．Pro/ENGINEER Wildfire 5.0 中文版基础教程[M]．北京：清华大学出版社，2011.1.

[6] 詹友刚．Pro/ENGINEER 中文野火版 5.0 产品设计实例精解[M]．北京：机械工业出版社，2013.

[7] 钟日铭．Creo 3.0 机械设计实例教程[M]．北京：机械工业出版社出版，2015.

[8] 陈桂山．Creo Parametric 3.0 基础、进阶、高手一本通[M]．北京：电子工业出版社，2017.

[9] 龙海．Creo Parametric 3.0 中文版新手从入门到精通[M]．北京：机械工业出版社，2016.

[10] 丁淑辉．Creo Parametric 3.0 基础设计与实践[M]．北京：清华大学出版社，2015.